Josef Riederer

Echt und falsch

Schätze der Vergangenheit
im Museumslabor

Springer-Verlag
Berlin Heidelberg New York
London Paris Tokyo
Hong Kong Barcelona
Budapest

Mit 39 Abbildungen, davon 7 in Farbe

ISBN-13:978-3-540-57893-2   e-ISBN-13:978-3-642-78925-0
DOI: 10.1007/978-3-642-78925-0

Dieses Werk ist urheberrechtlich geschützt. Die dadurch begründeten Rechte, insbesondere die der Übersetzung, des Nachdrucks, des Vortrags, der Entnahme von Abbildungen und Tabellen, der Funksendung, der Mikroverfilmung oder der Vervielfältigung auf anderen Wegen und der Speicherung in Datenverarbeitungsanlagen, bleiben, auch bei nur auszugsweiser Verwertung, vorbehalten. Eine Vervielfältigung dieses Werkes oder von Teilen diese Werkes ist auch im Einzelfall nur in den Grenzen der gesetzlichen Bestimmungen des Urheberrechtsgesetzes der Bundesrepublik Deutschland vom 9. September 1965 in der jeweils geltenden Fassung zulässig. Sie ist grundsätzlich vergütungspflichtig. Zuwiderhandlungen unterliegen den Strafbestimmungen des Urheberrechtsgesetzes.

© Springer-Verlag Berlin Heidelberg 1994

Redaktion: Ilse Wittig, Heidelberg
Umschlaggestaltung: Bayerl & Ost, Frankfurt
Innengestaltung: Andreas Gösling, Bärbel Wehner, Heidelberg
Herstellung: Andreas Gösling, Heidelberg
Satz: Datenkonvertierung durch Springer-Verlag

67/3130 - 5 4 3 2 1 0 - Gedruckt auf säurefreiem Papier

Inhaltsverzeichnis

Vorwort	XI
1 Werkstoffe	1
Metalle	1
Gold	10
Silber	11
Kupfer	17
Eisen	47
Blei	54
Zinn	59
Zink	63
Aluminium	66
Quecksilber	67
Verarbeitungs- und Herstellungstechniken	68
Stein	84
Gesteinsarten	84
Gewinnung von Stein	95
Herstellung und Verwendung von Kunststein	97
Analysen von Steinobjekten	99
Edel- und Halbedelsteine	100
Verarbeitung von Naturstein	103
Keramik	105
Rohstoffe	105
Keramiksorten	106

Untersuchung von Keramik	110
Zusammensetzung kulturgeschichtlicher Keramik	115
Herstellung keramischer Objekte	119
Glas	122
Rohstoffe	122
Glasuntersuchungen	122
Zusammensetzung kulturgeschichtlicher Glasobjekte	123
Email	124
Herstellungstechnik	125
Mosaik	127
Materialien	127
Untersuchung der Mosaikmaterialien	127
Malerei	128
Pigmente	129
Untersuchung bemalter Objekte	147
Wandmalerei	150
Malerei auf Holz und Leinwand	153
Buchmalerei	160
Miniaturmalereien auf Elfenbein	161
Holz	162
Holzarten	162
Holzuntersuchungen	162
Holz in der Tafelmalerei	165
Möbel	166
Musikinstrumente	167
Textilien	167
Rohstoffe	167
Textilfarbstoffe	168
Textilanalysen	170
Herstellungstechniken textiler Gewebe	173
Papyrus, Pergament, Papier	175
Herstellungstechniken	175
Untersuchungen	176

Leder 177
Wachs 178
   Wachssorten 178
   Untersuchungen 178
   Ergebnisse von Materialanalysen 178
Harz 180
   Harzsorten 180
   Kunstharze 181
   Untersuchungen 182
   Ergebnisse von Harzanalysen 182
Ostasiatische Lacke 184
Bituminöse Materialien 185
Schildpatt 187
Elfenbein 187

2 Anthropologische Untersuchungen 189
Knochen 189
Mumien 191
Tierknochen 194
Kosmetische Produkte 194
Nahrungsmittel 195

3 Herkunft 198
Metall 198
Stein 203
Keramik 212
Malerei 215
Holz 216
Bernstein 218

4 Alter 219
Metall 219
Stein 226
Mörtel 227
Keramik 228

Glas 235
Pigmente 237
Holz 237
Textilien 242
Knochen 242

5 Wirtschaftliche und gesellschaftliche Situation zur Zeit der Herstellung 248
Metall 248
Keramik 251
Pigmente 252
Papier 253
Wachs 254
Knochen 254
Die Bestimmung des Lebensalters am Skelett .. 259

6 Echt oder falsch 260
Koptische Goldobjekte 260
Mesopotamische Bronzeköpfe 262
Fälschungen frühgeschichtlicher Bronzen 265
Der Jüngling vom Magdalensberg 267
Koptische Bronzekruzifixe 268
Der Löwe von Agnani 269
Barlach-Fälschungen 271
Gefälschte Kykladenidole 272
Kuros des Ghetty-Museums 273
Antike und völkerkundliche Terrakottaobjekte 275
   Frühe Kulturen des Vorderen Orients 275
   Griechenland 276
Kopien islamischer Gebetsnischen 278
Ming-Porzellan 279
Glas 280
Gemälde 280
Wandmalereien 283
Holz 284

Turiner Leichentuch Christi 285
Papier 287
Wachsbüste einer Flora 290
Knochen 292

Archäometrie-Laboratorien 294

Literatur 295

Vorwort

Naturwissenschaftliche Verfahren leisten heute einen wichtigen Beitrag zur kulturgeschichtlichen Forschung. Sie helfen bei der Beantwortung kunsthistorischer, archäologischer oder völkerkundlicher Fragestellungen, von denen die Frage »Echt oder falsch?« oft auch die breitere Öffentlichkeit bewegt.

Um Fälschungen zu erkennen, sind eine Fülle von Informationen nötig, die nicht zuletzt durch naturwissenschaftliche Analysen gewonnen werden. Das Buch behandelt deshalb zunächst die Analyse der Materialien, die Untersuchung der Herstellungstechnik, die Bestimmung des Alters und der Herkunft sowie die Frage nach den wirtschaftlichen und sozialen Bedingungen, unter denen ein historischer Gegenstand entstanden ist. Danach wendet es sich dem Erkennen von Fälschungen zu.

Viele der Untersuchungsverfahren sind aus anderen Anwendungsgebieten, z. B. der Materialuntersuchung oder der Medizin, bekannt und wurden für die Anwendung auf kulturhistorische Objekte modifiziert und verfeinert.

Das Buch soll dazu dienen, die Zusammenarbeit zwischen Geistes- und Naturwissenschaften weiter zu verstärken und zu vertiefen, um unser kulturelles Erbe umfassend erforschen, beschreiben und begreifen zu können. Den Historiker soll es durch die vorgestellten Beispiele anregen, die

Materalanalyse in ähnlicher Weise in seine Arbeit einzubeziehen. Dem Naturwissenschaftler, der kulturgeschichtliche Objekte untersuchen will, soll es verdeutlichen, wie umfassend die Ergebnisse auf vielen Gebieten bereits sind und mit welch großer fachlicher Kompetenz an der Lösung kulturgeschichtlicher Fragestellungen gearbeitet wird. Die Sammler, Kunst- und Antiquitätenhändler möchte es für diese Fragen sensibilisieren und ihnen Hinweise auf die zur Verfügung stehenden Methoden geben. Den Museumsbesuchern schließlich, welche die Schätze der Vergangenheit in den Vitrinen bewundern, bietet es einen Blick in die Arbeit hinter den Kulissen der Ausstellung.

Josef Riederer

1 Werkstoffe

Metalle

Gold

Seit den frühesten Kulturen der Menschheit ist Gold ein besonders geschätzter Werkstoff, der in erster Linie zur Herstellung von Schmuckstücken und Münzen verwendet wurde. Da sich Gold durch die Lagerung im Boden im Gegensatz zu anderen Metallen nicht verändert, sind relativ viele Goldobjekte aus allen kulturgeschichtlichen Epochen erhalten und von Archäologen und Kunsthistorikern eingehend beschrieben worden. Daten zur Zusammensetzung des Goldes liegen in beachtlicher Menge vor. Es zeigt sich aber rasch, daß von den frühesten Kulturen an auch in zeitlich und regional sehr begrenzten Räumen sehr unterschiedliche Goldsorten verwendet wurden, bei denen vor allem der Silbergehalt in sehr weiten Grenzen schwankt.

Herkunft

Ergiebige Goldlagerstätten gibt es in relativ großer Anzahl, und da Gold nicht verwittert, hat das glänzende Metall bereits sehr früh die Aufmerksamkeit des Menschen erweckt.

Die frühen Kulturen des Vorderen Orients, die viel Gold verarbeiteten, erhielten dieses Metall sowohl als Seifengold in den Flußläufen des eigenen Landes, aber auch als Importware aus Arabien und Indien. Indien war in der Antike besonders reich an Goldvorkommen, die sich vor allem entlang der Kette des Himalaya erstreckten. Weiter waren das Altai-Gebiet und die Gebirge zwischen dem Kaspischen Meer und dem Aralsee wichtige Goldlieferanten für die Kulturen des Vorderen Orients und des Mittelmeerraumes.

Ägypten verfügte über zahlreiche Goldvorkommen in der Ostwüste zwischen dem Nil und dem Roten Meer. Diese Vorkommen zogen sich nach Süden bis in den nördlichen Sudan. Viele der ägyptischen Lagerstätten sind bereits im 19. Jahrhundert von Forschungsreisenden wieder gefunden worden, die stellenweise noch völlig erhaltene Anlagen mit den Einrichtungen zum Zerkleinern der Erze und zum Waschen des pulverisierten Materials vorfanden.

Das antike Griechenland erhielt sein Gold aus eigenen Lagerstätten auf Thasos und Siphnos, vor allem aber aus den reichen Lagerstätten Lydiens und Phrygiens.

Auch Rom war vor allem auf Importe aus den umgebenden Ländern angewiesen, wo Gold schon in frühgeschichtlicher Zeit besonders in Spanien, England und Irland, den alpinen Lagerstätten und den in den Alpen entspringenden Flüssen, in Siebenbürgen und in Dalmatien gewonnen wurde. In den Alpen gab es in den Tauern reiche Goldvorkommen, die bis in unserere Zeit abgebaut wurden. Der Rhein war besonders goldreich, und die Seifenlagerstätten wurden bis zu seiner Regulierung im 19. Jahrhundert ausgebeutet, wodurch beträchtliche Goldmengen in die Kassen Badens und der Pfalz flossen.

Seit dem frühen Mittelalter wurde Gold auch aus zahlreichen kleinen und oft schon nach recht kurzer Zeit erschöpften Vorkommen in Böhmen, Schlesien, Sachsen, Thüringen und im Fichtelgebirge gewonnen, die regional zu Reichtum und Wohlstand der Landesfürsten beitrugen. Von besonderer Bedeutung für die Goldversorgung Europas im Mittelalter und der Neuzeit waren die Goldvorkommen der Karpaten.

Sehr reiche Goldvorkommen gab es in Süd- und Mittelamerika, die von den präkolumbianischen Kulturen abgebaut wurden und die im 16./17. Jahrhundert für die Goldversorgung Europas eine besondere Bedeutung erlangten.

In Ostasien sind vor allem die reichen Goldvorkommen Sumatras und Borneos bekannt, die vor der Einbeziehung in den europäischen Handel zu einer blühenden und hochentwickelten Goldschmiedekunst führten, ehe zu Beginn der Neuzeit das Gold und die alten Goldobjekte zur Versorgung des europäischen Goldmarktes herangezogen wurden.

Metallurgie

Gold kommt, von wenigen mineralogischen Sonderfällen abgesehen, in der Natur nur *gediegen* vor. Am häufigsten findet es sich fein verteilt in Quarzgängen, die bergmännisch abgebaut wurden, oder als Verwitterungsprodukt dieser goldhaltigen Quarzgänge in Form feinster Goldflitter als Wasch- oder Seifengold in Flußsanden. Beide Formen von Goldvorkommen waren seit vorgeschichtlicher Zeit bekannt und wurden ausgebeutet, wobei man das hohe spezifische Gewicht des Goldes ausnützte, um es vom Nebengestein zu trennen. Später kam das Amalgamierverfahren hinzu, bei dem das fein pulverisierte goldhaltige Gestein mit Quecksilber behandelt wurde, das das Gold als Amalgam band. Das Amalgam wurde vom Sand abgetrennt und erhitzt, wobei sich das Quecksilber verflüchtigte und das gediegene Gold zurückblieb.

Besondere metallurgische Verfahren zur Gewinnung des Goldes waren somit nicht notwendig. Bergmännisch oder aus den Seifen gewonnenes Gold wurde lediglich zu Barren umgeschmolzen und in dieser Art weiter verwendet.

Bei dem natürlich vorkommenden Gold, das ohne nennenswerte Veränderung seiner chemischen Zusammensetzung den Goldschmieden zur Verarbeitung zur Verfügung stand, handelt es sich nicht um ein reines Gold, sondern es enthält in Abhängigkeit vom Lagerstättentyp mehr oder minder starke Beimengungen, vor allem Silber und eine große Anzahl weiterer Elemente. Das Silber kann im natürlichen Gold Gehalte bis zu 30–50 % erreichen, während die anderen Beimengungen kaum 1 % übersteigen. Die in geringer Menge vorkommenden Elemente werden als herkunfts- oder lagerstättentypisch angesehen. So gilt ein erhöhter Zinngehalt im Gold als ein Indiz für die Herkunft aus Flußablagerungen, in denen sich auch der relativ schwere Zinnstein anreichert.

Obwohl durch Metallanalysen von Goldobjekten gesichert erscheint, daß Gold so verarbeitet wurde, wie es durch das Goldwaschen oder den bergmännischen Abbau erhalten wurde, ist aus schriftlichen Quellen bekannt, daß man verschiedene Qualitäten des Goldes unterschied und auch in der Lage war, das Silber vom Gold abzutrennen. Diese Abtrennung erfolgte entweder durch Erhitzen des Goldes, wobei die Beimengungen oxidieren, durch Behandeln mit Salzen, die das Silber in Chlorid umwandelten, oder durch Bindung des Silbers mit Quecksilber als Silberamalgam. Das Verfahren der *Kupellation* ist seit der Antike bekannt. Hierbei wird Gold mit Blei geschmolzen, wobei sich Bleioxid bildet, das die Beimengungen des Goldes aufnimmt, mit denen zusammen es verschlackt und abgetrennt wird.

Das in neuerer Zeit verarbeitete Gold kommt nur noch zu einem geringen Teil direkt aus dem Goldbergbau, der größte Teil wird durch Einschmelzen von Altgold erhalten. Dadurch reichern sich im Gold Elemente an, die im Laufe der Verarbeitung (z. B. durch das Löten) mit dem Gold in Verbindung kamen.

Verwendung

Gold ist das klassische Metall zur Herstellung von Schmuck und Münzen. Seine hohe Wertschätzung hat zur Folge, daß sehr früh Vergoldungstechniken entwickelt wurden.

Legierungen

Gold ist ein sehr weiches Metall, das ohne Zusatz anderer Metalle kaum verwendet werden kann. Zur Erhöhung seiner Festigkeit, zur Veränderung seiner Farbe und zur Verringerung seines Wertes wurden dem Gold unterschiedliche Mengen vor allem an Silber und Kupfer beigemengt. In neuerer Zeit werden dem Gold auch Nikkel, Zink, Kadmium, Platin und Palladium zulegiert.

Der Vorgang des Goldlegierens mit unedleren Metallen wurde sicher schon in vorgeschichtlicher Zeit und in der Antike ausgeübt, wobei aber meist nicht zweifelsfrei zu entscheiden ist, welcher Anteil an Silber natürlich oder künstlich zugefügt ist. Eindeutig wird die bewußte Zugabe von Silber zum Gold bei Goldwährungen, bei denen der Silbergehalt des Goldes im Laufe der Zeit als Folge einer Münzentwertung ständig zunimmt. Der Zeitpunkt, zu dem bewußt definierte Legierungen hergestellt wurden, ist nicht mit Sicherheit festzulegen.

Der Feingehalt des Goldes wird in Karat angegeben, wobei ein 24karätiges Gold keine Beimengungen enthält. Heute häufig verwendete Legierungen enthalten 750/1000 (18 Karat), 585/1000 (14 Karat) oder 333/1000 (Karat) Gold.

Untersuchung von Goldobjekten

Die chemische Analyse von Gold bereitet beträchtliche Schwierigkeiten, vor allem dann, wenn keine oder nur geringe Probemengen zur Verfügung stehen. Von den zerstörungsfreien Verfahren ist die Ableitung der Zusammensetzung durch die Bestimmung des spezifischen Gewichts nur bei größeren Objekten von mehreren Gramm Gewicht zuverlässig, wobei durch andere Analysen gesichert sein muß, daß es sich um fast reine Zweistoff-, also Gold-Silber- oder Gold-Kupfer-Legierungen handelt. Weiter muß gesichert sein, daß die Messung nicht durch Poren im Metall verfälscht wird. Die Röntgenfluoreszenzanalyse gibt nur Hinweise auf die Zusammensetzung der Oberfläche, die sich bei einer längeren Lagerung eines Goldobjekts im Boden von der des Kerns deutlich unterscheiden kann, da Bodenlösungen das Silber aus dem Gold herauslösen. In verschiedenen Kulturen, wie etwa im altamerikanischen Bereich, wurde das Silber aus silberreichen Goldlegierungen bewußt durch Behandeln mit Pflanzensäften herausgelöst, um eine goldreichere Oberfläche zu erzielen. In solchen Fällen sind die Ergebnisse der Röntgenfluoreszenzanalyse falsch. Kernphysikalische Untersuchungsmethoden, wie die Aktivierungsanalysen, sind mit einem hohen apparativen Aufwand verbunden und nur an wenigen spezialisierten Laboratorien möglich. Ein weiteres Problem dabei ist die im Gold erzeugte Radioaktivität, die erst im Laufe der Zeit abklingt. Analysenverfahren, bei denen nur geringste Probemengen entnommen werden, etwa mit dem Korundstäbchen oder durch Abreiben auf einem Probierstein oder einer Korundplatte, um den Abrieb mikroanalytisch oder röntgenfluoreszenzanalytisch weiter zu untersuchen, sind ebenso wie die Laseremissionsspektralanalyse punktuelle oder oberflächennahe Analysen, deren Ergebnisse mit den gleichen Einschränkungen behaftet sind wie die völlig zerstörungsfreien Analysen. So bleibt für die korrekte quantitative Analyse von Goldobjekten nur die Entnahme kleiner, aber repräsentativer Proben zur Analyse nach dem Atomabsorptionsverfahren oder den Aktivierungsverfahren.

Historische Entwicklung der Goldverwendung

Gold wurde bereits von den frühesten Kulturen des Vorderen Orients gegen Ende des Neolithikums verarbeitet. Als erstes erscheinen in Mesopotamien und den Nachbarländern kleine Ziergegenstände wie Nadeln, Bänder oder Perlen, ehe das Gold aufwendiger bearbeitet und in verschiedener Weise, etwa zu Einlagen in anderen Materialien oder zu Goldauflagen, verwendet wurde.

Aus dem Bereich der frühen vorderasiatischen Kulturen liegen einige Analysen von Goldobjekten aus *Ur* vor (Wooley 1934). Sie bestanden aus Gold-Silber-Legierungen mit den verschiedensten Silbergehalten zwischen 7 und 60 %. Kupfer war im Bereich von 1–2 %, vereinzelt auch mit 10 % enthalten. Hier wird bereits deutlich, daß kein spezieller Goldtyp zur Herstellung von Schmuckgegenständen üblich war.

Aus dem *ägyptischen* Bereich gibt es Analysen mit ähnlichen Befunden wie aus Ur, die auch eine sehr breite Schwankung der Silbergehalte zwischen 0 und 29 % und Kupfergehalte zwischen 0 und 17 % aufweisen (Lucas u. Harries 1962). In einer anderen Untersuchung wurde bei 90 Objekten vor allem Elektrum mit bis zu 50 % Silber und etwas geringeren Kupfergehalten von unter 5 % nachgewiesen (Stos-Fertner u. Gale 1978).

Wie bei allen früheren Kulturen handelt es sich auch beim Material *etruskischer* Goldobjekte, von denen 51 Analysen an Schmuckstücken durchgeführt wurden, um Gold-Silber-Legierungen mit Silbergehalten zwischen 0 und 36 % und Kupferwerten zwischen 0 und 6 % (Caesareo u. von Hase 1976).

Die wohl umfassendsten Kenntnisse über die Art des verarbeiteten Goldes haben wir aus dem Bereich der *europäischen Frühgeschichte* durch 5100 untersuchte kupfer-, bronze- und eisenzeitliche Objekte aus dem Raum zwischen Westspanien und der Westküste des Schwarzen Meeres (Hartmann 1982). Bei dem in erster Linie zur Herstellung von Schmuckgegenständen verwendetem Gold handelt es sich in allen regionalen Bereichen und in allen Zeitstufen um ein deutlich silberhaltiges Gold mit Silbergehalten zwischen 0 und 50 % mit meist sehr ausgeprägten, regional unterschiedlichen Maxima im Bereich der mittleren Konzentrationen. Auch die Kupfergehalte schwankten recht deutlich zwischen 0 und 20 %, wodurch der Eindruck entsteht, daß natürliches Gold mit Silber und Kupfer legiert wurde. Die Zinnwerte übersteigen fast nie 1 %, und die Platinwerte liegen fast stets unter 0,1 %. Die beträchtlichen Unterschiede der Zusammensetzungen ermöglichten es, 18 Materialgruppen zu definieren. Dabei wird deutlich, daß innerhalb eines regional eng begrenzten Raumes, während eines relativ kurzen Zeitabschnitts, recht verschiedene Goldlegierungen verwendet wurden. Dennoch gibt es auch einzelne regionale Besonderheiten, etwa besonders hohe Kupfergehalte in Spanien oder ein besonders häufiges Auftreten von stärker platinhaltigen Objekten in Irland, die aber nicht ermöglichen, Gold unterschiedlicher Herkunft aufgrund der Zusammensetzung zu unterscheiden.

Aus nachantiker Zeit gibt es kaum Materialanalysen von Goldobjekten, wenn man von den wenigen Daten mittelalterlicher Münzen absieht.

Was die Zusammensetzung von *Münzen* betrifft, so liegen von antiken Prägungen ebenfalls sehr umfangreiche Daten vor, die zum Teil mit Hilfe der Aktivierungsanalyse erhalten wurden und dadurch auf jeden Fall zuverlässig sind.

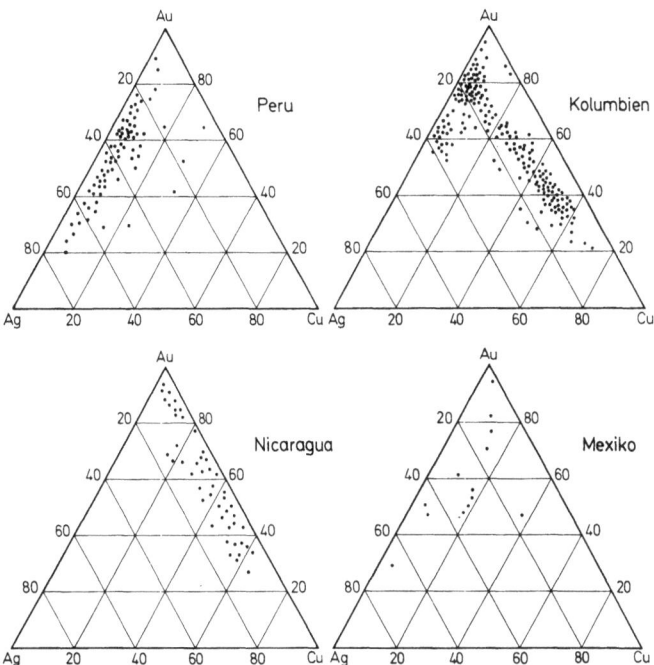

Abb. 1. Dreiecksdiagramme der Zusammensetzungen präkolumbianischer Goldobjekte aus Peru, Ecuador, Kolumbien, Costa Rica und Mexiko.

Von den frühesten Goldmünzen, die von der Mitte des 7. Jh. v. Chr. an in Kleinasien geprägt wurden, gibt es mehrere Analyseserien (Kraay 1958; Reimers u. Bodenstedt 1976). Die Münzen bestehen aus Gold-Silber-Legierungen mit etwa gleichen Gold- und Silberanteilen sowie Kupfergehalten zwischen 1 und 11 %.

Goldmünzen des 13. Jahrhunderts wurden analysiert, die Friedrich II. von Hohenstaufen prägen ließ (Reimers u. Kowalski 1972). Bei 8 Augustalen wurde festgestellt, daß der Goldgehalt bei 85,5 % lag, einem Wert, der der Münzordnung des Kaisers genau entsprach, die einen Feingehalt von 20,5 Karat vorschrieb.

Auch aus dem völkerkundlichen Bereich liegen Untersuchungen an Goldobjekten vor. Am Rathgen-Forschungslabor wurden ca. 400 *präkolumbianische* Goldobjekte aus Mittel- und Südamerika des Museums für Völkerkunde in Berlin analysiert. Dabei ergab sich, daß bei den verschiedenen Kulturen bzw. in den verschiedenen Regionen zwar mehrere Legierungstypen nebeneinander verwendet wurden (relativ reine Goldsorten neben Gold-Silber-Legierungen, Gold-Kupfer-Silber-Legierungen mit einem hohen Kupferanteil und Gold-Kupfer-Silber-Legierungen mit etwa gleichen Anteilen an den 3 Hauptelementen), daß einzelne Legierungstypen regional aber sehr deutlich bevorzugt wurden (Abb. 1). Generelle Unterschiede gibt es bei der Zusammensetzung:

- der peruanisch-ecuadorianischen Goldobjekte, die vorwiegend aus Gold-Silber-Legierungen mit allen möglichen Gold-/Silberverhältnissen bestehen,
- der kolumbianischen Goldobjekte, die aus Gold-Kupfer-Legierungen mit Silbergehalten zwischen 10 und 20 % und sehr unterschiedlichen Gold-/Kupferverhältnissen bestehen,
- der Goldobjekte aus Costa Rica, bei denen es sich ebenfalls um Gold-Kupfer-Legierungen handelt, die aber weniger Silber enthalten als die kolumbianischen und die mexikanischen Goldobjekte, die aus Legierungen mit fast gleichen Gold-, Silber- und Kupferanteilen bestehen.

Eine Differenzierung nach Objekten gibt es nicht, obwohl einzelne Legierungstypen bevorzugt wurden.

Silber

Herkunft

Silber ist ein sehr weit verbreitetes Metall, das in der Natur *gediegen,* als *Silbererz* und als *Beimengung von Bleierzen* vorkommt.

Das *gediegene Silber* kommt in der Natur zwar vereinzelt in großen Mengen vor, die aber sicher nicht ausreichen, um nur annähernd den Bedarf zudecken.

Die wichtigsten Silbererze sind das Silbersulfid Argentit (Ag_2S), sowie die Silberfahlerze Pyrargyrit (Ag_3SbS_3) und Proustit (Ag_3AsS_3).

Als Rohstoff für die Silbergewinnung stand aber der silberhaltige Bleiglanz an erster Stelle. Vorkommen von silberhaltigem Bleiglanz gibt es an zahlreichen Stellen, die lokale Bedeutung als Silberlieferanten hatten. Die Hauptmenge des Silbers, die den Reichtum historischer Gesellschaften ausmachte, stammt aber aus einigen wenigen Vorkommen, die sich als besonders ergiebig erwiesen. Dazu gehören die Vorkommen Kleinasiens, deren Lagerstätten im Taurus, in Armenien und in Kilikien in der Antike Ägypten, die Kulturen des Vorderen Orients und Griechenland mit Silber versorgten. Besonders reich war Spanien an Silbervorkommen, von denen antike Schriftsteller berichten, daß aus ihnen so viel Silber abtransportiert wurde, daß man selbst die Anker der Schiffe aus Silber machte, um möglichst viel von diesem Metall mit nach Rom und Griechenland bringen zu können. Griechenland besaß eigene besonders reiche Vorkommen bei Laurion und auf Siphnos.

In Deutschland gab es zahlreiche kleine Vorkommen im Schwarzwald und in Baden. Von besonderer Bedeutung waren die Lagerstätten des Rammelsberges bei Goslar und die Vorkommen bei St. Andreasberg im Harz, der Mansfelder Kupferschiefer und der sächsische

Silberbergbau in Freiberg, Marienberg und andere Orte des Erzgebirges. Diese Vorkommen leiten über zu den böhmischen Bergwerken im Erzgebirge bei Joachimstal und Kuttenberg sowie bei Przibram.

Von den außereuropäischen Lagerstätten waren es die Vorkommen in Mexiko und in Südamerika, die in präkolumbianischer Zeit bereits abgebaut wurden und ab dem 16. Jahrhundert zur Versorgung des europäischen Silbermarktes beitrugen.

Metallurgie

Schon in der frühen Antike war bekannt, daß Bleierze erhöhte Anteile an Silber enthalten können. Durch spezielle Verhüttungsverfahren konnte das Silber vom Blei abgetrennt werden. Dazu wurden die Bleierze in der Regel sofort, also ohne sie vorher zu rösten, in Schmelzöfen mit Holz erhitzt, wodurch eine Reduktion zu Blei erfolgte. Das metallische Blei wurde, wenn ein hoher Silbergehalt durch Probieren nachgewiesen war, durch erneutes Erhitzen oxidiert, wobei sich das Bleioxid als Bleiglätte vom metallischen Silber trennte. Die Bleiglätte konnte dann wieder zu Blei reduziert werden. Diese Technik der Silbergewinnung war in der Antike und im Mittelalter üblich, bis im 16. Jahrhundert die Amalgamiertechnik eingeführt wurde. Dazu wurden die Erze gemahlen und dann mit Quecksilber versetzt. Dabei entstand Silberamalgam, aus dem durch Destillieren das Silber gewonnen wurde.

Verwendung

Ähnlich dem Gold wurde auch das Silber in erster Linie zur Herstellung von Schmuck- und Zierobjekten und als Metall für Münzen verwendet. Die Verwendung begann bei den frühen Kulturen mit der Herstellung von kleinen Schmuckobjekten aus Silberdraht und Silberblech ehe, parallel zur Entwicklung des Goldes, kleine Objekte gegossen wurden. Schon bei den frühen Kulturen des Vorderen Orients, in Ägypten und bei den antiken Kulturen des Mittelmeerraumes erreicht die Herstellung gegossener Objekte und großer Treibarbeiten einen Höhepunkt. Mit der Herstellung sakraler Objekte im Mittelalter und der barokken Prachtentfaltung des Kunsthandwerks setzt sich die antike Tradition des Silberschmieds bis in unsere Zeit fort. Andere Anwendungen des Silbers im Bereich der Herstellung kulturgeschichtlicher Objekte sind sehr selten. Als Oberflächenverzierung islamischer Keramik gibt es eine Art des Goldlüsters, der mit einem silberhaltigen Gemisch verschiedener mineralischer Verbindungen erreicht wurde. Zur Bemalung mittelalterlicher Glasmalereien wurde in der Art des Schwarzlots ein Silbergelb verwendet.

Legierungen

Das Silber wurde sowohl rein als auch mit anderen Metallen legiert verarbeitet. Seine Materialeigenschaften erfordern an sich keine Zusätze, die eine nennenswerte Verbesserung der Qualität bewirken würden. Silber wurde mit anderen Metallen, vor allem mit Kupfer und Blei eher deshalb legiert, um den Wert zu mindern. Dies gilt vor allem für Münzen und für Schmuckgegenstände.

Definierte Legierungen kamen erst in Gebrauch, als Normen oder durch Zunftregeln festgelegte Zusammensetzungen eingeführt wurden.

Der Feingehalt des Silbers wird in Lot oder Tausendstel angegeben, wobei ein reines 1000/1000 Silber 16 Lot entspricht. Die wichtigeren Silberlegierungen sind 925/1000, 835/1000 und 800/1000 Silber für Schmuck und 900/1000 und 500/1000 Silber für Münzen. Die wichtigsten Legierungselemente für das Silber sind Kupfer sowie Zink, Kadmium, Mangan, Zinn und Antimon bei den höheren Silberlegierungen.

Untersuchung von Silberobjekten

Für die Analyse von Silberobjekten gilt das gleiche wie für das Gold. Zerstörungsfreie Analysen und Mikroanalysen sind ungenau, da sie entweder punktuell sind oder weil die Oberfläche anders zusammengesetzt ist als das Innere des Metalls.

Historische Entwicklung der Silberverwendung

Bei 56 *altägyptischen* Objekten von der prähistorischen bis in die römische Zeit fand man Silbergehalte über den gesamten Bereich zwischen 100 und 50 %. Entsprechend variierten die Goldgehalte zwischen 0 und 50 %, die Kupfergehalte zwischen 0 und 20 %. Irgendwelche Zusammenhänge zwischen Herkunft und Zusammensetzung gibt es nicht. Es hat auch nicht den Anschein, als ob der Wert des Metalls, die mechanischen Eigenschaften der Legierung oder irgend ein anderer Faktor Einfluß auf die Art der Legierung hatten. Offensichtlich verwendete der Silberschmied die Legierung, die ihm gerade zur Verfügung stand.

In *römischer* Zeit besteht das Material von Silberobjekten meist aus einer reinen Legierung von Silber mit Kupfer, bei der die Kupfergehalte im Bereich von 0–20 % liegen. Andere Elemente spielen keine nennenswerte Rolle. Lediglich das Blei erreicht manchmal Werte um 1 %, in Ausnahmen von 2 %. Am Rathgen-Forschungslabor wurden mehrere Hundert Metallobjekte aus der Alamannenbeute von Neupotz analysiert (Riederer 1993). In römischer Zeit war dort ein Schiff gesunken, auf dem Wagen mit Beutegut aus römischen Villen über den Rhein gebracht werden sollten. Neben einer riesigen Menge von Bronzegerät und Münzen konnten auch Silbergefäße geborgen werden, von denen einige analysiert wurden und deren Legierung die Art des römischen Silbers verdeutlicht.

Die Analyse *sassanidischer* Objekte ergab, daß zu ihrer Herstellung ein recht reines Silber von über 90 % Ag verwendet wurde (Meyers et al. 1975). Die Kupfergehalte lagen zwischen 1 und 5 %, der Goldgehalt erreichte mitunter 1 %.

Ausführlicher betrachtet wurden zwei Serien *frühmittelalterlicher Fibeln*: ein sehr reicher Fund von Silberfibeln aus bajuwarischen Gräbern in Straubing und der größte Teil der in deutschen Museen vorhandenen ostgotischen Silberfibeln. Beide Objektgruppen waren Gegenstand eingehender archäologischer Forschungen und auch von Materialuntersuchungen.

Aus Straubing wurden insgesamt Proben von 152 Fibeln analysiert, die einen recht zuverlässigen Überblick über die verwendeten Silberlegierungen vermittelten. Wichtigstes Ergebnis war, daß ein sehr heterogenes Material verarbeitet wurde. Da Fibeln aus reinem Silber kaum vorkamen, handelte es sich fast ausnahmslos um Legierungen des Silbers mit Kupfer und relativ häufig auch mit Zink. Die Silbergehalte dieser »Silber«-Fibeln liegen zwischen 28 und 96 %, wobei der Bereich zwischen 50 und 90 % gleichmäßig abgedeckt ist. Entsprechend ist die Schwankungsbreite der Kupfergehalte, die sich zwischen 5 und 50 % bewegen und nur vereinzelt bis zu 65 % ansteigen. Bemerkenswert ist der deutlich erhöhte Zinkanteil der Silberfibeln, der beim größten Teil der untersuchten Objekte über 0,5 % und bei etwa der Hälfte der Objekte über 1 % liegt. In Einzelfällen sind 10 % Zink erhalten. Bei der Analyse der ostgotischen Fibeln erhielt man den gleichen Befund: deutlich erhöhte Kupfer- und Zinkgehalte im Silber. Als Erklärung bot sich damals an, daß die Qualität des Silbers vom Wohlstand des Auftraggebers abhing, der das nötige Rohmaterial in Form von Münzen zur Verfügung stellen mußte und eben Messingmünzen hergab, falls seine Silbermünzen nicht ausreichten (s. S. 248). Für Straubing bietet sich die gleiche Erklärung dafür an, daß es Fibel unterschiedlichen Wertes, also solche aus einem relativ reinen Silber und solche mit erheblichen Beimengungen an Kupfer und Zink gibt. Daß gerade der Zinkgehalt und nicht etwa der Zinn- oder der Bleigehalt erhöht ist, erstaunt. Da aber das Kupfer-Zink-Verhältnis recht genau dem spätantiker Messingmünzen entspricht, ist die Annahme nicht von der Hand zu weisen, daß Messingmünzen bevorzugt dem Silber zulegiert wurden.

Die Erklärung der hohen Zinkgehalte bei den frühmittelalterlichen Fibeln als eine Folge der Zulegierung billigerer Messingmünzen kann angezweifelt werden, wenn man die Zusammensetzung westasiatischer Schmuckgegenstände des 18./19. Jahrhunderts betrachtet, die aus Silber hergestellt sind. Auch hier findet man das Zink neben dem deutlich vorherrschenden Kupfer als zweites Legierungselement des Silbers. Bemerkenswert ist auch hier, daß die als Silber bezeichneten und auch so aussehenden Metalle wieder den gesamten Bereich zwischen 10 und 90 % Silber und umgekehrt ebenfalls 90–10 % Kupfer mit Zinkanteilen bis zu 15 % überdecken. Offensichtlich ist jedoch, daß bei Schmuckobjekten aus Silber Legierungen recht unterschiedlicher und teilweise vom Silber recht weit entfernter Art verarbeitet wurden.

Altamerikanische Schmuckstücke aus Peru, die am Rathgen-Forschungslabor untersucht wurden, bestanden aus Silber-Kupfer-Legierungen mit Kupfergehalten zwischen 0 und 16 %.

Aus dem Bereich des mittelalterlichen Kunsthandwerkes wurden Proben der beiden *Bernwardsleuchter* aus Hildesheim analysiert. Dies geschah, weil die Frage aufgetaucht war, ob es sich um die originalen Grabkreuze, um Nachbildungen aus der Zeit um 1581–1652, als die Kreuze nach Köln gebracht wurden, oder ob es sich um

Kopien des 19. Jahrhunderts handelt, worauf technologische Merkmale hinzudeuten schienen. Da aber keine Vergleichsanalysen von mittelalterlichen Silberobjekten vorlagen, brachte die Materialanalyse dazu keinen Aufschluß.

Ebenso zahlreich wie beim Gold sind beim Silber die Analysen von *Münzen*. Die Untersuchungen an 133 griechischen Silbermünzen aus der Zeit von 580–570 v. Chr. (Kraay 1958) oder die Analysen an Münzen von Assiut aus der Zeit um 475 v. Chr. (Müller u. Gentner 1978) ergaben in beiden Fällen, daß es sich um ein recht reines Silber mit Beimengungen, vor allem von Kupfer von weniger als 5 % handelte.

Von seleukidischen, ptolemäischen sowie von römischen Münzen liegen so viele Analysen vor, daß wir über die Zusammensetzungen der wichtigsten Gruppen von antiken Silbermünzen gut informiert sind.

Auch von mittelalterlichen Münzen liegen Serienuntersuchungen von Schatzfunden vor, wobei auch hier in der Regel der Silbergehalt hoch ist. Eine große Serie englischer Silberpennies aus dem 11. Jahrhundert enthielten Silber im Bereich von 83–97 % mit einem deutlichen Maximum bei 94 %, Kupfergehalte zwischen 2 und 11 % mit einem ebenso deutlichen Maximum bei 4 %, Bleigehalte um 1 %, Zinkwerte von 0,2–0,5 % mit wenigen Ausnahmen, bei denen der Zinkgehalt 1–2 % erreichte. Der Goldgehalt lag bei 0,3–0,6 %.

Kupfer

Herkunft

Beim Kupfer wird die Anzahl der Erze noch vielfältiger als beim Silber. Die wichtigsten Erze, aus denen Kupfer erschmolzen wurde, sind:

Gediegenes Kupfer: Cu
Kupferoxide: Cuprit Cu_2O und Tenorit CuO
Kupfersulfide: Chalcosin Cu_2S und Covellin CuS
Kupferarsenide: Domeykit Cu_3As
Kupfereisensulfide: Kupferkies $CuFeS_2$,
Bornit Cu_5FeS_4, Cubanit $CuFe_2S_3$
Fahlerze: Tennantit Cu_3AsS_3, Tetraedrit Cu_3SbS_3,
Enargit Cu_3AsS_4,
Sekundäre Kupfererze: Malachit $CuCO_3.Cu(OH)_2$
Azurit $2CuCO_3.Cu(OH)_2$
Atacamit $CuCl_2.3Cu(OH)_2$
Chrysokoll $CuSiO_3.nH_2O$

Gediegenes Kupfer kommt stellenweise in größeren Mengen vor, die aber nirgends ausreichten, um über eine längere Zeit den Bedarf zu decken.

Bei den frühen Kulturen wurden zuerst die sekundären Kupfererze abgebaut, die sich als Verwitterungsprodukte aus den primären Erzen in den oberen Bereichen der Lagerstätten bildeten. Da sie intensiv grün oder blau gefärbt sind und sich auch für andere Zwecke z. B. als Schmuckstein oder Farbstoff anboten, wurden sie bereits sehr früh verwertet. Mit zunehmendem Bedarf an Kupfer in der Antike wurden dann auch die primären Oxide, Sulfide und Fahlerze abgebaut und verhüttet.

Kupferlagerstätten, die über längere Zeit Erze lieferten, gibt es in großer Anzahl. In der Antike waren die Vorkommen im Iran (Kerman, Anarak, Abassabad, Tarum, Baychebagh), in Azerbaijan, auf dem Sinai und im Bereich nördlich von diesen Vorkommen (Fenan) und in Oman sowie die anatolischen Vorkommen von besonderer Bedeutung.

In Mittel- und Nordeuropa wurden in der Bronzezeit zahlreiche kleine Vorkommen in den Alpen (Mitterberg, Schweiz), in Mitteldeutschland (Thüringen, Harz,

Schlesien), im zentralen Frankreich, in Italien, in Spanien und in Rumänien abgebaut, die dann den Etruskern, Griechen und Römern das Kupfer für die Bronzeherstellung lieferten.

Die ergiebigen Lagerstätten wurden auch im Mittelalter genutzt. Wichtige Zentren des Kupferbergbaus in Europa waren weiter die alpinen Lagerstätten und die Siebenbürgens.

Alle Kupferlagerstätten waren Gegenstand intensiver archäometallurgischer Forschungen, und über fast jeden wichtigen antiken Kupferbergbaubezirk gibt es umfassende Darstellungen. Dies gilt in erster Linie für die Lagerstätten auf dem Sinai und von Fenan sowie die Kupfervorkommen von Oman, die vom Deutschen Bergbaumuseum in Bochum bearbeitet wurden (1985). Die deutschen Lagerstätten sind in der lokalen bergbaugeschichtlichen Literatur umfassend dargestellt.

Metallurgie

Aus den Kupfererzen wird das Metall durch einen Reduktionsprozeß gewonnen, der bereits den frühesten Kulturen bekannt war. Dazu werden die Erze durch starkes Erhitzen (Rösten) in Oxide umgewandelt. Erhitzt man dann die Oxide mit Kohle, so entsteht das reine Kupfer, da sich der Kohlenstoff mit dem Sauerstoff zu Kohlendioxid verbindet, das als Gas entweicht.

Grundlegende Untersuchungen zur Technik der Verhüttung von Kupfererzen in den Ostalpen wurden mit Hilfe Mößbauer-spektrographischer Untersuchungen an Schlacken aus den Ostalpen ausgeführt (Moesta u. Schnau-Roth 1984). Dieses Untersuchungsverfahren erwies sich als besonders geeignet, da es Informationen über die Ofenatmosphäre liefert, die so stark reduzierend sein muß, daß die Eisenverbindungen in ein zweiwertiges Eisenoxid übergehen, das allein in der Lage ist, silikatische Schlacken zu bilden. Aus den Mößbauer-Daten ließ sich auch ableiten, daß die Schlacken in den Schmelzöfen der Ostalpen bei Temperaturen von ca. 1300 °C gebildet wurden. Weiter ließ sich aus den Analyseergebnissen die Art der Öfen rekonstruieren, da die Bedingungen in einem Schachtofen zur Bildung von fayalit- und wüstithaltigen Schlacken führen, während bei der Verwendung von Herdöfen zur Verhüttung von Kupfererzen magnetithaltige Schlacken gebildet werden. Reduzierende Bedingungen können dabei auch in Herdöfen erhalten werden, wenn das Erz mit einer entsprechend dicken Schicht von Brennstoff überdeckt wird. Der Herdofen geht dadurch in einen Schachtofen über, wenn die Seitenwände erhöht werden, um eine besonders starke Überdeckung zu erreichen. Vergleichende Untersuchungen mit Schlacken aus anderen Gebieten der Kupferverhüttung ließen eine Unterscheidung individueller Schmelztechniken zu.

Verwendung von Kupfer und seiner Legierungen

Kupfer wurde als ein Metall, das in wesentlich größeren Mengen vorhanden war als Gold und Silber. von Anfang an eher zur Herstellung von Gerät, zu Gefäßen, als Gußmaterial und als Münzmetall verwendet als zu Schmuckstücken im eigentlichen Sinn. Die Erfindung der Bronze, die härter ist als Kupfer, verstärkte diese Tendenz. So bleiben das Kupfer und seine Legierungen bis zur Entdeckung der Eisenherstellung besonders vielseitig verwendbare Materialien. Seit der Antike ist der Skulpturenguß, die Herstellung von Gefäßen, von dekorativem Zierrat und von Münzen das Haupteinsatzgebiet dieser Materialgruppe.

Legierungen

Das Kupfer wurde gediegen und in Form von Legierungen verarbeitet. Gediegenes Kupfer kommt bei den frühesten Kulturen vor, ehe die Herstellung von Kupferlegierungen bekannt war. Außerdem wurde Kupfer verwendet, wenn es auf eine besondere Dehnbarkeit ankam, also zur Herstellung von Blechen oder zum Treiben von Gefäßen, schließlich für Objekte, bei denen es auf den speziellen kupferroten Farbton ankam.

Legierungen gibt es mit zahlreichen Elementen. Am wichtigsten sind die *Bronzen*, bei denen das Kupfer mit Zinn, Blei oder Blei und Zinn gemeinsam verschmolzen wird. *Messing* wird aus Kupfer und Zink hergestellt. Weiter gibt es Legierungen des Kupfers mit Zinn, Blei und Zink, in denen die Gehalte an den zugefügten Elementen in so weiten Grenzen schwanken können, daß es dafür keine einheitliche Nomenklatur gibt. Rotguß, Mehrstoffzinnbronze oder Blei-Zinn-Messinge sind übliche Begriffe für diesen Legierungstyp.

Da bestimmte Legierungstypen des Kupfers dem Archäologen und Kunsthistoriker wichtige Hinweise zur Herkunft oder Entstehungszeit geben können und zur genauen Materialbezeichnung Pauschalbegriffe wie Bronze ohnehin nichtssagend sind, hat sich folgende Nomenklatur für Kupferlegierungen eingebürgert:

- Zinnbronze mit geringem bis sehr hohem Zinngehalt
- Bleibronze mit geringem bis sehr hohem Bleigehalt
- Blei-Zinn-Bronze mit geringem Zinn- und geringem Bleigehalt bis sehr hohem Zinn- und sehr hohem Bleigehalt
- Messing mit geringem bis sehr hohem Zinkgehalt
- Zinnmessing mit geringem Zinn- und geringem Zinkgehalt bis sehr hohem Zinn- und sehr hohem Zinkgehalt

- Bleimessing mit geringem Blei- und geringem Zinkgehalt bis sehr hohem Blei- und sehr hohem Zinkgehalt
- Zinn-Blei-Messing mit geringem Zinn-, geringem Blei- und geringem Zinkgehalt bis sehr hohem Zinn-, sehr hohem Blei- und sehr hohem Zinkgehalt

Eine Elementkonzentration wird dabei als *gering* bezeichnet, wenn sie zwischen 1 und 5 %, als *mittel*, wenn sie zwischen 5 und 10 %, als *hoch*, wenn sie zwischen 10 und 20 % und als *sehr hoch*, wenn sie über 20 % liegt.

Diese detaillierte Unterteilung der Kupferlegierungen ist notwendig, weil sich die verschiedenen Legierungstypen in ihren Eigenschaften deutlich unterscheiden und die Art des Legierung deshalb Hinweise auf die Vorstellungen des Gießers von den Materialeigenschaften seiner Arbeiten gibt. So ist z. B. eine Statuenbronze mit 5 % Zinn schon von einer Geschützbronze mit 10 % Zinn oder den zinnreichen Glocken- oder Spiegelbronzen mit über 20 % Zinn in ihren mechanischen Eigenschaften völlig verschieden, und die Einführung weiterer Elemente wie des Bleis und des Zinks hat noch einschneidendere Veränderungen der Materialeigenschaften zur Folge.

Neben den Kupferlegierungen mit Zinn, Blei und Zink gibt es noch Legierungen mit einigen anderen Elementen: Arsen, Antimon oder Nickel, so daß von Arsen-, Antimon- oder Nickelbronzen gesprochen wird, obwohl inzwischen gesichert ist, daß es sich nicht um bewußt erzeugte Legierungen, sondern um natürliche, aus besonders zusammengesetzten Erzen stammende Beimengungen handelt.

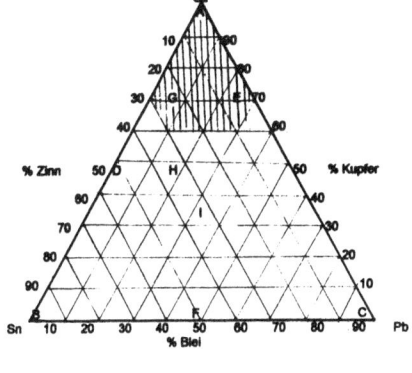

Abb. 2. Die Darstellung der Zusammensetzung von Kupfer-Zinn-Blei-Legierungen im Dreiecksdiagramm.

A: 100% Cu   D: 50% Cu 50% Sn   G: 70% Cu 20% Sn 10% Pb
B: 100% Sn   E: 70% Cu 30% Pb   H: 50% Cu 30% Sn 20% Pb
C: 100% Pb   F: 50% Sn 50% Pb   I: 33% Cu 33% Sn 33% Pb

schraffiertes Feld: Bereich der kulturgeschichtlichen Kupferlegierungen

Untersuchung von Kupfer und Kupferlegierungen

Bei Objekten aus Kupfer und Kupferlegierungen ist in der Regel eine Probenahme möglich. Mit Hilfe der Atomabsorptionsanalyse allein oder in Verbindung mit ICP-Techniken ist ein korrektes Ergebnis möglich, das die vom Historiker geforderten Aussagen über Alter und Herkunft zuläßt. Röntgenfluoreszenzanalysen haben sich meistens als ausgesprochen fragwürdig erwiesen, wenn damit das Objekt selbst, also dessen Oberfläche, untersucht wurde, da die Korrosionsprodukte das Ergebnis völlig verfälschen. Bronzen sind typische Dreistofflegierungen, deren Zusammensetzung man mit Hilfe von Dreiecksdiagrammen darstellen kann (Abb. 2): der Prozentanteil einer Komponente ist um so kleiner, je weiter sich der Bezugspunkt im Diagramm von der Ecke des Dreiecks entfernt, das die Komponente bezeichnet, also 100 % beträgt, wenn es mit dem Eckpunkt zusammenfällt oder 0 % beträgt, wenn es auf der Gegenlinie liegt. In dieses Diagramm ist auch die Grenze der Bronzen eingezeichnet, die bei kulturgeschichtlichen Objekten vorkommen können. Da daraus deutlich wird, daß die kulturgeschichtlichen Bronzen in diesem Diagramm nur ein begrenztes Feld einnehmen, wählt man für die Darstellung von Bronzeanalysen nur die Kupferecke des Diagramms aus, die nach unten hin von der 50- oder 60 %-Linie des Kupfers begrenzt ist.

Zuverlässigkeit von Objektanalysen aus Kupferlegierungen

Bei Analysen von Objekten aus Kupferlegierungen stellt sich immer wieder die Frage, wie genau oder wie zuverlässig solche Daten sind. Nicht selten wird auf das Problem der Metallsaigerung hingewiesen, die erhebliche Unterschiede der Zusammensetzung von Proben zur Folge hat, die von verschiedenen Stellen entnommen sind. Weiter gibt es unterschiedliche Zusammensetzungen im Kleinbereich, da sich Blei aus der Bronzeschmelze entmischt und kleinste kugelförmige Einschlüsse bildet. Die Auslaugung von Elementen aus der Objektoberfläche bei der Lagerung im Boden ist ein möglicher Fehlerfaktor, und der Abrieb der Werkzeuge zur Probeentnahme kann ebenfalls für eine Verfälschung der Analysedaten verantwortlich gemacht werden. Schließlich wird eine Unvergleichbarkeit der Ergebnisse verschiedener Laboratorien und verschiedener Analyseverfahren als Problem für die Wertung von Metallanalysen angesehen.

Am Rathgen-Forschungslabor hat man sich über die Möglichkeit des Auftretens von Fehlern sehr eingehende Gedanken gemacht und vor allem durch eine ausreichende Anzahl von Versuchen Klarheit darüber geschaffen.

Saigerung: Beim Guß von Bronzeobjekten hängt die Dauer der Abkühlung der Schmelze in der Gußform von der Gußtechnik, vor allem von der Größe des Objekts, der Dicke des Gußmantels bzw. der Wärmeabführung nach dem Guß ab. Dieser Zeitraum kann in beträchlichen Grenzen variieren, wobei das spezifisch schwere Blei in der Regel Zeit hat, in der Schmelze nach unten zu wandern und sich in den tieferliegenden Teilen der Form anzureichern. Bei der Analyse von Statuetten aus Bleibronzen, die in der Regel mit dem Kopf nach unten gegossen wurden, findet man deshalb im Kopf etwas höhere Bleigehalte als in den Beinen. Im gleichen Maß nimmt der Zinn- und Kupfergehalt ab.

Bei bleiarmen Bronzen spielt die Saigerung keine Rolle. Aus dem Berliner Antikenmuseum wurde das »Mädchen von Kyzikos« – eine Großbronze aus frühhellenistscher Zeit – untersucht, um der Frage der Homogenität antiker Bronzen nachzugehen:

8 Proben wurden über eine Strecke von ca. 1 m vom oberen Rand des Mantels bis zum Unterrand des Chitons entnommen. Dabei ergaben sich verschiedene Zusammensetzungen an den beiden extremsten Entnahmestellen, die wohl die zu erwartende Saigerung des Bleis erkennen lassen, wobei aber beide Teile nach wie vor dem gleichen Legierungstyp, einer Blei-Zinn-Bronze mit mittlerem Zinn- und hohem Bleigehalt angehören. Die Spurenelemente unterscheiden sich bei den 8 Analysen nicht.

	Cu	Sn	Pb	Zn	Fe	Ni	Ag	Sb	As	Co
Mantel oben	80,43	8,96	10,03	0,09	0,10	0,05	0,11	0,11	0,07	0,05
Chiton unten	73,67	7,63	18,10	0,09	0,10	0,05	0,14	0,11	0,06	0,05

Mitunter kann es vorkommen, daß größere Objekte aus Kupferlegierungen inhomogen sind, weil sie aus einer größeren Anzahl von Metallchargen unterschiedlichster Zusammensetzung gegossen wurden (s. S. 70 »Braunschweiger Löwe«).

Entmischung von Blei

Bei der Abkühlung einer Zinnbronze bildet sich ein sehr homogenes dendritisches Gefüge mit zinnreicheren und zinnärmeren Anteilen aus. Ist Blei in der Schmelze vorhanden, so tritt es nicht in dieses Zinnbronzegefüge ein, sondern bildet isolierte Kügelchen, die kaum größer als 0,1 mm werden. Bei den Analyseverfahren, die eine Probeentnahme erfordern, wie bei der Atomabsorptionsanalyse oder der Emissionsspektralanalyse, spielen derartige Bleianreicherungen keine Rolle, da der ca. 1 mm starke Bohrer einige Millimeter in das Metall eindringt, um die notwendigen 5–10 mg Substanz zu entnehmen. Auch bei der Röntgenfluoreszenzanalyse wird mit dem Röntgen- oder Gammastrahl eine Fläche bestrahlt, die groß genug ist, daß derartige Bleianreicherungen keine Rolle spielen. Lediglich die Mikrosonde ist fein genug, unterschiedliche Elementkonzentrationen in einem Bereich zu erkennen, der feiner ist als die Größe der Bleikügelchen. Derartige sehr aufwendige Untersuchungsverfahren, die eine Probeentnahme erfordern, werden üblicherweise nicht für quantitative Gesamtanalysen, sondern eher zu speziellen Untersuchungen im Bereich des Feingefüges eingesetzt. Die Entmischung von Blei aus dem Bronzegefüge hat somit keinen Einfluß auf die Genauigkeit der Analyse.

Veränderung der Oberfläche durch die Bodenlagerung

Durch die Lagerung im Boden oder im Wasser werden Metalle generell an ihrer Oberfläche verändert, da sich Korrosionsprodukte bilden. Dabei entstehen auf der originalen Oberfläche Neubildungen mineralischer Verbindungen in der Art der Patina bei Bronzen oder des Rostes beim Eisen. Diese Korrosionsprodukte bestehen aus definierten Mineralien, etwa dem Cuprit, dem Mala-

Abb. 3. Malachit- (**a**) und Cupritkristalle (**b**) als Korrosionsprodukte auf archäologischen Bronzen.

chit und dem Atacamit bei Kupferlegierungen oder dem Cerrusit und Anglesit beim Blei (Abb. 3). Mit der Zusammensetzung des metallischen Objekts haben diese Korrosionsprodukte nichts zu tun. Deshalb sind zerstörungsfreie Analysen von Objekten, die mit Korrosionsprodukten bedeckt sind, falsch, und ebensowenig lassen Analysen von völlig durchoxidierten Metallproben Rückschlüsse auf das Ausgangsmaterial zu. Die Korrosionsprodukte bauen sich aus Bestandteilen des Metalls und aus Komponenten der Umgebung auf. Dabei werden Metallanteile in unterschiedlichem Ausmaß aus der Oberfläche herausgelöst, so daß die Oberflächenanalyse auch dann noch fehlerhaft sein kann, wenn die Korrosionsprodukte entfernt wurden. Bei der Probeentnahme mit einem Bohrer wird die Oberfläche durchdrungen und Material aus einem unveränderten Bereich entnommen, so daß bei oberflächlich veränderten Objekten immer der Analyse entnommener Proben der Vorzug zu geben ist.

Einfluß der Probeentnahme

Die Proben von Metallobjekten werden in der Regel mit 0,8–1,5 mm starken HSS-Bohrern entnommen, die ohne Schwierigkeit in das Metall eindringen und keinen die Analyse verfälschenden Abrieb erzeugen (Abb. 4). Auch Diamantfräsen, die man verwendet, um von Blechkanten Metall abzunehmen, enthalten keine Elemente in einer so hohen Konzentration, daß der ohnehin minimale Abrieb die Analysewerte verändert.

Vergleichbarkeit der Ergebnisse verschiedener Laboratorien

Auch die Analytiker interessieren sich für die Zuverlässigkeit der von ihnen erarbeiteten Daten, so daß es üblich ist, eine größere Probe aufzuteilen und verschiedenen Laboratorien zur Analyse zu überlassen. Ein derartiger Laborversuch wurde mit Proben von zwei archäologische Bronzen unternommen, die an 21 auf Metallanalysen spezialisierte Laboratorien zur Analyse geschickt wurden, die diese mit ihren speziellen Methoden untersuchten. Das Ergebnis war, daß die Laboratorien, die ständig kulturgeschichtliche Bronzen analysieren, sehr zuverlässige Daten lieferten, während Laboratorien, die z. B. auf dem Gebiet der Mikroanalyse oder der extremen Spurenelementanalyse arbeiteten, weniger gut abschnitten, da ihr Verfahren auf die Lösung spezifischer Proble-

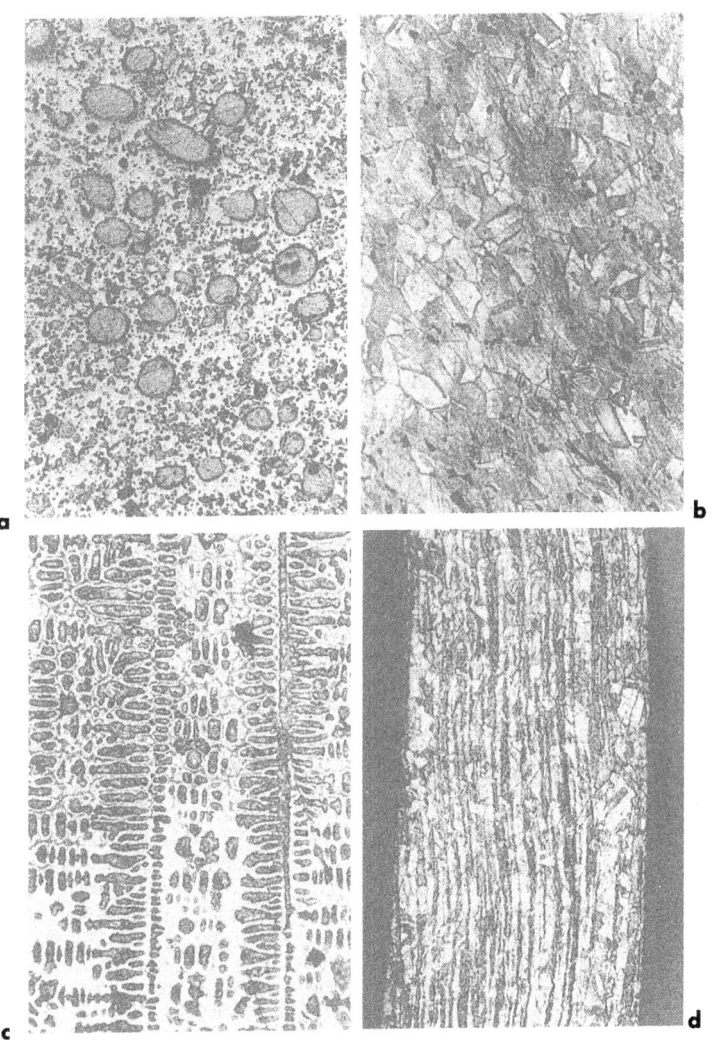

Abb. 4 a-d. Metallographische Aufnahme einer Gußzinnbronze (**a**), einer stark bleihaltigen Gußbronze (**b**), eines rekristallisierten Deformationsgefüges (**c**) und eines vollständig rekristallisierten Gefüges nach einer Wärmebehandlung (**d**).

me ausgerichtet ist. So gelang es z. B. mit Hilfe der Mikrosonde, der Röntgenfluorszenzanalyse oder der Aktivierungsanalyse nicht, die Genauigkeit zu erreichen, die die Atomabsorptionsanalyse oder die Emissionsspektralanalyse bei der quantitativen Analyse von Metallproben auszeichnen. Analysen verschiedener Laboratorien, die mit dem gleichen Verfahren ausgeführt werden, müssen innerhalb des verfahrensspezifischen Fehlers vergleichbar sein.

Vergleichbarkeit der verschiedenen Analyseverfahren

Analysen, die mit verschiedenen Verfahren ausgeführt wurden, sind dennoch bedingt vergleichbar, auch wenn jedes Verfahren mit einem bestimmten Analysefehler behaftet ist und die Genauigkeit des Nachweises der verschiedenen Elemente bei einem einzigen Verfahren verschieden sein kann. Die Emissionsspektralanalyse ist z. B. beim Nachweis der Spurenelemente sehr genau, die bis in den Bereich von 1/1000 % noch erfaßt werden können, während Hauptbestandteile, die über 5 % liegen nicht mehr mit der erforderlichen Genauigkeit angegeben werden können. Deshalb findet sich bei Emissionsspektralanalysen nicht selten die Angabe 5 %, während bei der Atomabsorptionsanalyse auch hohe Konzentrationen auf 1/10 % genau angegeben werden können. Analysen, die mit verschiedenen Systemen ausgeführt wurden, sind deshalb nur bei den Elementen vergleichbar, die mit vergleichbarer Genauigkeit nachgewiesen werden.

Historische Entwicklung der Verwendung von Kupfer und Kupferlegierungen

Als *ältestes Kupferobjekt* wird in der Literatur ein Anhänger vom Shanidar Cave im Iran aufgeführt, der aus dem 9. Jahrtausend v. Chr. stammen soll. Bei diesem völlig in grüne Korrosionsprodukte umgewandelten Objekt ist jedoch umstritten, ob es tatsächlich aus Kupfer bestand oder aus einem grünen Kupfermineral gefertigt wurde. Gesichert sind eine Reihe von Kupferobjekten aus dem 7. Jahrtausend v. Chr. Es handelt sich um Perlen und Drähte aus Ali Kosh, Catal Hüyük und Suberde. Grabungen des 6. und 5. Jahrtausend v. Chr. im Vorderen Orient liefern bereits reichlich Kupferobjekte, und zwar Perlen, Drähte, aber auch Werkzeuge wie Ahlen und vereinzelt schon Messer, Äxte sowie Waffenteile. Im 4. Jahrtausend v. Chr. sind Kupferobjekte im gesamten Vorderen Orient und in den Randgebieten weit verbreitet.

Metallanalysen von solchen Objekten gibt es in großer Anzahl. Die Kupferobjekte bestehen sowohl aus reinem Kupfer, als auch aus Kupfer mit erhöhten Anteilen an Arsen, Nickel und seltener Antimon. Nach früher recht intensiven Auseinandersetzungen um die Frage, ob es bewußt hergestellte Arsenbronzen gab, gilt heute als gesichert, daß erhöhte Arsengehalte ebenso wie erhöhte Anteile an Nickel oder Antimon durch die Verhüttung besonderer Erze in das Kupfer gelangten. Im Vorderen Orient ist z. B. das Kupfererz Domeykit, ein reines Kupferarsenid (Cu_3As), weit verbreitet und in vorgeschichtlicher Zeit verhüttet worden, woraus sich die hohen Arsengehalte mancher Kupferobjekte erklären.

Gegen Ende des 4. Jahrtausend v. Chr. erscheinen die ersten *Zinnbronzen,* zuerst noch recht vereinzelt, dann ab dem Beginn des 3. Jahrtausends schon in beachtlicher Verbreitung vor allem im Iran und im Irak. Dieser Übergang vom Kupfer ist in der europäischen Bronzezeit, im gesamten Mittelmeerraum über den Vorderen Orient bis Indien und China im 2. Jahrtausend v. Chr. zu beobachten.

Metallanalysen von Objekten aus Zinnbronze aus der Zeit vom ersten Auftreten dieser Legierung bis zum 1. Jahrtausend v. Chr. gibt es in großer Anzahl. Allein aus

Mitteleuropa gibt es 22 000 Analysen (Junghans et al. 1968). Am Rathgen-Forschungslabor wurden mehrere wichtige Hortfunde sowie einzelne Objektgruppen wie bronzezeitliche Schwerter systematisch untersucht. Hier wird deutlich, daß es keine regionalspezifischen Legierungen gibt, sondern von Westeuropa bis China werden Zinnbronzen mit den technisch sinnvollen Zinngehalten von maximal 15–20 % bis zu den zum Kupfer überleitenden niedrigen Zinngehalten von 1–5 % hergestellt. Unterschiede gibt es lediglich bei den Spurenelementen, da in bestimmten Räumen über längere Zeit Erze einer bestimmten Lagerstätte verwendet wurden, die sich durch eine bestimmte Spurenelementgesellschaft auszeichnen. In dem Augenblick, wenn Erze eines anderen Lagerstättentyps verwendet wurden, ändern sich auch die Konzentrationen der Spurenelemente.

Sehr umfassende Untersuchungen wurden am Rathgen-Forschungslabor an Bronzen aus *Luristan* und den angrenzenden Bereichen ausgeführt (Riederer 1992). Aus diesem regional präzis definierten Gebiet sind in einem relativ engen Zeitraum zwischen 1200 und 600 v. Chr. zahlreiche Bronzefunde bekannt geworden, die eine recht genaue Bestimmung des Standes der Bronzetechnik zulassen. Untersucht wurde der gesamte Bestand an iranischen Bronzen dieser Zeit aus dem Klingenmuseum Solingen, dem Folkwang-Museum in Essen, dem Museum Altenessen und dem Kunstmuseum in Düsseldorf. Die Analysen ergaben, daß zu dieser Zeit fast ausschließlich Zinnbronzen verarbeitet wurden, deren Zinngehalte meist über 8 % liegen. Bleigehalte über 1 % sind bei Luristan-Bronzen ausgesprochen selten. Die Dolche und Schwerter aus Luristan konnten aufgrund ihrer Zusammensetzung 7 Materialgruppen zugeordnet werden. Dabei handelt es sich um regionale Unterschiede, die auf die Verwendung von Kupfererzen unterschiedlicher Herkunft zurückzuführen sind. Objekte aus Amlash sind z. B. arsen- und eisenreich, während die Schwerter aus Mazendaran wenig Arsen, Antimon und Nickel enthalten.

Von den Waffen aus Luristan wurden Proben von Griff und Klinge untersucht, die aus Zinnbronzen hergestellt sind, die sich aber in den Zinngehalten geringfügig unterscheiden können, da beide Teile getrennt hergestellt wurden.

Bei den Statuetten und Geräten aus Luristan schwanken die Zinngehalte in weiteren Grenzen als bei den Waffen. Auch hier handelt es sich von wenigen Ausnahmen abgesehen um reine Zinnbronzen, während bleihaltige Zinnbronzen ausgesprochen selten sind.

Im 1. Jahrtausend v. Chr. tritt das *Blei* als zweites Legierungselement des Kupfers neben dem Zinn in den Vordergrund. In der gleichen Art, wie das Zinn zur Herstellung von Bronzen relativ schnell in Gebrauch kam, setzt sich jetzt das Blei als Partner des Zinns durch. Wie bei den Zinnbronzen finden wir von dieser Zeit an bei allen Kulturen Zinn-Blei-Bronzen mit Bleigehalten bis zu 30 %.

Von dieser Zeit an werden im gesamten Mittelmeerbereich Zinnbronzen mit Zinngehalten zwischen 2 und 15 %, Blei-Zinn-Bronzen mit gleich hohen Zinn- und Bleigehalten zwischen 2 und 30 % und reine, fast zinnfreie Bleibronzen mit Bleigehalten, die 30 % noch übersteigen können, hergestellt. Aufgrund dieser Vielfalt von möglichen Zusammensetzungen ist eine Unterteilung in verschiedene Materialgruppen nötig, da seit dieser Zeit bestimmte Legierungstypen zu bestimmten Objekten verarbeitet wurden.

Statuetten der ägyptischen Spätzeit sind typische Vertreter dieser Gruppe, bei der alle technisch möglichen und sinnvollen Legierungen des Kupfers mit Zinn und Blei vorkommen:

Zinnbronze mit geringen Zinngehalt
Zinnbronze mit mittlerem Zinngehalt
Zinnbronze mit hohem Zinngehalt
Blei-Zinn-Bronze mit geringem Zinn- und geringem Bleigehalt
Blei-Zinn-Bronze mit geringem Zinn- und hohem Bleigehalt
Blei-Zinn-Bronze mit mittlerem Zinn und hohem Bleigehalt
Bleibronze mit mittlerem Bleigehalt
Bleibronze mit sehr hohem Bleigehalt

Einen Zusammenhang zwischen Legierungstyp und Darstellung der Statuetten oder der Werkstatt gibt es noch nicht, obwohl bereits über 1500 Analysen ägyptischer Statuetten der Spätzeit durchgeführt wurden. Nur bei einigen wenigen Gottheiten zeichnen sich bestimmte Legierungen ab, die häufiger verwendet wurden, so daß hier von einem Werkstattmerkmal gesprochen werden kann.

Schon kurze Zeit nach der Einführung der Bleibronzen erscheint das *Zink* als drittes Legierungselement des Kupfers. Während um die Mitte des 1. Jahrtausends v. Chr. vereinzelt, aber doch so häufig, daß die beabsichtigte Herstellung gesichert ist, stärker zinkhaltige Legierungen hergestellt wurden, ist die neue Legierung ab der römischen Zeit eines der wichtigsten Gebrauchsmetalle überhaupt, das für Münzen, Zierobjekte, vereinzelt auch zu Statuetten verarbeitet wird.

Bei den frühesten Messingerzeugnissen handelt es sich um hellenistische Münzen des 1. Jh. v. Chr., die bis zu 26 % Zink enthalten (Craddock et al. 1980).

Römische Messinge enthalten bereits bis zu 28 % Zink, wodurch die maximale Qualität erreicht war. Höhere Zinkgehalte ließen sich zu dieser Zeit, als Messing durch Verschmelzen von Kupfer mit dem Zinkerz Galmei hergestellt wurde, nicht erreichen.

Im Mittelalter entwickelt sich in Mittel- und Südeuropa eine blühende Messingindustrie, die zur Produktion beachtlicher Mengen an sakralem Gerät wie Taufbecken, Leuchtern, Kerzenständern, Rauchfässern und Kruzifixen führte. Aber auch häusliches Gerät wurde in großen Mengen aus Kupferlegierungen, unter denen das Messing deutlich vorherrschte, hergestellt.

Aus den bisher vorliegenden Untersuchungen ergibt sich, daß im Mittelalter alle damals technisch möglichen Kupferlegierungen auch für gleiche Objekttypen verarbeitet wurden. Offensichtliche Zusammenhänge zwischen Herkunftsgebiet und Gehalt an definierten Spurenelementen gibt es noch nicht.

Während der *Renaissance* kommt es zur Verwendung unterschiedlicher Legierungen in verschiedenen Gebieten. In *Nürnberg* wird fast ausschließlich Messing verwendet, um Brunnen, Statuetten und in großer Menge Epitaphien zu gießen, während in *Augsburg* und *München* vor allem Zinnbronzen und Zinn-Blei-Bronzen verarbeitet werden. Einen erkennbaren Grund für diese Differenzierung gibt es nicht. Die Untersuchung der relativ großen Anzahl von Objekten aus Nürnberg aus der Zeit der Anfänge der Vischer-Werkstatt (ab 1457) bis zur Tätigkeit der Wurzelbauer-Werkstatt (1580–620) (Riederer 1980, 1982, 1983) zeigt, daß in dieser Zeit in Nürnberg ausschließlich mit Messing gearbeitet wurde, wobei sich die Art des Messings über einen Zeitraum von 250 Jahre so kontinuierlich in seiner Zusammensetzung verändert, daß Rückschlüsse auf die Herstellungszeit möglich sind, da die Gehalte an Zinn und Blei allmählich zunehmen und die Spurenelemente zu bestimmten Zeiten besonders hohe oder niedrige Konzentrationen haben. In Augsburg finden sich Messinge nur selten. Üblich waren dort Zinnbronzen und Blei-Zinn-Bronzen, die zwar innerhalb kunstgeschichtlich zusammengehörender Objektgruppen identisch sind, aber schon innerhalb einzelner Werkstätten bei zeitlich unterschiedlichen Objekten oder Objektgruppen verschieden sein können. Offensichtlich wurde in Augsburg von den Gießern ein gerade zur Verfügung stehendes Material verwendet, ohne daß die Materialeigenschaften berücksichtigt wurden. In München sieht es ähnlich aus, da dort ebenfalls nur Bronzen verarbeitet wurden, wobei aber kein Zusammenhang mit der Gießerei, dem Objekttyp oder der Herstellungszeit erkennbar ist.

Untersuchungen von 200 *italienischen Renaissancemedaillen* aus der National Gallery in Washington ohne Probeentnahme mit Hilfe der Röntgenfluoreszenzanalyse ergaben, daß die Medaillen aus sehr unterschiedlichen Kupferlegierungen zusammengesetzt waren, so daß sie als erstes 8 Hauptmaterialgruppen (zinkreiches Messing, Messing mit mittlerem Zinkgehalt, Messing mit mittlerem bis geringen Zinkgehalt, zinkarmes Messing bleihaltige Geschützbronze, Bleibronze, Bronze, Kupfer) zugeordnet werden konnten, um die Heterogenität des Materials zu verdeutlichen (Glinsman u. Hayek 1993). Außerdem wurden die wichtigsten Spurenelemente betrachtet. Aufgrund des Legierungstyps und der Konzentrationen der Spurenelemente konnten die wichtigsten italienischen Medaillenwerkstätten der Renaissance durch die von ihnen verwendeten Legierungen charakterisiert werden.

Eine letzte Neuerung tritt im 18. Jahrhundert ein. Zu dieser Zeit lernt man in Europa die Herstellung von metallischem Zink durch *Destillation* kennen, die Jahrhunderte früher schon in Indien und China gelungen war, welche Europa einige Jahrhunderte mit Zink versorgten. Mit dem metallischen Zink gelingt es, Messingsorten herzustellen, die über 30 % Zink enthalten und noch goldglänzender sind als die zinkärmeren Messinge. So erscheinen vor allem ab 1800 Messinge mit immer höheren Zinkgehalten, die vor allem dann verwendet wurden, wenn es auf die Farbe dieser Legierung ankam, also bei Geräten, Beschlägen und Schmuckelementen.

Im 19. Jahrhundert wird die ganze Bandbreite der technisch möglichen Legierungen zur Herstellung kulturgeschichtlicher Objekte verwendet, wobei deutlich differenziert wird, welche Materialeigenschaften oder welche Farbeffekte man erreichen wollte.

Umfassende Untersuchungen liegen auch über die Zusammensetzung von Objekten aus Kupferlegierungen aus dem *außereuropäischen* Bereich vor.

Im Rahmen eines Forschungsprojekts des Rathgen-Forschungslabors über *islamische* Metallerzeugnisse aus der Zeit vor dem 12. Jahrhundert wurden ca. 500 Gebrauchsgegenstände untersucht, wobei sich abzeichnete, daß zu ihrer Herstellung ein recht einheitlicher Legierungstyp verwendet wurde, der in der Regel besonders hohe Anteile an Zinn, Blei und Zink enthält und dadurch sehr kupferarm ist.

Aus *Indien* wurden in relativ großer Anzahl buddhistische Statuetten aus Nordindien, vor allem aus Nepal und Tibet untersucht (Werner 1972; Riederer 1989, 1991). Dabei konnte überzeugend dargestellt werden, daß in verschiedenen Gebieten und zu verschiedenen Zeiten unterschiedliche Legierungen verwendet wurden, und zwar sowohl unterschiedliche Legierungstypen in den Großräumen, als auch in den Spurenelementen differenzierte Legierungssorten, die eine Unterscheidung von Statuetten aus verschiedenen Zeiten innerhalb einer Region ermöglichen. Generell wurden in Südindien Bronzen bevorzugt, im Norden Kupfer oder Messing. Im nordindischen Bereich bestehen die unvergoldeten Statuetten vor allem aus Messing, die vergoldeten aus Kupfer. In Nepal überwiegen bis zum 15. Jahrhundert die Kupferstatuetten, dann werden sie von Messingstatuetten verdrängt. Die Spurenelemente variieren beträchtlich bei Statuetten unterschiedlicher Herkunft und innerhalb der Gruppen gleicher Herkunft auch in Abhängigkeit von der Herstellungszeit. Dadurch sind bei nordindischen Statuetten aufgrund der Haupt- und Spurenelemente recht sichere Zuweisungen zum Herstellungsort und zur Herstellungszeit möglich.

Von *chinesischen* Bronzen liegt eine sehr gründliche Untersuchung des Bestandes an Gefäßen der Freer Gallery in Washington vor (Gettens 1969). Neben den Analysen der Bronzen wurden auch umfassende radiographische Untersuchungen durchgeführt, die wichtige Informationen zur Herstellungstechnik lieferten.

Aus *Westafrika* wurden vor allem Objekte der Benin-Kultur und die kleinen Gewichte der Ashanti (Werner 1970, 1972) untersucht. Der größte Teil der 154 Beninobjekte besteht aus Messing, wie die Analysen ergaben. Dabei schwanken die Zinkgehalte in dem extrem weiten Bereich von 0–38 %. Da die ältesten Objekte aus zinkfreien und zinkarmen Legierungen bestanden, die Objekte mit den extrem hohen Zinkgehalten von über 30 % im 19./20. Jahrhundert entstanden sein müssen, schloß Werner, daß der Zinkgehalt vom 15. bis zum 19. Jahrhundert kontinuierlich ansteigt und somit ein Maß für das Alter ist. Datierungen der Objekte durch Thermolumineszenzanalysen der Gußkerne zeigten jedoch, daß dieser Zusammenhang nicht immer gegeben ist. Auch bei den 153 Ashanti-Objekten, vorwiegend geometrische und figürliche Goldstaubgewichte, überwiegen die Messinge.

Aus *Südamerika* wurde eine Analyseserie von 53 Keulenköpfen und 37 Werkzeugen aus Peru sowie von 74 Beilen aus Ecuador ausgeführt (Bönsch u. Riederer

1977). Es stellte sich heraus, daß zur Herstellung der peruanischen Beile Kupfer und Zinnbronzen verwendet wurden, wobei die Zinngehalte im Bereich von 0–2 % liegen können. Zur Herstellung der Geräte, etwa von Meißeln oder Sticheln wurde, was überrascht, häufiger als für die Keulenköpfe reines Kupfer verwendet. Von den 37 untersuchten Werkzeugen enthielten nur 4 über 1 % Zinn, und zwar 1,4, 1,6, 5,2 und 7,1 %. Bemerkenswert ist auch der Unterschied in den Arsengehalten. Bei den Keulenköpfen liegen sie im Durchschnitt bei 0,3 %, obwohl bei einzelnen Stücken Gehalte von 2 und 3 % vorkommen. Bei den Werkzeugen sind jedoch Gehalte von über 1 % Arsen üblich, und nicht selten werden Werte zwischen 3 und 6 % erreicht. Es ist durchaus denkbar, daß der Arsengehalt zur Erhöhung der Härte dieser an sich weichen Kupferwerkzeuge beigetragen hat. Obwohl nicht wenige Objekte zwischen 0 und 1 % Arsen enthalten, scheint das Arsen aber nicht mit Absicht zulegiert worden zu sein. Wahrscheinlicher ist die Verwendung arsenhaltiger Erze zur Gewinnung des Kupfers. Auch die Beile aus Ecuador bestehen vorwiegend aus Kupfer, obwohl hier häufiger Zinnbronzen mit Zinngehalten zwischen 1 und 10 % vorkommen, als bei den peruanischen Geräten. Bemerkenswert ist, daß die Bronzen relativ arsenarm sind, wie die peruanischen Keulenköpfe aus Zinnbronze, während die Beile aus Kupfer, wie die peruanischen Werkzeuge, durch hohe Arsengehalte von durchschnittlich 2 % auffallen. Zur Herstellung der Zinnbronze wurde in diesem Raum offensichtlich eine andere Kupfersorte verwendet als zur Herstellung der Kupferobjekte. Peru und Ecuador scheinen mit Objekten aus einem gemeinsamen Herstellungsgebiet versorgt worden zu sein.

Aus der Beschreibung der geschichtlichen Entwicklung der Kupferlegierungen wird deutlich, daß gleiche Legierungstypen in den unterschiedlichsten geographischen Regionen verarbeitet wurden und es also keine Legierungen gibt, die für ein bestimmtes Gebiet kennzeichnend sind. Wohl gibt es aber seit der Antike Differenzierungen nach der Art des Objekts, wenn ein bestimmter Verwendungszweck bestimmte Eigenschaften erfordert, etwa eine gute Polierbarkeit bei Spiegeln, eine Abriebfestigkeit bei Mörsern oder eine mechanische Festigkeit bei Geschützen. Auch herstellungstechnische Argumente, wie die Verwendung gut gießbarer Legierungen für Großbronzen, mögen ein Grund für die Auswahl einer besonderen Legierung gewesen sein.

In römischer Zeit fällt zum Beispiel auf, daß Großbronzen stets aus einer sehr bleireichen Legierung hergestellt sind, die den Guß erleichtern.

In der Antike wurden *Spiegel* aus besonders zinnreichen, reinen Zinnbronzen hergestellt, die gut poliert werden können und ein besonders gutes Spiegelbild liefern. Im Rahmen der Arbeiten für den Corpus Specolorum Etruscorum wurden alle etruskischen Spiegel in deutschen Sammlungen untersucht und festgestellt, daß sie fast ausnahmslos aus Legierungen bestehen, die neben dem Kupfer 4–16 % Zinn enthalten. Die Analysen der Spiegel unterscheiden sich lediglich in den Zinnanteilen. Ein Zusammenhang zwischen Zinngehalt und Spiegeltyp bzw. seiner Herkunft und seinem Alter wurde bisher noch nicht erkannt.

Da der hohe Zinngehalt objektbedingt ist, erstaunt es nicht, daß auch chinesische Spiegel aus zinnreichen Bronzen bestehen. Sie sind jedoch noch zinnreicher als die etruskischen Spiegel und enthalten stets eine geringe Menge Blei. Aus dem Museum für Ostasiatische Kunst wurden 63 Spiegel aus der Zeit vom 6. Jh. v. Chr bis zum 10. Jh. n. Chr. untersucht (Riederer 1977). Dabei ergab sich, daß bereits vom 6. Jahrhundert an spezielle Spiegelbronzen verwendet wurden, die einen gegenüber den

Skulpturenbronzen deutlich erhöhten Zinngehalt von 16–26 % aufweisen. Bei dieser Untersuchung gelang es auch, Spiegel verschiedenen Alters aufgrund der Zusammensetzung zu unterscheiden. Spiegel aus der Prä-Han-Zeit zeichnen sich durch höhere Kupfergehalte von 73–80 % aus, während die jüngeren Spiegel nur 69–73 % Kupfer enthalten. Auffallend ist, und dadurch unterscheiden sich chinesische Spiegel von den antiken Spiegeln des Mittelmeerraumes, daß sie bis zu 8 % Blei enthalten können, während die europäischen Spiegel bleifrei sind.

Bei den *Mörsern* kommt es besonders auf eine hohe Abriebfestigkeit an. Diese ist bei Zinn-Blei-Bronzen am besten, und schon von Beginn der Herstellung solcher Geräte an verlangen Zunftvorschriften von den Gießern die Einhaltung eines besonderen Legierungstyps. Deshalb sind Mörser in der Regel aus einem recht einheitlichen Metall hergestellt. Aus Deutschland liegen Analysen von gotischen Mörsern und Mörsern aus der Renaissancezeit vor (Riederer 1988,1993). Die Mörser des 15. Jahrhunderts, die fast ausschließlich aus Mecklenburg stammen, bestehen aus Blei-Zinn-Bronzen mit teilweise recht hohen Zinngehalten von 8–2 % bei gleichzeitig recht hohen Bleigehalten von 10–20 %. Zink ist nur in Ausnahmen enthalten. Auffallend sind die hohen Spurenelementgehalte, die auf die Verwendung eines einheitlichen Kupfererzes hindeuten. Im 16. Jahrhundert bleibt dieser Legierungstyp erhalten. Später erscheinen dann zinkhaltige Legierungen und reine Messingmörser.

Auch bei *Geschützen* kommt es auf eine besondere mechanische Festigkeit an. Die Legierung darf aber kein Blei enthalten, da sich dieses Metall mit der Bronze nicht innig vermischt, sondern kugelige Aggregate bildet. Diese schmelzen durch die hohen Temperaturen bei der Entzündung des Pulvers aus, so daß sich Aschenreste in solchen

Hohlräumen sammeln können, die beim Nachladen das Pulver entzünden und Unfälle verursachen können. Geschützbronzen dürfen andererseits jedoch auch nicht zu hohe Zinnanteile enthalten, da die Bronze sonst zu spröde wird. Deshalb bestehen Geschütze aus reinen Zinnbronzen mit ca. 10 % Zinn, ein Wert, der in den einschlägigen Ausführungsvorschriften festgehalten ist, von dem aber dennoch häufig, meistens zu den geringeren Zinngehalten hin, abgewichen wurde.

Ebenso wie zur Herstellung von Geschützen wurde auch zum *Glockenguß* eine spezielle, relativ zinnreiche Legierung verwendet.

In Hinblick auf die Messingtechnologie der Neuzeit sind Analysen von Blechblasinstrumenten aus der Zeit nach 1700 interessant, die belegen, daß für diesen Zweck recht qualitätvolle, also zinkreiche und nebenelementarme Messinge verarbeitet wurden.

Aus dem Bereich der *Musikinstrumente* wurden am Rathgen-Forschungslabor Kern- und Wickeldrähte von Flügeln und Tafelklavieren aus der 1. Hälfte des 19. Jahrhunderts untersucht, die ebenfalls aus einem reinen, manchmal schwach bleihaltigem Messing mit sehr hohen Zinkgehalten um 25–30 % hergestellt waren.

Zahlreiche Analysen gibt es von *antiken Münzen* aus Kupfer- und Kupferlegierungen, wobei in der Regel deutlich wurde, daß für eine bestimmte Prägung eine definierte Legierung verwendet wurde. Dabei gibt es aber keine bevorzugte Legierung, etwa ein zinkreiches Messing zur Herstellung goldähnlicher Münzen oder zinnreicher Bronzen zum Prägen besonders widerstandsfähiger Münzen.

Besonders deutlich wurde der Zusammenhang zwischen Münztyp und Legierung durch Untersuchungen an hasmonäischen Münzen (Schwabe et al. 1983), wobei ein besonderes Gewicht auf die statistische Auswertung der

Analysedaten gelegt wurde. Die untersuchten Münzen stammen aus der Zeit zwischen 104 und 35 v. Chr. und wurden im Bereich des heutigen Israel geprägt. Diese Münzen haben verschiedene Prägungen, die meisten bestehen jedoch aus einer charakteristischen Legierung. Die Gruppe der Jehochanan-Münzen besteht aus Zinnbronzen mit durchschnittlich 5–10 % Zinn und nur geringen Bleianteilen, während die Gruppe der Jehonatan- und Jonatan-Münzen aus Blei-Zinn-Bronzen besteht, deren Bleigehalte in dem weiten Bereich von 2–20 % schwanken, deren Zinngehalt aber immer im Bereich von 3–6 % liegt. Eine dritte Gruppe, die Mataja-Münzen, fallen durch extreme Bleigehalte von ca. 20 % auf. Mit Hilfe der Clusteranalyse gelang es, jeder einzelnen Münze einen definierten Platz im Gesamtablauf der numismatischen Entwicklung in diesem Raum einzuräumen, der die historische Entwicklung der Münzprägung dieser Zeit widerspiegelt.

Lönnqvist (1992), der am Rathgen-Forschungslabor eine Serie von Münzen aus Judaea aus der Zeit von 6–9 n. Chr. und 59 n. Chr untersuchen ließ, stellt Überlegungen an, warum Münzen des Gratus oder des Pilatus sowohl aus reinen Zinnbronzen als auch aus sehr bleireichen Bronzen hergestellt wurden.

Nach seiner Auffassung wurden, was aus der Gesamtzahl der Analysen hervorgeht, vor allem bleihaltige Münzen hergestellt, weil sich der Schrötling besser gießen und leichter prägen ließ. Da die bleifreien Münzen aus der kurzen Zeit zwischen 24 und 30 n. Chr. stammen, ist es denkbar, daß in dieser Zeit ein Mangel an dem Rohstoff Blei herrschte.

Auch aus dem außereuropäischen Bereich bestätigten Münzanalysen immer wieder den Zusammenhang zwischen definierten Münzgruppen und dem zur Prägung verwendeten Metall. Aus Sri Lanka wurde eine Serie von Bronzemünzen aus der Zeit zwischen 1200 und 1284 untersucht (Riederer 1991). Die Münzen sind aus Bronzen hergestellt, deren Bleigehalt während der Regierungszeit des letzten Königs rasch von 1 auf 8 % ansteigt. Diese Zunahme von Blei kann eine Verschlechterung des Münzmetalles darstellen. Weiter sind aber auch schon in früherer Zeit sprunghafte Veränderungen bei den Spurenelementen erkennbar, die auf einen Wechsel der Kupfersorte hindeuten. Die frühen Münzen enthalten einen geringen Goldanteil von durchschnittlich 0,05 %, der plötzlich auf 0,01 % absinkt und bei den späteren Münzen völlig verschwindet. Wismut ist dagegen bei den frühen Münzen nicht nachweisbar, bei den späten Münzen aber mit 0,05 % in deutlicher Konzentration vorhanden. Die frühen Münzen sind arsenarm, die späten relativ arsenreich, während der Silbergehalt von den relativ hohen Werten um 0,3 % bei den frühen Königen auf 0,01 % bei den späten Königen abnimmt.

Die Bedeutung der Spurenelemente in Kupferlegierungen

Aus der knappen Auswahl von Analysen kulturgeschichtlicher Objekte aus Kupferlegierungen wird bereits deutlich, daß die Nebenbestandteile und Spurenelemente, also die in geringer Konzentration vorhandenen Elemente, die ohne Absicht bei der Metallherstellung oder beim Guß in die Legierung gelangten, in sehr weiten Grenzen schwanken können. In der folgenden Liste sind die Schwankungsbreiten der verschiedenen Spurenelemente angegeben, die bei der Analyse größerer Objektserien aus Kupferlegierungen erhalten wurden:

Eisen: 0–3 %
Nickel: 0–3 %
Silber: 0–0,5 %
Antimon: 0–10 %

Arsen: 0 –0 %
Wismut: 0–0,1 %
Kobalt: 0–1 %
Kadmium: 0–01 %
Gold: 0–0,5 %

Bei der Analyse von Objekten aus Kupfer und Kupferlegierungen ist es beim Eisen, Silber und Gold oft nicht sicher, ob erhöhte Spurenelementgehalte auf lagerstättenbedingte Beimengungen im Erz oder auf das Einschmelzen versilberter, vergoldeter oder eisenhaltiger Objekte zurückzuführen ist.

Die hohen Gehalte einzelner Spurenelemente gaben immer wieder Anlaß zu Vermutungen, sie seien der üblichen Bronze oder dem Kupfer bewußt zugesetzt worden, um bestimmte Materialeigenschaften zu verbessern. Es erscheint jedoch gesichert, daß es sich bei den extrem hohen Gehalten in einzelnen Kupferlegierungen um rohstoffbedingte Konzentrationen handelt. In der Regel sind die hohen Gehalte an Nebenelementen auf Beimengungen der Kupfererze zurückzuführen, etwa auf die Verwendung von Kupfer, das aus Fahlerzen erschmolzen wurde, die besonders reich an Arsen und Antimon sind. Vereinzelt, vor allem bei erhöhten Silber- oder Goldgehalten, besteht die Möglichkeit, daß unsortiertes Altmetall oder versilberte bzw. vergoldete Kupfer- oder Bronzeobjekte eingeschmolzen wurden.

**Die Korrosionsprodukte
auf Kupfer und Kupferlegierungen**

Auf kulturgeschichtlichen Objekten aus Kupfer und Kupferlegierungen wurden ungewöhnlich viele Korrosionsprodukte nachgewiesen, mit deren Identifizierung man sich schon seit dem Ende des 18. Jahrhunderts sehr intensiv beschäftigt.

Folgende Korrosionsprodukte des Kupfers sind in der Literatur beschrieben:

Oxide
Tenorit   CuO
Cuprit Cu_2O
Karbonate
Azurit $2CuCO_3.Cu(OH)_2$
Malachit $CuCO_3.Cu(OH)_2$
Chalconatronit $Na_2Cu(CO_3)_2.3H_2O$
Chloride
Nantokit   CuCl
Atacamit $CuCl_2.Cu(OH)_2$
Paratacamit $CuCl_2.Cu(OH)_2$
Botallakit $Cu_2Cl(OH)_3$
Cumengit $Pb_4Cu_4Cl_8(OH)_8$
Sulfate
Brochantit $CuSO_4.3Cu(OH)_2$
Antlerit $CuSO_4.2Cu(OH)_2$
Conellit $Cu_{19}(Cl_4,SO_4)(OH)_{32}.4H_2O$
Sulfide
Covellin   CuS
Chalcosin Cu_2S
Digenit Cu_2S
Chalcopyrit $CuFeS_2$
Buntkupfererz Cu_5FeS_4
Tetraedrit $(Cu,Fe)_{12}Sb_4S_{13}$
Nitrate
Gerhardit $CuNO_3.3Cu(OH)_2$
Phosphate
Libethenit $Cu_2(PO_4)(OH)$
Sampleit $NaCaCu_5(PO_4)_4Cl.5H_2O$

Die Kenntnis der Art der Korrosionsprodukte und ihrer mikroskopischen Eigenschaften ist für die Durchführung von Restaurierungsarbeiten und zur Beurteilung der Echtheit von Bedeutung (Riederer 1975).

Eisen

Herkunft

Eisen kommt selten in *gediegener Form* als *Meteoreisen* vor. Deshalb wird angenommen, daß bei frühen Kulturen oder im völkerkundlichen Bereich Meteoreisen zu Geräten verarbeitet wurde.

Eisenerze gibt es in großer Anzahl und in sehr weiter Verbreitung, so daß die Gewinnung von Eisen, nachdem einmal der Verhüttungsprozeß entdeckt war, fast überall möglich war. Folgende Eisenerze lassen sich unterscheiden:

Oxide
Magnetit Fe_3O_4
Hämatit Fe_2O_3
Hydrate
Goethit $FeOOH$
Rubinglimmer $FeOOH$
Limonit $Fe_2O_3 \cdot nH_2O$
Sulfide
Pyrit FeS_2
Markasit FeS_2
Magnetkies FeS
Karbonate
Siderit $FeCO_3$
Silikate
Chamosit $Fe_4Al(AlSi_3O_{10})(OH)_6 \cdot nH_2O$
Phosphate
Vivianit $Fe_3(PO_4)_2 \cdot 8H_2O$

Metallurgie

Der Prozeß der Eisenverhüttung ist ein Röstprozeß, bei dem die verschiedenen Erze zuerst in Oxide überführt und dann mit Kohle zu metallischem Eisen reduziert werden.

Im Vorderen Orient ist die Eisenverhüttung im 13. Jh.v. Chr. überall bekannt; in Europa setzt die Eisenerzverhüttung nach der Bronzezeit in der Latèneperiode ein, aus der viele Schmelzplätze erhalten blieben. Allein aus der Umgebung von Siegen sind 250 Schmelzöfen beschrieben, bei denen es sich um kuppelförmige Öfen von 1,5–2 m Höhe handelt, die von oben her mit Erz und Holzkohle beschickt wurden. In der Regel waren sie an Hängen gebaut, wo der Wind für den nötigen Zug sorgte. Schon in der Spätlatènezeit wurden Öfen gebaut, in die aus Blasebälgen Luft eingeblasen wurde und die als »Rennöfen« bezeichnet werden (Abb. 5). Eine Variante des Rennofens ist der Schachtofen mit einer Herdgrube, in die die Schlacke nach der Reduktion des Eisens einfloß. In der Literatur zur Eisenverhüttung werden viele Konstruktionstypen der Rennöfen ebenso wie die Verhüttung von Eisenerzen in den wichtigeren Gebieten der frühen Eisenherstellung ausführlich beschrieben (Siegerland, Schleswig-Holstein, Polen). In römischer Zeit konzentrierte sich die Eisengewinnung auf Gebiete östlich des Limes, während in Frankreich, England und Südeuropa die Eisengewinnung keine derartigen Ausmaße annahm wie in Mittel- und Osteuropa.

Die Kenntnis der Techniken der frühen Eisenverhüttung verdanken wir unter anderem auch den eingehenden Untersuchungen von Schlacken (Sperl 1980).

Bei Schlackenuntersuchungen geht es erstens um die Unterscheidung, ob eine Rennofen-, also eine *Verhüttungsschlacke* oder eine *Schmiedeschlacke* vorliegt, zweitens um die Wirksamkeit des Verhüttungsverfahrens und

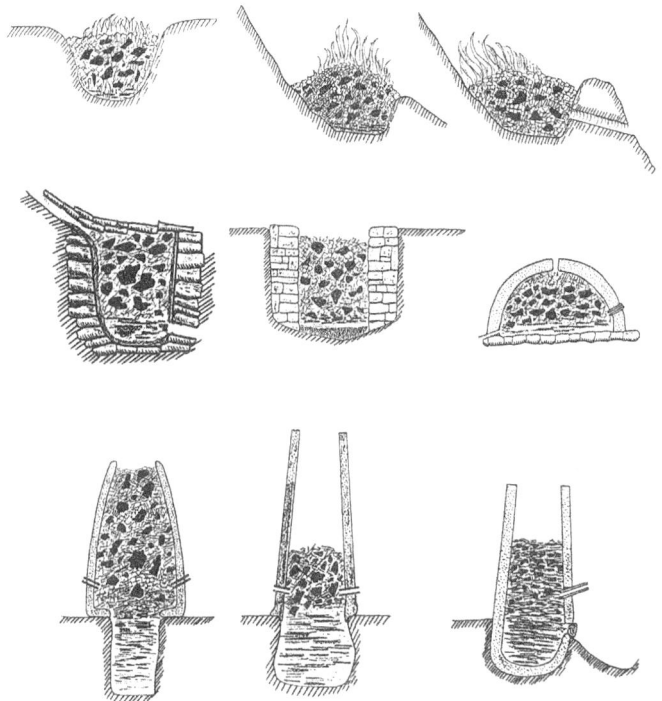

Abb. 5. Verschiedene Varianten von Rennöfen zur Eisenverhüttung.

die Art des verhütteten Eisenerzes, drittens um den Rennofentyp und seine Arbeitsweise, viertens um die Datierung der Schlacken (Abb. 6). Schlackenanalysen aus Berlin-Lübars ergaben eindeutig, daß die Schlacken von einem Verhüttungsplatz stammten, da es sich um eine sog. Laufschlacke handelte, die bei einer Temperatur von 1100–1200 °C im flüssigen Zustand vorlag und auch Erzreste enthielt. Aus der Form der Schlacke konnte auch auf den Rennofentyp geschlossen werden. Offensichtlich handelte es sich hier um einen Windofen, dessen Schlakken sich durch trauben- oder wurmförmige Schichtungen auszeichnen, da sie relativ träge laufen. Im Gegensatz

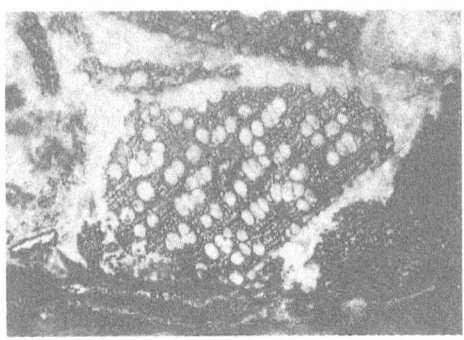

Abb. 6. Identifizierung der zur Erzverhüttung verwendeten Holzarten.

dazu sind Laufschlacken aus Gebläseöfen dünnflüssiger und breiter und flacher übereinandergeschichtet. Der Ausgrabungsbefund ließ erkennen, daß die Schlacke aus dem Ofeninneren durch ein Stichloch in eine Vormulde abfließen konnte. Als Erztyp wurde ein Raseneisenerz bestimmt, das von den geologischen Gegebenheiten her in unmittelbarer Nähe des Rennofens vorkommen sollte. Die Eisenausbringungen betrugen ca. 30–40 %. Die Datierung des Verhüttungsplatzes erfolgte noch aufgrund der Formmerkmale von Scherben, die in der Nähe gefunden wurden, und durch den Vergleich des Rennofentyps mit vergleichbaren Anlagen. Eine Datierung mit Hilfe der Thermolumineszenzanalyse war zu diesem Zeitpunkt noch nicht möglich.

Eisen- und Kupferschlacken aus dem Harz wurden mit verschiedenen Techniken untersucht, wobei sich neben der mikroskopischen Untersuchung die Mößbauer-Spektroskopie als besonders aussagekräftig erwies (Brockner et al. 1992). Dadurch gelang es, den untersuchten Schlackenkomplex durch seine Materialmerkmale von Schlacken anderer Art abzugrenzen und auch innerhalb des analysierten Materials Schlackentypen verschiedener Art zu unterscheiden. Wichtig war bei diesen Untersuchungen die genaue Identifizierung der Eisensilikate, die einen Rückschluß auf den Ablauf des Verhüttungsprozesses zulassen.

Die Datierung von Schlacken nach dem *Thermolumineszenzverfahren* verspricht Erfolg, da bei der Verhüttung von Erzen in den Schlacken Quarze eingeschlossen erhalten bleiben, die nicht mit den Eisenanteilen unter Bildung von Eisensilikaten reagieren (Leroux u. Moesta 1988). Als Vorteil bei der Anwendung der Thermolumineszenzanalyse wirkt sich bei der Datierung von Schlacken die Korngröße der Quarzeinschlüsse aus, die in einem Bereich liegt, in dem die Wirkung der Alpha- und Betastrahlen, die nur in die äußerste Randzone eindringen, vernachlässigt werden kann, da dieser Randbereich zu entfernen ist. Somit ist nur die Wirkung der Gammastrahlung als Ursache der Thermolumineszenz zu untersuchen. Die Intensität der Gammastrahlung am Fundort der Schlacken läßt sich mit Dosimetern recht genau bestimmen, so daß die wirksame Jahresdosis genau bestimmt werden kann und dadurch der Analysefehler deutlich abnimmt. Nach diesem Verfahren wurden Schlacken mit einem Alter von 450–3000 Jahren untersucht, wobei die erhaltenen Daten gut mit Radiokarbondaten oder dem archäologischen Befund übereinstimmen (Leroux u. Moesta 1988).

Verwendung

Eisen ist das Metall, das in erster Linie zur Herstellung von Werkzeugen, Geräten und Waffen verwendet wurde. Dabei trennen sich schon sehr früh die Zweige der Herstellung von reinem Gebrauchsgut von kunsthandwerklich sehr qualitätvollen Zierobjekten, etwa den Prunkwaffen und den Prunkrüstungen aus der Zeit des ausgehenden Mittelalters bis hin zum Eisenschmuck und den gußeisernen Arbeiten des 19./20.Jahrhunderts.

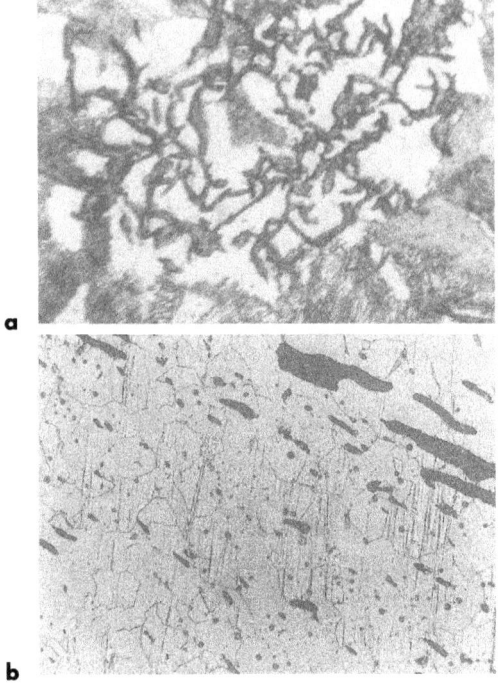

Abb. 7. Metallographische Anschliffe von Schmiede- (**a**) und Gußeisen (**b**).

Untersuchung von Eisenobjekten

Beim Eisen ist neben der chemischen Analyse, die nach dem Atomabsorptionsverfahren oder ähnlichen Methoden durchgeführt wird, die mikroskopische Analyse besonders wichtig, da sich im Anschliff nicht nur verschiedene Eisensorten unterscheiden lassen, sondern auch Hinweise zur Herstellungstechnik möglich sind (Abb. 7).

Historische Entwicklung der Eisenverwendung

Mit frühen Eisenobjekten ist nicht selten die Auseinandersetzung verknüpft, ob sie eventuell aus Meteoreisen hergestellt sind. Es gibt durchaus sichere Kriterien zur Unterscheidung der beiden Eisensorten, und zwar die metallographische Untersuchung des Eisengefüges, die auch nach der Überprägung durch das Schmieden erkennen läßt, ob ein durch Verhüttung gewonnenes Eisen oder ein Meteor vorlag (Knox 1987). Außerdem gibt die chemische Analyse Hinweise auf die Art des Eisens. Die übliche Annahme, daß mehr als 4 % Nickel im Eisen auf Meteoreisen hindeute, wurde in Zweifel gezogen, da reichlich prähistorische Objekte aus Eisen-Nickel-Legierungen gefunden wurden, die sicher nicht aus Meteoreisen hergestellt sind. Dagegen ist der Arsengehalt in Meteoreisen ausgesprochen niedrig, während sich irdisches Eisen durch recht hohe Arsengehalte auszeichnen kann.

Untersuchungen an frühen Eisenfunden gibt es in großer Anzahl, und zwar gleichermaßen mikroskopische Gefügeanalysen zur Beschreibung der Eisensorten und der Herstellungstechnik sowie chemische Analysen zur Charakterisierung des Eisens aufgrund seiner Nebenbestandteile. Die chemischen Analysen von Bodenfunden sind jedoch schwer vergleichbar oder interpretierbar, da in der Regel verrostete Objekte untersucht wurden und man somit keine Informationen zur ursprünglichen Zusammensetzung erhält, sondern eher Hinweise über die Konzentration der Spurenelemente. Eine besondere Rolle bei der Untersuchung von Eisenobjekten spielt die Analyse des Kohlenstoffgehalts, da durch die Entfernung des Kohlenstoffs aus dem Eisen Stahl entsteht. Kohlenstoffarmes, also ein dem Stahl entsprechendes Eisen kennt man seit dem 1. Jahrtausend v. Chr. aus dem Vorderen Orient. Neben der Entfernung des Kohlenstoffs zur Stahlherstellung gibt es auch den Prozeß der Aufkohlung, durch den der Kohlenstoffgehalt in der Eisenoberfläche erhöht wurde, was ebenfalls zu einer Erhöhung der Härte führt.

Anhand von metallographischen Untersuchungen an frühgeschichtlichen Eisenobjekten konnten z. B bei Schwertern verschiedenster Herkunft gleichzeitig vielfältige Varianten der Schmiedetechnik beobachten werden (Pleiner 1965).

Blei

Herkunft

Beim Blei gibt es ein einziges wichtiges Erz, das in der gesamten kulturgeschichtlichen Entwicklung der Metallverarbeitung abgebaut und verhüttet wurde, *der Bleiglanz*. Dieses Erz war der Rohstoff für die Bleigewinnung, daneben aber auch das Ausgangsmaterial für die Gewinnung des fein im Bleiglanz enthaltenen Silbers. In den oberflächennahen Zonen der Bleilagerstätten, in denen die primären Erze verwittern und die sog. Mineralien der Oxidationszone entstehen, gibt es zahlreiche verschiedene mineralische Verbindungen, etwa das Weißbleierz Cerrusit ($PbCO_3$), den Anglesit ($PbSO_4$), das Gelbbleierz Wulfenit ($PbMO_4$) oder das Grünbleierz Pyromorphit ($Pb_5[Cl(PO_4)_3]$), die aufgrund ihrer ausgeprägten Farbigkeit den frühen Bergleuten den Weg zu Lagerstätten wiesen. Auch wenn sie lokal in größeren Mengen vorkommen können, hatten diese Verbindungen als Bleierz kaum Bedeutung.

Bleilagerstätten gibt es in beträchtlicher Anzahl im Mittelmeerraum, in den Alpen und in Mitteleuropa. Zu den wichtigsten Lagerstätten der Antike gehört Laurion in Griechenland, wo seit dem 9. Jh. v. Chr. in über 2000 Gruben Blei vor allem zur Silbergewinnung abgebaut wurde; ebenso in Spanien und Portugal. In den Alpen hatte der Lagerstättenbezirk von Bleiberg in Kärnten, der sich bis Slowenien und Südtirol hinzog, eine besondere Bedeutung.

Metallurgie

Aus den Bleierzen wird das metallische Blei wieder durch Rösten und Reduzieren gewonnen.

Verwendung

Bei den ältesten Bleiobjekten handelt es sich um Ziergegenstände in der Art von Perlen, Drahtringen und Drahtblechen. Das hohe Gewicht wurde bereits sehr früh zur Herstellung von Loten und Ankern ausgenutzt. Die Weichheit des Bleis gab die Möglichkeit, es als Material zum Beschreiben zu verwenden. Der niedrige Schmelzpunkt eröffnete die verbreitete Verwendung des Bleis in der Architektur zum Vergießen von Dübeln und Klammern im Stein. Der niedrige Schmelzpunkt und die Möglichkeit, den Schmelzpunkt durch Legieren mit Zinn noch weiter zu senken, führten zu der breiten Verwendung des Bleis und seiner Zinnlegierungen als Lötmetalle. Eine wichtige Verwendung fand das Blei in römischer Zeit zur Herstellung von Bleirohren. Seltener ist die Verwendung als Münzmetall oder für den Guß von Statuetten und Skulpturen; auch Bleigefäße sind wegen der leichten Verformbarkeit selten. Wichtig war das Blei als Ausgangsmaterial zur Herstellung anderer Materialien, die im Bereich des Handwerks und der Künste gebraucht wurden, etwa der Bleipigmente. In der Keramik- und Glasfabrikation spielte das Blei zur Fertigung bleiglasierter Objekte oder von Bleigläsern ebenfalls eine wichtige Rolle.

Untersuchung von Bleiobjekten

Bleiobjekte analysiert man mit den bereits erwähnten Verfahren der quantitativen chemischen Analyse in der Art des Atomabsorptionsverfahrens. Mikroskopische Untersuchungen spielen bei diesem Material kaum eine Rolle. Beim Blei kommt ein weiteres Analyseverfahren zum Einsatz, das wichtige Informationen liefert: die Isotopenanalyse mit Hilfe der Massenspektrometrie. Da Blei in der Natur in Abhängigkeit vom Entstehungsalter der Lagerstätten eine Mischung verschiedener Isotopen, vor allem von ^{204}Pb, ^{206}Pb, ^{207}Pb und ^{208}Pb ist, kann das Verhältnis dieser Isotopen einen Hinweis auf die Herkunft des Bleis geben.

Historische Entwicklung der Bleiverwendung

Die frühesten Funde aus Blei stammen von den frühen Kulturen des Vorderen Orients, wo kleine Zierobjekte aus diesem Material gefunden wurden, die aus dem 7.Jahrtausend v. Chr. stammen. Es wurde zwar daraufhingewiesen, daß es sich bei den Funden von Catal Hüyük um Erzeugnisse aus Bleiglanz handelt, der zu dieser Zeit zur Herstellung von Schmuckgegenständen verwendet wurde, doch gibt es noch von einer Reihe weiterer früher Fundstätten Objekte, die mit großer Wahrscheinlichkeit aus metallischem Blei hergestellt sind (Sperl 1990). Erst ab dem 3. Jahrtausend v. Chr. mehren sich die Funde von Verhüttungsplätzen, wo eindeutig Bleierze geschmolzen wurden.

Chemische Analysen von Bleiobjekten und Isotopenanalysen liegen aus allen Bereichen der Kulturgeschichte vor.

Am Rathgen-Forschungslabor wurde eine Serie von Bleiplaketten des 13. Jh. v. Chr. aus dem Irak untersucht. Sie bestehen aus einem sehr reinen Blei, das nur geringste Anteile von anderen Elementen, z. B. 0,05 % Cu, 0,03 % Ag, 0,04 % Sb und 0,01 % Ni enthält.

Aus römischer Zeit wurde eine größere Anzahl von *Bleirohren* verschiedener regionaler Herkunft untersucht, bei denen es sich um ein relativ reines Blei mit Zinngehalten von 0,2–0,3 %, Kupfergehalten von 0,03–0,10 %, Antimongehalten von 0,01–0,05 % und Silbergehalten von 0,005–0,01 % handelt (Löhberg 1980). Außerdem befaßte man sich mit der Fertigung römischer Bleirohre, die aus Badenweiler, Augst, vom Zugmantel-Kastell und vom Magdalensberg in Kärnten stammten. Durch Gefügeuntersuchungen wurde festgestellt, daß die Rohre aus Blechen hergestellt waren, die entlang einer Längsachse zum Rohr gebogen wurden. Die Naht wurde in unterschiedlicher Art geschlossen: entweder wurde in die Fuge metallisches Blei eingegossen, wobei wahrscheinlich der zur Formung verwendete Holzkern die Fuge nach unten abdichtete, oder es wurde ein dünnes Bleiband eingeschweißt. Bei den Längsnähten wurde keine Überlappung des Bleis festgestellt. Die Quernähte wurden entweder ebenfalls durch Eingießen oder durch Einschieben eines Rohres in ein aufgeweitetes zweites Rohr mit anschließenden Verlöten hergestellt.

Am Rathgen-Forschungslabor wurden die *Pfeifen* einer Reihe wichtiger *Orgeln*, etwa der Stellwagen-Orgel in St. Jakob zu Lübeck mit Pfeifen von 1500 und 1637 untersucht. Die Orgelpfeifen bestehen nicht, wie oft vermutet aus Zinn, sondern vorwiegend aus Blei mit nicht allzu hohen Zinnanteilen.Bei den Analysen wurden recht unterschiedliche Blei-Zinn-Legierungen festgestellt, wobei sich ein deutlicher Zusammenhang mit der Pfeifengröße und den Eigenheiten der Orgelbauer ergab. Die von Stellwagen bei dem Umbau der Orgel 1936/37 übernommenen Pfeifen von 1500 bestehen aus reinem Blei mit nur 1 % Zinn. Die von Stellwagen eingebauten Pfeifen enthalten entweder 6 oder 17 % Zinn im Blei, wobei offensichtlich das Gewicht der Pfeifen und die Biegsamkeit des Materials zur Herstellung kleinerer Pfeifen eine Rolle bei der Auswahl der Bleilegierung spielte.

Ein weiteres Beispiel ist der *Braunschweiger Marktbrunnen*, der 1408 auf dem Altstadtmarkt aufgestellt, 1945 fast völlig zerstört und kurz darauf dem Original nachgebildet wieder aufgestellt wurde. Dabei wurden unzerstört gebliebene Teile wieder mitverwendet. Im Zusammenhang mit der Restaurierung des Brunnens in der Zeit von 1985–1988 wurden Metallanalysen der originalen und der neu gegossenen Teile ausgeführt. Das originale Blei, das von 12 Stellen untersucht wurde, hat folgende gleichbleibende Zusammensetzung: Pb 99,09, Sn 0,77, Cu 0,03, Ag 0,01, Sb 0,06, Bi 0,04.

Im Zusammenhang mit Restaurierungsarbeiten wurden am Rathgen-Forschungslabor Analysen von aus Frankreich stammenden *Figuren* des 18. Jahrhunderts aus dem *Schloßgarten in Schwetzingen* ausgeführt, wobei sich ebenfalls sehr ähnliche Zusammensetzungen verschiedener Skulpturen ergaben.

Untersuchungen über die Gehalte an *Spurenelementen* im römischen Blei (Wyttenbach u. Schubiger 1974/75), liefern Hinweise auf die Spurenelemente, die bei der Herstellung von Bleibronzen in die Legierung gelangen sowie Ansatzpunkte für eine Ableitung der Herkunft der Bleierze antiker Bleiobjekte. Analysiert wurde eine große Anzahl von Barren, Blechen und Rohren aus römischen Siedlungen in der Schweiz. Dabei fiel auf, daß Bleche und Rohre sehr ähnlich zusammengesetzt waren und aus einem schwach zinnhaltigen Blei bestanden, während die Barren aus reinem Blei mit geringsten Zinnanteilen bestanden. Da der Zinnanteil in den Blechen 0,3 % nicht überstieg, also kaum mit Absicht zulegiert wurde, wird angenommen, daß zur Herstellung von Blech auch zinnreichere Abfälle, etwa Lote verarbeitet wurden.

Bleiisotopenanalyse

Die Verhältnisse der Bleiisotopen ^{204}Pb, ^{206}Pb, ^{207}Pb und ^{208}Pb zeigen bei Bleiproben verschiedener Herkunft deutliche Unterschiede (Grögler et al. 1966). Auf dieser Beobachtung aufbauend entwickelte sich ein eigener Forschungszweig, der sich bemühte, von möglichst vielen Bleivorkommen die Isotopendaten zu sammeln, um dem Archäologen die Möglichkeit der Herkunftsbestimmung bleihaltiger Objekte zu eröffnen.

Zinn

Herkunft

Das Zinn kommt in der Natur als verwertbares Erz nur in der Form des Oxids als Zinnstein oder Cassiterit vor. Der Zinnstein wurde zuerst wohl aus Flußablagerungen gewonnen, wo er durch seine dunkle, braunschwarze Farbe als Erz auffiel. Sicher hat man in den Gebieten mit umfangreicheren Lagerstätten schon in prähistorischer Zeit die primären Zinnsteinlagerstätten entdeckt und das Erz dort bergmännisch abgebaut. Derartige prähistorische Vorkommen, in denen ein Zinnbergbau durch archäologische Funde belegt ist, gibt es in Galizien in Spanien, im Massif Central und in der Bretagne, in Cornwall, im Erzgebirge und in der Toskana. Die Lagerstätten in Spanien, England und Frankreich deckten den Bedarf der antiken Kulturen an Zinn, da Italien, Griechenland, die Türkei, der Vordere Orient und Ägypten keine Zinnlagerstätten von nennenswerter Bedeutung hatten.

Für den Vorderen Orient waren die Lagerstätten im Kaukasus von Bedeutung. Ausgedehnte Zinnvorkommen gibt es auch in Malaysia, aus denen bereits im Mittelalter Zinn in die östlichen und westlichen Länder exportiert wurde. Besonders ergiebige Lagerstätten hat Bolivien, die ab dem 17./18. Jahrhundert ausgebeutet wurden und vor allem Zinn für den europäischen Bedarf lieferten.

Metallurgie

Die Verhüttung des Zinnsteins, des einzigen Zinnerzes von praktischer Bedeutung überhaupt, war sehr einfach, da das Erz bereits als Oxid vorlag und nur noch geröstet werden mußte. Dies geschah, wie archäologische Fund zeigen, in einfachen Öfen, in denen das Erz mit Holzkohle gemischt erhitzt wurde. Dabei bildete sich das metallische Zinn, das sich im unteren Teil des Ofens sammelte, aus dem es nach dem Reduktionsprozeß als Schmelzkuchen entnommen oder durch Kanäle abgeleitet wurde. Agricola beschreibt den ganzen Prozeß der Zinngewinnung von der Aufsuchung der Zinnvorkommen, der Prüfung (Probieren) der Erze, der Zerkleinerung der Erze durch Pochen bis zur abschließenden Verhüttung in allen Einzelheiten, die sich ohne weiteres auf andere Regionen übertragen lassen.

Verwendung

Zinn wurde in vielfältigster Art verwendet. Als unlegiertes Metall zeichnet es sich durch einen niedrigen Schmelzpunkt und durch eine gute Bearbeitbarkeit sowohl im geschmolzenen als auch im festen Zustand aus. Bereits bei den frühesten Kulturen finden sich Zinnstatuetten und Zinngegenstände wie Ringe und Armreifen sowie Gefäße. Aus römischer Zeit gibt es eine große Anzahl von Zinnbarren aus reinem Zinn, die von versunkenen Schiffen geborgen wurden. Seit der Antike wurde Zinn auch zur Herstellung von Münzen verwendet. Metallisches Zinn in reiner Form oder mit Blei legiert wird seit der Antike als wichtiges Lötmaterial verwendet, da sein niedriger Schmelzpunkt die einfache Verbindung höher schmelzender Metalle möglich macht.

Aufgrund seiner guten Verformbarkeit wurde Zinn schon sehr früh zu Blechen ausgehämmert, die zu Gefäßen verarbeitet wurden. Die Blechherstellung leitet über zur Herstellung von *Zinnfolien,* bei denen die Dehnbarkeit des Zinns voll ausgenutzt wurde. Zinnfolien gab es ebenfalls in der Antike, wo sie z. B. zum Hinterlegen von Glasspiegeln verwendet wurde. Aus dem Mittelalter kennt man schriftliche Rezepte, etwa von Theophilus, zur Herstellung und Verwendung von Zinnfolien. Aus dem in der Antike geübten Hinterlegen von Glasspiegeln mit Metallfolien leitet sich das Verzinnen der Spiegel ab, das im Mittelalter aufkam.

Die Verwendung als *Überzugsmetall* ist das zweite wichtige Anwendungsgebiet des Zinns. Aus vorgeschichtlicher Zeit sind reichlich Beispiele bekannt, wo sowohl Metallobjekte als auch Keramiken mit Zinn überzogen wurden. Bei den Griechen und Römern war das Verzinnen von Kochgeschirr aus Kupfer und Bronze üblich. Aus dem Mittelalter gibt es vielfältige Beispiele von verzinntem Bronzeschmuck. Zum Verzinnen wurde das Zinn in geschmolzener Form auf das Trägermetall aufgebracht. Ab dem Mittelalter entwickelte sich das Verzinnen von Eisenblechen, die *Weißblechherstellung*, zu einem besonderen Industriezweig. Weniger verbreitet war die Technik des Weißsiedens zur Verzinnung. Dazu wird das zu verzinnende Objekt in einer Zinnlösung gekocht. In neuerer Zeit hat sich die galvanische Verzinnung durchgesetzt, mit der dünnere Zinnüberzüge erhalten werden können als beim Auftragen von geschmolzenem Zinn.

Das dritte wichtige Gebiet der Zinnverwendung ist die *Herstellung von Zinnlegierungen.* Zinn läßt sich mit fast allen Metallen zu Legierungen verschmelzen, von technischer Bedeutung sind aber nur die Legierung von Kupfer mit dem Zinn, die Bronze, und die Blei-Zinn-Legierungen, die zu Blechen verarbeitet oder als Lot benutzt wurden.

Untersuchung von Zinnobjekten

Objekte aus Zinn enthalten in der Regel Beimengungen anderer Metalle, die entweder durch die Verhüttung in das Zinn gelangten oder vom Verarbeiter des Zinns zur Veränderung der Materialeigenschaften bewußt zugefügt wurden. Dies gilt vor allem für das Blei, das dem Zinn bei der Blechherstellung oder bei der Verwendung als Lot zulegiert wurde. Durch die geringen Probemengen, die für Metallanalysen nach dem Atomabsorptions- oder ICP-Verfahren benötigt werden, erscheint dies als der geeignetste Weg einer quantitativen Analyse.

Historische Entwicklung der Zinnverwendung

Zinn erscheint bereits bei den frühen Kulturen des Mittleren Ostens als Legierungskomponente des Kupfers bei der Herstellung von Bronzen. Offensichtlich konnte es bereits sehr früh in metallischer Form gewonnen werden, da von sumerischen Objekten aus der Mitte des 3. Jahrtausends v. Chr. metallisches Zinn als Lötmaterial nachgewiesen werden konnte (Craddock 1984).

Zusammensetzung von Zinnobjekten

Für die frühe Metallurgie sind die Analysen von 6 Barren aus Zinn-Blei-Legierungen von Bedeutung, die aus römicher Zeit stammen und genau das Material repräsentieren, das in römischer Zeit vorwiegend zur Bronzeherstellung verwendet wurde (Hughes 1976). Aus den Analysen ergibt sich, daß in römischer Zeit Zinn mit sehr hohen Bleigehalten in den Handel kam. Da der Verbraucher nicht in der Lage war, Zinn und Blei zu trennen, wird verständlich, daß sich römische Bronzen oft durch sehr hohe Bleigehalte auszeichnen. Aus den relativ geringen Spurenelementanteilen der Zinn-Blei-Legierung läßt sich ableiten, daß diese Metalle die Spurenelementgehalte der Bronze kaum beeinflußten, sondern die Spurenelemente im Kupfer die Konzentrationen der Spurenelemente in der Bronze bestimmen, woraus ein Rückschluß auf die Kupferlagerstätten möglich ist.

Aus dem Mittelalter wurden ein Taufbecken aus Salzburg von 1321 und ein Taufbecken aus dem Dom zu Mainz aus dem Jahre 1328 analysiert. Sie bestehen aus Zinn-Blei- oder aus Zinn-Blei-Kupfer-Legierungen mit stark wechselnden Blei-Zinn-Kupfer-Verhältnissen. Diese Legierungen waren im Mittelalter weit verbreitet.

Zink

Herkunft

In der Natur kommen zwei wichtige Zinkerze vor, die *Zinkblende* (Sphalerit) als primäres Erz in größeren Tiefen der Erzlagerstätten und der *Galmei* als sekundäres Verwitterungsprodukt in den oberflächennahen Zonen. Bei der Zinkblende handelt es sich um ein Zinksulfid (ZnS), bei Galmei um ein Gemisch von Zinkkarbonat, Kieselzinkerz und anderen Verwitterungsprodukten der Zinkblende in unterschiedlichen Verhältnissen. Da der Galmei eine gelbliche Farbe und eine erdige Konsistenz hat und er stets in der Nähe anderer Erzvorkommen, in erster Linie von Bleiglanzlagerstätten vorkommt, mußte er den Bergleuten rasch als besonderer Rohstoff auffallen. Trotzdem wird Galmei erst spät in der Metallurgie verwendet, nämlich um das 1. Jh. v. Chr. in Kleinasien zu Messingherstellung.

Wichtige Lagerstättenbezirke sind in Deutschland die Umgebung von Aachen, in Belgien das Gebiet von Lüttich, außerdem in Schlesien, Kärnten und England.

Metallurgie

Bei der Verhüttung von Zink tritt eine Besonderheit auf, die zur Folge hatte, daß das metallische Zink erst über 1000 Jahre später in Indien und 1500 Jahre später in Europa hergestellt werden konnte. Bei dem Versuch, Zinkerze nach dem Rösten, also der Umwandlung in Oxide zu reduzieren, verflüchtigt sich dieses Metall, da die Verdampfungstemperatur unter der Reduktionstemperatur liegt. Erst als in China und Japan im 14. Jahrhundert und gegen Ende des 18. Jahrhunderts in Europa Destillierverfahren entwickelt waren, konnte Zink in metallischer Form erhalten werden. Als Nebenprodukt der Bleiverhüttung war metallisches Zink jedoch schon länger bekannt, da es sich in metallischer Form an den kühleren Ofenteilen abschied. Dieses Material, das man *Conterfey* nannte, wurde gesammelt und wohl auch in Deutschland schon im 16. Jahrhundert zur Messingherstellung verwendet. Der analytische Nachweis, wann zum ersten Mal deutsches Zink zur Messingherstellung verwendet wurde, ist kaum möglich, da zur Zeit der Verwendung des Conterfey bereits reichlich Zink aus Ostasien nach Europa kam.

Verwendung

Zink wurde in Indien und Ostasien wahrscheinlich schon im Mittelalter zur Herstellung von Messing verwendet, da aus dieser Zeit Verhüttungsplätze von Zinkerzen bekannt sind und keine andere Verwendung des Zinks zu dieser Zeit bekannt ist. Auch das Zink, das zu Beginn der Neuzeit aus Indien und Ostasien nach Europa kam, wurde in erster Linie zur Messingherstellung verwendet. Es gibt Hinweise aus Bergbauschriften des 16. Jahrhunderts, daß auch im Harz das bei der Bleigewinnung als unbrauchbares Nebenprodukt erhaltene metallische Zink gesammelt und wohl zur Messingherstellung verkauft wurde. Jedenfalls kennt man aus dem 17. Jahrhundert Messingobjekte mit hohen Zinkgehalten, so daß eine Verwendung von metallischem Zink als Legierungselement gesichert ist. Als am Ende des 18. Jahrhunderts in Europa an mehreren Stellen die Zinkdestillation gelang, entwickelte sich dieses Metall rasch zu einem sehr wichtigen Metall im Bauwesen und zur Herstellung von kunsthandwerklichen Kleinobjekten. Es gibt Hinweise, daß um 1800 alle öffentlichen Berliner Gebäude mit Zinkblech gedeckt waren. Außerdem wurden architektonische Zierteile in großer Anzahl gefertigt, die die Bauten des frühen 19. Jahrhunderts schmückten. Ab 1830 werden dann von zahlreichen Gießereien Großskulpturen aus Zinkguß hergestellt. Auch das Verzinken von Eisen als Korrosionsschutz gewinnt im 19. Jahrhundert zunehmend an Bedeutung.

Untersuchung von Zinkobjekten

Zinkobjekte werden, da eine Entnahme von Proben in der Regel möglich ist, mit Hilfe der Atomabsorptionsanalyse untersucht.

Historische Entwicklung der Zinkverwendung

Zinkobjekte kennt man erst seit dem 19. Jahrhundert. Nicht auszuschließen ist die Herstellung von Zinkobjekten in der Antike, da auch im römischen Reich bei der Verhüttung von Bleierzen Zink in der Art des Conterfeys entstehen konnte. Bisher sind ca. 10 Objekte bekannt, von denen eine antike Herkunft nicht auszuschließen ist.

Wohl hätten Zinkgenenstände aus dem aus Ostasien importierten Zink bereits seit dem 16. Jahrhundert in Europa hergestellt werden können, aber aus Europa und auch aus Indien und China kennt man keine frühen Zinkobjekte. Erst um 1800 werden in größerer Menge

Bleche zum Decken von Dächern und zum Beschlagen von Schiffen hergestellt, kurz danach kleinere Zinkobjekte wie Statuetten, Leuchter, Kerzenhalter, Ornamente und Beschläge für Bauteile, die aber kaum zu datieren sind. 1818 entstehen die ersten großen Zinkskulpturen und wenig später Denkmäler, Brunnen, Giebelreliefs und ähnliche Großobjekte.

Zusammensetzung von Zinkobjekten

Von einer großen Anzahl von Zinkobjekten des 19. Jahrhunderts wurden Metallanalysen ausgeführt, die ergaben, daß stets ein relativ reines Zink mit Beimengungen unter 5 % an anderen Metallen verwendet wurde.

Aluminium

Aluminium ist eigentlich kein Metall, das im Rahmen einer Darstellung von Ergebnissen der naturwissenschaftlichen Untersuchung von kulturgeschichtlichen Objekten behandelt werden müßte, da seine Herstellung erst um 1824/27 gelang. Erste Aluminiumdenkmäler stammen zwar noch aus dem 19. Jahrhundert, der eigentliche Durchbruch als Werkstoff für Skulpturen erfolgte aber erst in jüngster Zeit.

Es gibt jedoch ein Objekt, von dem in der Literatur eine antike Herkunft beschrieben ist. Es handelt sich um eine 1956 von dem chinesischen Archäologen Yang Kan entdeckte Gürtelschnalle aus dem Grab eines Generals der Tsin-Epoche (265–313 n. Chr.) aus der Gegend von Yixing in der Provinz Kiangsu in China. Die Analyse der Gürtelschnalle ergab 85 % Aluminium, 10 % Kupfer und 5 % Mangan. Aus einem schwedischen Bericht geht hervor, daß die Fundumstände so eindeutig waren, daß an der antiken Herkunft nicht zu zweifeln sei. Ob es sich um eine metallurgische Zufälligkeit oder um ein bewußt erzeugtes Metall handelt, wobei der Verfasser zu dem Schluß kommt, daß ein metallurgischer Prozeß denkbar sei, der in China bereits vor 1700 Jahren bekannt war, wird noch diskutiert. Der Verfasser erwähnt ein 1885 in den USA patentiertes Verfahren, bei dem Aluminium durch eine Reaktion von Aluminiumoxid, Kupfer und Kohlenstoff erzeugt werden kann, und eben solch ein Prozeß könnte für das frühe China denkbar sein. Detaillierte Recherchen erbrachten wichtige Details zu diesem Fund, durch die klar wird, daß auch in China dieses Einzelstück nicht unumstritten ist (Weizel 1986).

Quecksilber

Das Quecksilber ist ein metallischer, aber bei Zimmertemperatur flüssiger Werkstoff, der schon frühen Kulturen bekannt war und für Arbeitsprozesse im Zusammenhang mit der Herstellung kulturgeschichtlicher Objekte verwendet wurde. Es kommt in geringer Menge gediegen im Gestein vor, häufiger und als Rohstoff für die Quecksilbergewinnung wichtig ist der *Zinnober*. Dieses Material, das schon früh als Farbstoff begehrt war, kommt in Europa an einigen wenigen Stellen lagerstättenbildend vor. Die wichtigsten Lagerstätten sind der Mte. Amiata in der Toskana, Idria in Slowenien und Almaden am Nordrand der Sierra Morena. In Deutschland gibt es ein kleines Vorkommen in Moschellandsberg in der Pfalz.

Da sich Quecksilber ohne große technische Schwierigkeiten aus dem Zinnober gewinnen läßt, ist dieses Element bereits in der Antike bekannt gewesen, ohne daß man damit viel anfangen konnte. Vereinzelt liegen Berichte vor, daß in Slowenien und in Italien quecksilberhaltige Gefäße gefunden wurden, und auch Schliemann soll in Gefäßen der 18./19. Dynastie in Theben Quecksilber gefunden haben. Bei antiken Schriftstellern ist Quecksilber mehrfach erwähnt.

Eine besondere Bedeutung erlangt das Quecksilber erst im Zusammenhang mit der Feuervergoldung. Dazu wird Goldamalgam hergestellt, das auf das zu vergoldende Objekt aufgetragen wird. Beim Erhitzen verflüchtigt sich das Quecksilber, und das Gold bleibt als festhaftende Schicht auf dem Untergrund zurück.

Verarbeitungs- und Herstellungstechniken

Metallguß

Die Metalle wurden in der Regel durch einen Schmelzprozeß erhalten, oder sie wurden, wenn sie wie das Gold in gediegener Form vorkamen, umgeschmolzen, um größere Metallkörper zu erhalten. Das Gießen des Metalles war der erste Verarbeitungsvorgang, mit dem die frühen Metallurgen in Verbindung kamen (Abb. 8). Von allen gießbaren Metallen kennt man von den frühesten Zeiten der Verarbeitung an Gußkuchen oder Barren, die weiter verarbeitet oder in den Handel gebracht wurden. Ebenso finden sich auch schon in der frühesten Zeit des Auftretens der einzelnen Metalle Objekte, die in einfache Formen gegossen wurden, ehe sich allmählich komplizierte Gußtechniken entwickelten.

Die ursprünglichste Art des Gusses in Formen war der sog. Herdguß in einteilige Formen. Daran schließt sich der Vollguß in zwei- und mehrteilige Formen an, ehe das Wachsausschmelzverfahren und der Guß in Teilformen entwickelt wurde. Neuere Varianten des Gusses sind der Sandguß und der Schleuderguß.

Abb. 8. Darstellung des Metallgußes und der Metallbearbeitung auf altägyptischen Wandmalereien.

Über das erste Auftreten des Herdgusses in einteiligen offenen Formen ist man recht gut informiert, da die Formen aus Stein oder Keramik bestanden und sich recht gut erhalten haben. Solche Gußformen kennt man von allen Kulturen des Vorderen Orients und aus späterer Zeit auch aus dem bronzezeitlichen Europa. Sie bestehen häufig aus leicht bearbeitbaren Gesteinsarten wie Speckstein, feinem Sandstein oder Kalkstein. Vereinzelt ist nicht gesichert, ob in solchen Formen tatsächlich Metall gegossen wurde, da denkbar ist, daß auch Keramikobjekte vor dem Brand oder Wachsapplikationen in solchen Formen hergestellt wurden.

Interessante Aufschlüsse über den Guß größerer Objekte ergaben Metallanalysen, die im Zusammenhang mit der Restaurierung des *Braunschweiger Löwen* ausgeführt wurden (Riederer 1985).

Bei dieser frühesten in Deutschland gegossenen figürlichen Skulptur aus einer Kupferlegierung fielen nämlich sich deutlich abzeichnende horizontale Linien auf, die teilweise im Laufe der Zeit auch aufgebrochen waren. Metallanalysen von Proben über und unter diesen Linien ergaben in allen Fällen recht unterschiedliche Zusammensetzungen. Daraus wurde deutlich, daß das Metall zum Guß des Löwen offensichtlich in einer größeren Anzahl von Gußtiegeln, in denen unterschiedliche Rohmetalle, möglicherweise auch andere Objekte eingeschmolzen wurden, geschmolzen worden war. Aus diesen Tiegeln wurde nach und nach in mehrere Eingußtrichter eingegossen, wobei es möglicherweise zu kurzen Unterbrechungen kam, so daß sich das Metall schon verfestigen konnte und sich Trennlinien bildeten, ehe nachgegossen wurde. Somit konnten am Braunschweiger Löwen recht unterschiedliche Legierungstypen nachgewiesen werden, ohne daß eine regelmäßige Abfolge etwa durch eine Saigerung beim Guß erkennbar wäre.

Hämmern und Schmieden
Mit der Metallgewinnung war die Formgebung durch Hämmern und Schmieden eng verbunden, da schmiedbare Metalle durch Hämmern in die gewünschte Form gebracht oder der Gußkörper zur weiteren Verarbeitung zu Blech ausgedünnt werden konnte.

Gerade bei Kupfer und Gold bot sich die Bearbeitung durch Hämmern aufgrund der guten Dehnbarkeit dieser Metalle an. Goldbleche und aus Goldblech gefertigte Objekte finden sich bei allen frühen Kulturen. Die früheste Art der Metallbearbeitung durch Hämmern war die Herstellung von Blechstreifen. Daran schloß sich aber schon bald die Herstellung von Perlen, bei denen das Blech um Keramikkügelchen gelegt wurde, und die Formung von kleinen Ornamenten und Figuren an, die in Negativformen ausgehämmert waren. Üblich war das Überziehen von Holz mit Blechen, und zwar sowohl von Geräten oder Griffen von Geräten, von Statuetten, aber auch von Gebäudedächern.

Bemerkenswert ist die schon sehr früh zu beobachtende Fähigkeit, das Metall zu sehr dünnen Blechen oder Folien auszuschlagen, So kennt man bereits aus dem 3. Jahrtausend v. Chr. aus dem gesamten Vorderen Orient, Ägypten und Anatolien Goldbleche von 0,001 mm Dikke.

Bei frühkretischen Schmuckstücken hat die Technik, Ornamente durch Aushämmern über Positivformen zu formenn bereits eine hohe Perfektion erreicht, die sich in diesem Raum weiter entwickelt und schließlich in Troja und Mykene bei der Herstellung von Schalen, doppelwandigen Bechern oder den Gesichtsmasken einen Höhepunkt erreicht. Auch bei den Etruskern und Römern waren getriebene Gefäße weit verbreitet. Nördlich der Alpen sind aus den Fürstengräbern der Hallstattzeit besonders prunkvolle Goldschmiedearbeiten erhalten.

Überaus zahlreich sind die Untersuchungen zum Schmieden von eisernen Geräten und Waffen. Dazu leistet die Metallographie nützliche Hilfe, obwohl die Entnahme repräsentativer Proben manchmal Probleme bereitet. Aus der Auflichtuntersuchung, der chemischen Analyse des Kohlenstoffgehaltes und der mechanischen Eigenschaften des Eisens ergibt sich ein anschauliches Bild der frühgeschichtlichen Eisentechnologie.

Herstellung von Blattgold

Über die Herstellung von Blattgold, die in der Spätantike immer mehr an Bedeutung erlangt, ist man durch mittelalterliche Manuskripte am besten informiert. Dazu wird Gold zuerst durch Hämmern zu Blechen ausgeschmiedet, die dann zu quadratischen Stücken zugeschnitten werden. Diese quadratischen Bleche legte man ursprünglich zwischen Kupferplatten, später zwischen aus Bast hergestellte Blätter oder Pergament und schließlich zwischen die Haut ungeborener Kälber oder die Haut des Blinddarms von Ochsen, um diese Pakete von Goldblechen mit ihren Zwischenlagen immer weiter auszuhämmern, bis dünnste Folien entstanden waren.

Walzen und Drücken von Metall

Die Herstellung von Blechen durch Walzen und die Formung des Bleches durch Drücken sind relativ junge Techniken der Metallverarbeitung, zu denen es kaum Untersuchungen an kunsthandwerklichen Erzeugnissen gibt. Über die Verfahren des Walzens und Drückens informieren besonders eingehend die technologischen Fachbücher des 19. Jahrhunderts.

Prägen

Diese Technik geht bis in die früheste Zeit der Herstellung von Münzen in der griechischen Antike zurück, als bereits freie Hammerprägungen mit Ober- und Unterstempel üblich waren. Es läßt sich nachweisen, daß der Schrötling bereits in der Antike nach dem Gießen in mehrmaligem Wechsel geglüht und gehämmert wurde, um ein Aufplatzen der Ränder zu verhindern. Nach dem Beizen der vorbehandelten Schrötlinge erfolgte die Prägung. Später wurden sie aus gewalztem Blech ausgeschnitten oder ausgestanzt und dann zwischen zwei Stempeln geprägt. Die Ränder wurden durch Feilen oder Schaben abgearbeitet, um das geforderte Gewicht zu erreichen. Gleichzeitig gab es die Walzenprägung, bei der ein Blech durch zwei Prägewalzen lief, die das Münzbild in das Metall eindrückten. Ehe die modernen Prägepressen eingeführt wurden, geschah das Prägen mit der Spindelpresse.

Drahtherstellung

Die größere Vielfalt von Varianten, nach denen Drähte hergestellt wurden, läßt sich vor allem mit mikroskopischen und rasterelektronenmikroskopischen Techniken gut unterscheiden (Abb. 9).

Die frühesten Arten des Drahtes sind der *geschnittene* und der *gehämmerte* Draht. Der gehämmerte Draht ist dabei häufiger, und bei frühen Ohrringen oder aus Draht gewickelten Fingerringen beobachtet man die unterschiedlichen Dicken, die nicht selten bewußt als dekoratives Element verwendet wurden. In Abhängigkeit von der Dicke der Platte, von der sie abgeschnitten wurden, gibt es bei den geschnittenen Drähten quadratische und rechteckige Querschnitte.

In chronologischer Folge schließen sich an die gehämmerten und geschnittenen die *gedrehten Drähte* an, von denen es verschiedene Arten gibt (Oddy 1977, 1987): den einfachen, durch Verdrehen eines dünnen Blechbandes hergestellten Draht, der unter dem Mikroskop an

Abb. 9. Darstellung des Drahtziehens in mittelalterlichen Handschriften.

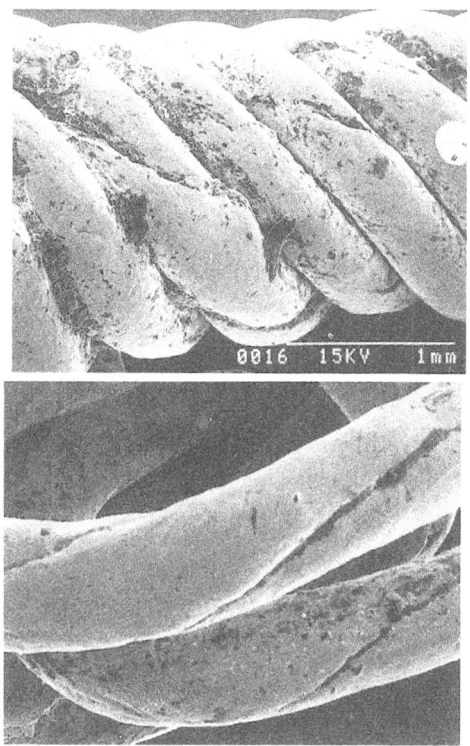

Abb. 10. Rasterelektronenmikroskopische Aufnahmen von gedrehtem antikem Golddraht mit spiralig umlaufender Rille.

einer umlaufenden Spirale erkennbar ist (Abb. 10), eine Reihe anderer Varianten, die durch Verdrehen um eine Längsachse hergestellt wurden; außerdem den gefalteten Draht, bei dem ein Blechband in der Längsrichtung mit Hilfe eines Meißels eingekerbt wird, so daß er sich um eine Längsachse falten läßt. Unter dem Mikroskop sind die verschiedenen Techniken der Drahtherstellung bei einer bloßen Betrachtung der Drahtoberfläche kaum zu unterscheiden. Erst im Querschnitt läßt sich bei angeätzten Anschliffen erkennen, welche Variante vorliegt.

Die nächste weitere wichtige Art des Drahtes ist der *gezogene* Draht. Er erscheint ungefähr um die Wende von der Antike zum Mittelalter. Um sein erstes Auftreten genauer zu fassen, setzte man sich mit Drahtobjekten aus dieser Zeit und mit den Funden von Zieheisen auseinander, mit denen der gezogene Draht hergestellt ist. Obwohl frühe Zieheisen nicht selten als sog. Nageleisen erklärt wurden, kommen sie im allgemeinen aus genau datierten Grabungsbefunden und sind somit zeitlich genauer einzuordnen.

Zwischen dem gedrehten Draht und dem gezogenen Draht gibt es Zwischenglieder: aus dem antiken Ägypten wird eine Drahtsorte beschrieben, die durch Ziehen eines Goldbandes durch eine dem Zieheisen vergleichbare Platte mit Löchern entsteht (Caroll 1970).

Oberflächenbearbeitung von Metallen

Drehen: Das Ergebnis einer Untersuchung von 59 römischen Henkeln aus dem 1. Jh.n.Chr. ergab, daß zur Herstellung von Henkeln, die an den Enden durch Drehen auf der Drehbank geformt worden waren, solche Legierungen bevorzugt wurden, die sich auch besonders gut durch Drehen bearbeiten ließen. Henkel, bei denen eine Überarbeitung durch Drehen nicht vorgesehen war, bestehen aus Legierungen, die besonders gute Gußeigenschaften, vor allem eine niedrige Schmelztemperatur des Metalles hatten. Durch Schmieden geformte Henkel bestanden aus reinem Kupfer (Laurenze u. Riederer 1980). Je zwei Beispiele von Analysen von Henkeln mit auf der Drehbank geformten (1 u. 2) und nicht überarbeiteten (3 u. 4) Henkeln verdeutlichen diese Beobachtung.

	Cu	Sn	Pb	Zn	Fe	Ni	Ag	Sb	As
1	92,55	6,18	0,88	0,01	0,10	0,01	0,05	0,06	0,16
2	91,62	8,12	0,01	0,04	0,04	0,01	0,04	0,07	0,08
3	72,90	8,69	18,07	0,01	0,16	0,01	0,05	0,05	0,07
4	68,92	5,16	25,68	0,02	0,06	0,05	0,03	0,05	0,11

Gravieren, Ziselieren, Punzieren: Zu diesen drei wichtigen Techniken der Metalloberflächenbearbeitung gibt es eine recht große Anzahl technologischer Untersuchungen, bei denen mit mikroskopischen und rasterelektronenmikroskopischen Techniken die Eindrücke der Werkzeuge im Metall dargestellt wurde.

Verbindungstechniken

Löten: Unter Löten versteht man den Vorgang der Verbindung von Metallteilen mit Hilfe eines niedriger schmelzenden dritten Metalls. Da es reichlich niedrig schmelzende Metalle wie Blei oder Zinn und Metallegierungen gibt, hat das Löten zu keiner Zeit Probleme bereitet. Als im 19. Jahrhundert das Kadmium entdeckt wurde, kamen rasch Kadmiumlote auf den Markt. Da dieses Metall mit Edelmetallen niedrig schmelzende Legierungen bildet, eignen sie sich besonders gut zum Löten von Goldschmiedearbeiten.

Über die historischen Löttechniken liegen eine Reihe analytischer Arbeiten vor, da die untersuchten Schmuckobjekte in der Regel klein genug waren, um sie ohne Probeentnahme mit dem Rasterelektronenmikroskop zu untersuchen.

Südamerikanische Goldobjekte wurden mit Gold-Silber-Kupfer-Legierungen gelötet, wobei verschiedene Zusammensetzungen der Lote nachgewiesen werden konnten, deren Schmelzpunkt knapp unter dem der Goldlegierung des eigentlichen Objekts lag (Scott u. Doehne 1990).

Schweißen: Beim Schweißen werden Metallteile ohne Verwendung eines weiteren Metalles dadurch verbunden, daß am Berührungspunkt der Schmelzpunkt gesenkt wird. Ein klassisches Beispiel des Schweißens kennt man aus der antiken Goldschmiedetechnik: Goldteile, wie z. B. die Goldkügelchen auf dem Trägerblech, wurden verbunden, indem man auf die Berührungsfläche Kupferverbindungen, wie das in der antiken Literatur häufig erwähnte Chrysokolla (= Goldleim), aufbrachte. Der Kontakt der Metalle senkte durch Bildung einer Gold-Kupfer-Legierung den Schmelzpunkt, so daß sich die Goldteile bei erhöhter Temperatur miteinander verbanden. Bei der Verbindung der Goldkügelchen mit dem Trägerblech bei der Granulation wird auch die Auffassung vertreten, daß die Goldkügelchen bei der Herstellung Kohlenstoff aufnehmen, wobei Goldkarbid entsteht, dessen Schmelzpunkt bei 900 °C liegt. Bringt man die Kügelchen auf den Träger, so genügt eine Erhöhung der Temperatur in einen Bereich, der noch deutlich unter dem Schmelzpunkt des Goldes liegt, wodurch sich Kugeln und Goldblech miteinander fest verbinden. Auch diese Art der Metallverbindung wäre eine Technik des Verschweißens.

Verbundguß: Beim Verbundguß werden die Teile, die miteinander verbunden werden sollen, mit Wachs übermodelliert und dann von einem Tonmantel umgeben. Das Wachs wird dann ausgeschmolzen, um den Hohlraum mit einem Metall zu füllen, das einen niedrigeren Schmelzpunkt hat als die beiden zu verbindenden Teile. Dieses Verfahren leitet zu einer Variante über, bei der an geschmiedete Teile mit Wachs weitere Teile anmodelliert wurden, die dann im Wachsausschmelzverfahren angegossen wurden. Mit dieser Technik ist auch das Gußschweißen verwandt, wobei an Verbindungsstellen zweier Teile Vertiefungen ausgearbeitet wurden, in die dann Metall eingegossen wird.

Ziertechniken

Granulieren: Die Technik der Granulation ist eine besonders spektakuläre Art der Verzierung von Goldoberflächen, bei der kleine Goldkügelchen zu Ornamenten oder figürlichen Formen angeordnet und auf der Oberfläche von Goldobjekten befestigt wurden. Mit einer Granulation versehene Objekte kennt man seit dem 3. Jahrtausend v. Chr. aus dem Vorderen Orient, Ägypten, und aus späterer Zeit aus Troja und Kreta, ehe diese Technik bei den Etruskern einen besonderen Höhepunkt erreicht. Im europäischen Mittelalter wird diese Technik in Europa nicht mehr ausgeübt, während sie in Asien noch fortlebt, wo in Java hervorragende Beispiele dieser Technik bis ins 12. Jh. n. Chr. entstehen. Erst im 20. Jahrhundert versuchte man, dem Geheimnis der Granulation wieder auf die Spur zu kommen. Heute ist es weitgehend gelöst und wird von den Goldschmieden wieder beherrscht.

Wie wurden jedoch die Kügelchen hergestellt und wie verbanden sie sich mit dem Trägermetall? Die Herstellung der Kügelchen erfolgte durch hohes Erhitzen kleiner Goldabschnitte aus Blechen oder Drähten bei erhöhter Temperatur auf Holzkohle. Dabei nehmen die kleinen Teilchen eine kugelige Form an, die sie beim Abkühlen beibehalten, wenn man sie in Wasser tropfen läßt. Rationeller können die Kügelchen hergestellt werden, wenn man in ein Keramikgefäß schichtweise pulverisierte Holzkohle und Abschnitte von Golddrähten oder beim Goldwaschen erhaltene Flitter einbringt. Glüht man den Tiegel mit seinem Inhalt, so nehmen die Goldteilchen eine Kugelform an. Durch Sieben und Waschen trennen sich die Kügelchen in unterschiedlicher Größe vom Goldstaub. Zur Verarbeitung werden die Kügelchen mit einem Pinsel auf die Metalloberfläche aufgebracht. Die Verbindung geschieht durch einen Klebstoff in der Art der Gelatine, des Feigen- oder des Traganthwassers, dem eine bestimmte Menge eines Kupfersalzes in der Art von Kupfersulfat, Malachit oder einer verwandten Verbindung zugegeben wird. Außerdem kann ein Flußmittel in der Art von Soda zugegeben werden, das die Verbindung der Granulationskugeln mit dem Trägerblech erleichtert. Das punktuelle Verschmelzen von Kugel und Blech erfolgt bei Temperaturen um 850–900 °C entweder unter der Lötflamme oder in einem speziellen Ofen.

Tauschierungen: Unter Tauschieren versteht man das Einlegen von Metalldraht in Vertiefungen von Objekten aus einem anderen Metall. Diese Technik wird zum ersten Mal bei den frühen Kulturen des Vorderen Orients beobachtet und erreicht schon in der frühen Antike in Griechenland einen Höhepunkt. In Ägypten waren goldtauschierte Waffen und Statuetten üblich. Auch im Mittelalter war das Tauschieren eine weit verbreitete Verzierungstechnik von Metallobjekten. Üblich waren Gold- oder Elektroneinlagerungen in Silberobjekten oder das Einlegen von Gold oder Silber in Bronze oder Eisen.

Bei Schmuckgegenständen aus dem Kaukasus wurde festgestellt, daß Ornamente durch Einlegen von Domeykit, einem Kupfer-Arsen-Erz, und von Covellin, einem sulfidischen Kupfererz, hervorgehoben wurden.

Niello: In einer ähnlichen Art, wie Metalldrähte in Metallgegenstände eingelegt wurden, verarbeitete man Niello. Als Niello bezeichnet man Sulfide des Kupfers und Silbers, das nach antiken Rezepten im Verhältnis 1:3 mit Schwefel verschmolzen wird. Analysen zeigen jedoch, daß das Kupfer-Silber-Verhältnis in weiten Grenzen schwanken kann. Röntgenfeinstrukturanalysen haben ergeben, daß das Niello aus sehr unterschiedlichen Verbindungen bestehen kann, da in der Regel Mischungen verschiedener Kupfer-, Silber- und Goldsulfide vorliegen.

Metallfärbungen

Bei den frühen Kulturen des Vorderen Orients, in Ostasien und in Südamerika waren Techniken bekannt, um Goldlegierungen mit Silber und Kupfer so zu behandeln, daß sie oberflächlich eine goldgelbe Farbe annahmen. Dazu wurden die Silber- und Kupferanteile aus der Oberfläche herausgelöst, wozu sich die unterschiedlichsten Salzlösungen eignen. Aus Ostasien ist die Verwendung des Saftes unreifer Pflaumen zur Behandlung von Goldlegierungen bekannt. Im präkolumbianischen Süd- und Mittelamerika wurde aus Sauerklee gewonnene Oxalsäure verwendet. Dieses Verfahren wurde von den Spaniern bei der Eroberung Südamerikas noch beobachtet und beschrieben.

Von altägyptischen Goldobjekten ist häufig ein roter Überzug beschrieben. Früher nahm man an, daß es sich um eine organische Verbindung handelt, die durch den Kontakt des Goldes mit Mumien entsteht. Als es nicht gelang, organisches Material nachzuweisen, vermutete man Ablagerungen von Eisenoxid. Häufiger ergibt die Materialanalyse aber Hinweise, daß es sich um eine dünne Schicht von Kupferoxid handelt, die sich in der Art einer Patina auf dem kupferhaltigen Gold gebildet hat. Da vereinzelt Objekte bekannt geworden sind, bei denen die Rotfärbung als dekoratives Element verstanden werden kann, wird auch eine künstliche Erzeugung dieser Kupferoxidschicht diskutiert.

Auch bei Bronzen war das Färben des Metalls üblich. Dies geschah entweder durch das ständige Einölen, wodurch sich braune Farbtöne erzeugen ließen, oder durch eine Behandlung mit Salzlösungen zur Erzeugung einer grünen Patina. In der Antike war es üblich, Großbronzen mit einer schwarzen Schicht von Kupfersulfid zu versehen, die an verschiedenen Skulpturen nachgewiesen wurde. In der Renaissance erzeugte man braune Filme auf der Bronze und überzog sie mit transparenten Firnissen. Später, vor allem im 19./20. Jahrhundert, traten grüne Patinafärbungen stärker in den Vordergrund, die nach einer Vielzahl unterschiedlicher Rezepte hergestellt werden können.

Metallüberzüge

Vergolden: Das Vergolden von metallischen und nichtmetallischen Werkstoffen entstand sicher aus dem Wunsch heraus, unedleren Metallen ein wertvolleres Aussehen zu verleihen, und geht auf die sehr frühen Techniken des Belegens verschiedener Werkstoffe mit Metallfolien zurück. Von den frühen Kulturen des Vorderen Orients sind mit Goldblech überzogene Holzobjekte und Keramikteile bekannt. Auch aus dem frühen Ägypten kennt man vergoldete Holzstatuetten, Totenmasken aus Gips und Objekte aus Bronze. Die Goldfolie war mit dem Trägermaterial stets durch ein Bindemittel, wie Gummi, Leim, Eiweiß oder Bitumen verbunden. Aus der griechischen und römischen Antike sind zahlreiche Hinweise über das Auftragen von Goldblech auf Stein und Metall aus der Literatur erhalten.

Eng mit dem Auftragen der Goldfolie mit einem Bindemittel ist das Plattieren verbunden, bei dem die Goldfolie durch erhöhten Druck mit dem Trägermetall verbunden wurde. Plattierte Bronzen kennt man aus der Bronzezeit, aus der auch goldplattierte Ringbarren bekannt wurden, von denen man annimmt, daß sie in betrügerischer Absicht mit Gold überzogen wurden. Goldplattierungen auf Eisen kennt man aus der Hallstattzeit.

Die Feuervergoldung ist zum ersten Mal im 3. Jh. n. Chr. nachgewiesen.

Im präkolumbianischen Südamerika war die Schmelzvergoldung von Kupfer eine übliche Technik (Scott 1986). Kupferobjekte wurden auf Temperaturen um 850 °C erhitzt und dann in eine Gold-Kupfer-Legierung mit ca. 20 % Kupfer getaucht, die einen Schmelzpunkt von ca. 650 °C hat. Die flüssige Goldlegierung verteilt sich als dünner Film über das Kupferobjekt.

Im Zusammenhang mit dem Vergolden müssen auch die Vermutungen zu galvanischen Vergoldungen in vorchristlicher Zeit erwähnt werden (Paszthory 1989). Aus dem Vorderen Orient sind aus parthischer und sassanidischer Zeit, also um das 2.–6. Jh. v. Chr., Keramikgefäße erhalten, in deren Öffnung ein Kupferrohr und ein durch Bitumen davon getrennter Eisenstift eingeführt waren. Wenn das Gefäß mit einem geeigneten Elektrolyten gefüllt ist und die beiden Metalle in die Flüssigkeit eintauchen, würde zwischen dem Eisen und dem Kupfer eine Spannung von 0,7 Volt entstehen, die zur galvanischen Vergoldung ausreicht. Das ist jedoch nur möglich gewesen, wenn zu dieser Zeit Gold in Lösung gebracht werden konnte, um ein galvanisches Bad zu bereiten. Mit einer nachgebauten Einrichtung dieser Art gelang es, Silber zu vergolden. Allerdings können Geräte dieser Art auch magischen Zwecken gedient haben.

Arsenüberzüge: Sowohl bei den frühen Kulturen des Vorderen Orients, als auch in der mitteleuropäischen Bronzezeit wurden auf Bronzeobjekten Arsenüberzüge aufgebracht, offensichtlich um die Objekte heller erscheinen zu lassen.

Verzinnen: Das Verzinnen von Bronzegefäßen erfolgt durch Verreiben von geschmolzenem Zinn mit einem Lappen auf die erwärmten Oberflächen, die vorher mit einem Lötmittel bestrichen wurden, um die Oxidation zu verhindern (Drescher 1959).

Stein

Gesteinsarten

Die Geologie unterscheidet 3 Grundtypen von Gesteinen, die *magmatischen*, die *sedimentären* und die *metamorphen* Gesteine. Die magmatischen Gesteine, die aus einer aus dem Erdinnern aufsteigenden glutflüssigen Gesteinsschmelze entstanden, werden, je nachdem, ob sie zur Erdoberfläche durchdrangen oder im Erdinneren bei ihrem Aufstieg steckenblieben, in *Eruptivgesteine* oder *vulkanische Gesteine* und in *Tiefengesteine* eingeteilt. Je nach der Zusammensetzung des Magmas und den Abkühlungsbedingungen entstanden unterschiedliche Arten dieser magmatischen Gesteine. Die wichtigsten Eruptivgesteine sind Andesit, Trachyt, Basalt, Obsidian, vulkanischer Tuff. Unter den Tiefengesteinen sind vor allem Granit, Diorit oder Gabbro zu nennen.

Sedimentgesteine entstanden als Produkte der Gesteinsverwitterung mit anschließendem Transport und darauffolgender Ablagerung des verwitterten Materials. Je nach der Ablagerung im Meer oder auf dem Land unterscheidet man *marine* und *terrestrische Sedimente*. Die erwähnenswertesten marinen Sedimentgesteine sind die Kalksteine und die marinen Sandsteine. *Terrestrische* Sedimente sind Sandsteine, die sich aus Wüstensand bildeten, und Kalktuffe.

Gelangen magmatische oder sedimentäre Gesteine im Laufe der Zeit in größere Erdtiefen, so werden sie durch den erhöhten Druck und die zunehmende Temperatur in andere Gesteine umgewandelt, die häufig eine geschieferte Struktur aufweisen. Dazu gehören die Schiefer, der Gneis oder die Marmore. Gelangen die Gesteine in sehr große Erdtiefen, so werden sie wieder aufgeschmolzen, und granitähnliche Gesteine entstehen.

Im folgenden sollen die kulturgeschichtlich wichtigen Gesteinsarten kurz charakterisiert werden:

Eruptivgesteine

Porphyre: Die Gruppe der Porphyre ist vom Mineralbestand, vom Gefüge und der Färbung her sehr heterogen. Bekannt sind die aus Ägypten stammenden, grünen und roten Porphyre der Antike, die in weiter Verbreitung als Dekorstein verwendet wurden. Bekannt sind auch, wegen ihrer ausgedehnten Vorkommen, die Bozener Quarzporphyre. Hauptbestandteile der Porphyre sind Quarze und Feldspäte. Porphyre wurden wegen ihres dekorativen Aussehens und der guten Polierbarkeit vorwiegend zur Herstellung von Säulen, Skulpturen und Platten für Wandverkleidungen verwendet. Die bekanntesten Beispiele von rotem Porphyr, dem porfido rosso antico, sind der Sarkophag Theoderichs in Ravenna und die Tetrarchengruppe am Markusdom in Venedig.

Trachyt: Die wichtigsten mineralischen Bestandteile sind Kalifeldspat, Glimmer und Amphibole, die mitunter sehr große Kristalle bilden können, wie beim Trachyt vom Drachenfels, der zum Bau des Kölner Doms verwendet wurde. Trachyte sind helle Gesteine, da die Feldspäte und hellen Glimmer vorherrschen. Verwendet wurde dieses Gestein fast nur als Baustein. Die wichtigsten Vorkommen in Deutschland liegen in der Eifel, im Westerwald und am Drachenfels bei Bonn. Wichtige Vorkommen liegen auch im vulkanischen Bereich Italiens, angefangen von den Euganeischen Hügeln in Norditalien bis hin zu den Vulkanen Süditaliens. Dort gibt es zahlreiche lokale Varietäten, die ebenfalls bevorzugt als Baustein und als Material für Geräte und Gefäße verwendet wurden.

Andesit: Beim Andesit überwiegen im Gegensatz zum Trachyt die dunklen Anteile, also die Hornblenden und die dunklen Glimmer. Weiter ist reichlich Plagioklas enthalten. Die Andesite sind häufig schwarz, grünschwarz, während hellere Varietäten seltener sind. Andesite kommen in allen vulkanischen Gebieten vor. Da nur wenige Sorten gut polierfähig sind, wurde der Andesit ebenfalls bevorzugt als Baustein und als Material für Geräte verwendet. Einzelne polierfähige Sorten spielen aber als Dekorstein eine wichtige Rolle.

Basalt: Er besteht vorwiegend aus dunklen Mineralien, wie Pyroxenen, Amphibolen, Olivin und nur zu relativ geringen Anteilen aus Plagioklas. Er ist ein meist hartes schwarzes und oft recht splitteriges Gestein, das in vulkanischen Gebieten in weiter Verbreitung vorkommt: in Deutschland z. B. im Bereich des Vogelsberges, im Rheinland, in der Rhön, in der Oberpfalz, in der Schwäbischen Alb und im Hegau. Auch in anderen Ländern sind Basalte weit verbreitet. Nur wenige Basaltvorkommen liefern ein Material, das polierbar ist oder vom Bildhauer bearbeitet werden kann. Auch als Baumaterial ist der Basalt wegen seiner Rissigkeit wenig brauchbar.

Obsidian: Die Korngröße vulkanischer Gesteine hängt von der Abkühlungsgeschwindigkeit ab: erfolgt sie langsam, so können sich große Kristalle ausbilden, und es entstehen feinkörnige Gesteine; erfolgt sie sehr rasch, etwa durch Abschrecken der Gesteinsschmelze in Wasser, so bildet sich ein Gesteinsglas, wofür der Obsidian ein charakteristisches Beispiel ist. Obsidiane enthalten keine mineralischen Verbindungen, sondern sie bestehen aus einem homogenen, in der Regel schwarzem Gesteinsglas. Obsidiane sind im Mittelmeerraum im Bereich der vulkanischen Gebiete weit verbreitet: von den vulkanischen Inseln Italiens, wie Stromboli und Lipari, über die vulkanischen Gebiete Griechenlands bis nach Ostanatolien. Bisher sind ca. 20 Regionen oder Vorkommen bekannt, wo der Obsidian von neolithischer Zeit an, vor allem als Material für Werkzeuge und Waffenspitzen, verarbeitet wurde.

Vulkanischer Tuff, Puzzolan, Traß: Neben den schmelzflüssigen Laven, aus denen bei deren Erstarrung die erwähnten magmatischen Gesteine entstehen, liefern Vulkane auch Aschen, die sich in fester Form absetzen und im Laufe der Zeit verbacken. Diese vulkanischen Aschen haben die besondere Eigenschaft, daß sie sich wie ein Zement verhalten, da beim natürlichen Vorgang des Erhitzens von Mergeln durch vulkanische Erscheinungen das gleiche passiert, wie beim technischen Brennen von Mergeln im Zementwerk. Diese sog. hydraulischen Eigenschaften, also das Verfestigen unter der Einwirkung von Feuchtigkeit, aber ohne notwendigen Luftzutritt, haben die Römer erkannt und in ausgiebiger Weise genutzt, da ihnen in der Umgebung des Ätna gewaltige Mengen solcher Aschen bei Pozzuoli (Puzzolane) zur Verfügung standen. Der Traß des Eifelvulkanismus entspricht dem Pozzuoli.

Tiefengesteine

Granit: Der Granit ist ein sehr weit verbreitetes Tiefengestein, das sich sowohl zur Herstellung von Skulpturen als auch als Baustein besonders eignet, da er in der Tiefe große homogene Gesteinskörper bildet, aus denen große Bildwerke, wie z.B. die aus einem Stück bestehenden ägyptischen Obelisken, entstanden sind. Der Definition nach ist Granit ein Gestein, das vorwiegend aus Quarz, Feldspat und Glimmern besteht und deshalb hell ist. Neben den hellgrauen Sorten gibt es in Schweden und in Ägypten auch rote Granite. In Deutschland liegen die wichtigsten Granitvorkommen im Bayerischen und im Oberpfälzer Wald, im Fichtelgebirge, im Odenwald und im Harz, wo sie vor allem als lokales Baumaterial Verwendung fanden. Weiter ist Granit ein übliches Material steinzeitlicher Werkzeuge, für die es sich aufgrund der Härte und der Homogenität gut eignete. Von altägyptischen Skulpturen und den Obelisken abgesehen, wurde Granit nur selten zur Herstellung von Skulpturen verwendet, da dafür in der Regel weichere Gesteine bevorzugt wurden.

Diorit: Tiefengesteine mit einem erhöhten Anteil an dunklen Bestandteilen, vor allem an Hornblenden, bezeichnet man als Diorit. Sie kommen ähnlich häufig und in den gleichen Gebieten magmatischer Gesteine vor wie die Granite. Sie wurden häufig für steinzeitliche Werkzeuge, Architekturteile, wie Säulen oder Wandverkleidungen, seltener und weitgehend auf den ägyptischen Raum beschränkt, auch für Skulpturen verwendet.

Syenit: Der Syenit ist ein relativ seltenes Gestein, das dem Diorit verwandt ist, aber kaum mehr Quarz, sondern erhöhte Anteile an Amphibolen und Pyroxenen hat. Da es seinen Namen dem antiken Syene (dem heutigen Assuan) verdankt, wurden fälschlicherweise Tiefengesteine, etwa der rote Granit aus diesem Gebiet, als Syenit bezeichnet. In Deutschland gibt es nur ein Syenitvorkommen im Plauenschen Grund bei Dresden, das zur Gewinnung von Dekorsteinen abgebaut wurde.

Gabbro: Nehmen in den Tiefengesteinen die hellen Mineralien, wie Quarz und die Feldspäte, weiter ab und die dunklen Anteile, wie Biotit, Hornblende, Augit, Olivin sowie die Erzmineralien zu, so entstehen dunkelgraue bis schwarze Gesteine, die sehr hart und zäh sind. In Gebieten mit Tiefengesteinen sind sie relativ weit verbreitet. Deshalb wurden sie bei den frühen Kulturen als Material für Werkzeuge verwendet. Gabbro wurde zu schwarzen Dekorsteinen verarbeitet. Skulpturen wurden nur selten aus Gabbro angefertigt, da die Zähigkeit des Gesteins einer bildhauerischen Formung entgegensteht.

Sedimentgesteine

Sandsteine: Sandsteine sind sehr weit verbreitete Gesteine, die sich entweder als Ablagerung in den Küstenbereichen der Meere, *marine Sandsteine,* oder in Wüsten, *terrestrische Sandsteine* , gebildet haben. In ihren Eigenschaften sind marine und terrestrische Sandsteine kaum verschieden. Die terrestrischen Sandsteine können quarzreicher und dadurch härter und witterungsbeständiger sein als die marinen Sandsteine, die an Widerstandskraft verlieren, wenn sie erhöhte Anteile an Kalk, Glimmern oder Tonmineralien enthalten. Sandsteine wurden wegen ihrer weiten Verbreitung und ihrer leichten Bearbeitbarkeit als Baustein bevorzugt, in Deutschland ist es der am häufigsten vorkommende. Im Zusammenhang mit den Sandsteinbauwerken wurden auch die dazugehörenden Skulpturen aus Sandstein hergestellt. Die wichtigsten Sandsteinarten in Deutschland sind die Buntsandsteine (z.B. Mainsandstein, Wesersandstein), der Burg- und der Stubensandstein Frankens, der Elbsandstein Sachsens, der Obernkirchener Sandstein in Westfalen, die geologisch jungen Grünsandsteine (Soest in Westfalen, Bad Abbach an der Donau) sowie die Molassesandsteine des Bodenseeraumes. Die über 100 in Deutschland vorkommenden Sandsteinsorten lassen sich mit Hilfe mikroskopischer Untersuchungsmethoden an Dünnschliffen unterscheiden (Abb. 11), wofür es geeignete Atlanten gibt (Grimm 1990). Von den relativ witterungsresistenten Buntsandsteinen abgesehen, verwittern alle Sandsteine sehr rasch.

Quarzit: Sandsteine, die fast vollständig aus Quarz bestehen, werden als Quarzite bezeichnet. Sie sind hart, homogen und recht witterungsbeständig. Trotzdem kommen sie als Material kulturgeschichtlicher Objekte nicht sehr häufig vor, da sie nicht sehr weit verbreitet und wegen ihrer Härte von Bildhauern nicht sehr geschätzt

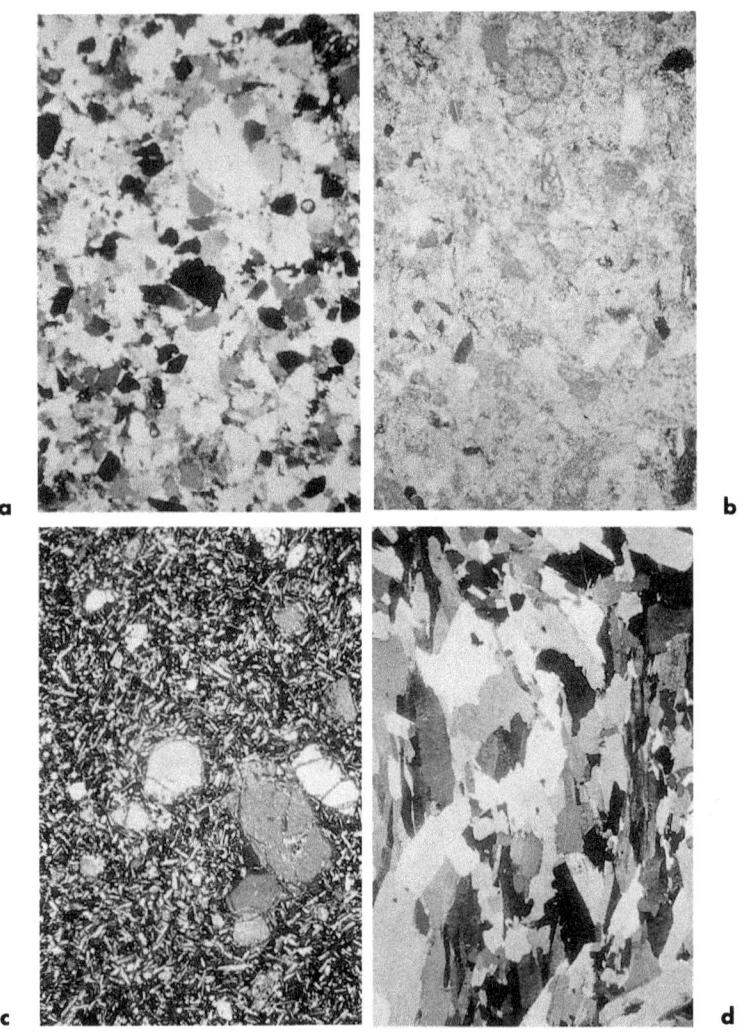

Abb. 11 a–d. Dünnschliffe verschiedener Steinsorten. **a** Kalkstein, **b** Sandstein, **c** Glimmerschiefer, **d** Basalt.

sind. Lediglich im antiken Ägypten, wo man mit der Bearbeitung harter Gesteine vertraut war, kommen häufiger Quarzitskulpturen vor (s. S. 203).

Kalksteine: Neben den Sandsteinen sind die Kalksteine besonders häufige Sedimentgesteine. Kalksteine sind, abgesehen von einzelnen Sonderfällen wie z.B. den Süßwassertuffen (Travertinen), immer Gesteine, die sich im Meer aus den Schalen abgestorbener winziger Organismen gebildet haben. Wo sie vorkommen, wurden sie als Baustein verwendet, da sie in der Natur Gesteinsbänke bilden, aus denen bequem Gesteinsquader gewonnen werden konnten. Kalksteine kommen auch in der Architektur als Dekorgesteine häufig vor und werden dort oft als »bunte Marmore« bezeichnet. Skulpturen aus Kalkstein sind seltener als Bildwerke aus Sandstein oder Marmor, obwohl sich in Gebieten mit Kalkvorkommen reichlich Reliefs und besonders häufig Epitaphien finden.

Travertin, Kalktuff: Travertine finden sich häufig im Bereich von Kalksteinvorkommen. Sie entstehen, indem die Kalksteine vom Wasser aufgelöst werden und die kalkhaltigen Wasser bei Erhöhung der Wassertemperatur wieder Kalk in der Form von Travertin ausscheiden. Dies ist häufig bei Quellenaustritten der Fall, so daß man dort sehr poröse Kalkablagerungen findet, die häufig Zweige und Blätter umwachsen. Travertin wird lokal als Dekorgestein für Wandverkleidungen verwendet. Wichtige Vorkommen in Deutschland sind in der Nähe von Weilheim in Oberbayern, wo zahlreiche Kirchen aus Kalktuff erbaut sind, weiter in Niedersachsen in der Nähe von Königslutter am Elm sowie bei Bad Cannstadt in Württemberg.

Konglomerate, Brekzien: Sedimentgesteine, die sehr grobkörnig sind, also aus verfestigten Geröllen bestehen, werden als Konglomerat bezeichnet, wenn die Geröllanteile gerundet und als Brekzie, wenn sie eckig begrenzt sind. Ein typisches Konglomerat ist der Nagelfluh in

Bayern, der entstand, als tertiäre Gerölle durch Kalkausscheidungen von Bodenwässern verfestigt wurden. Sie sind homogen und fest, so daß sie vereinzelt zu Dekorsteinen verarbeitet wurden.

Alabaster: Sedimentgesteine, die vorwiegend aus Gips bestehen, werden als Alabaster bezeichnet. Der Alabaster kommt vereinzelt gesteinsbildend vor, so daß er als Baumaterial, vor allem aber als Material für Skulpturen und kunsthandwerkliche Objekte, in Steinbrüchen abgebaut werden konnte. In Unterfranken sind einzelne Kirchen vollständig aus Alabaster erbaut, der sich dort als so witterungsbeständig erweist, daß es kaum Erhaltungsprobleme gibt. Der sog. Ägyptische Alabaster, aus dem im antiken Ägypten vor allem Gefäße hergestellt wurden, besteht nicht aus Gips und kann somit nicht als Alabaster bezeichnet werden: er ist ein gebänderter, transparenter Kalksinter und somit am ehesten mit dem Travertin verwandt, da beide aus an Kalk übersättigten Lösungen ausgeschieden werden.

Metamorphe Gesteine

Tonschiefer: Werden Tone einem erhöhten Druck ausgesetzt, etwa durch die Überschichtung mit anderen Ablagerungen, so entstehen Tonschiefer. Da sie häufig organische Anteile enthalten, sind sie grau, grauschwarz bis schwarz. Typische Vertreter der Tonschiefer sind die Schiefer, die zum Dachdecken oder früher für Schultafeln verwendet wurden. Weiter wurden sie häufig zu Wetz- und Schleifsteinen verarbeitet. Wo sie vorkommen, in Deutschland z. B. in Thüringen, im Frankenwald und im Rheinischen Schiefergebirge, hat sich eine Schieferindustrie als eigener Industriezweig entwickelt.

Glimmerschiefer: Wird der Druck durch die Überlagerung mit anderen Sedimenten sehr stark, wobei sich auch die Umgebungstemperatur erhöht, so bilden sich aus den Tonschiefern Glimmerschiefer. Solche Gesteine sind vor allem in den Alpen und in Skandinavien weit verbreitet, wo sie lokal Bedeutung als Baumaterial haben können. Auch zur Herstellung von Werkzeugen wurden sie häufig verwendet.

Chloritschiefer: Der Chloritschiefer ist eine Variante des Glimmerschiefer, bei der an Stelle von Muscoviten und Biotiten Chlorit das vorherrschende Glimmermineral ist. Chloritschiefer sind feinkörniger und dichter als Glimmerschiefer und von grünlich schwarzer Farbe. Sie wurden als leicht zu bearbeitendes aber dennoch widerstandsfähiges Material geschätzt. Ein großer Teil der dunklen nordindischen Skulpturen besteht z. B. aus Chloritschiefern.

Gneis: Geraten Glimmerschiefer noch tiefer ins Erdinnere, so bilden sich dort aus den vorhandenen Mineralien neue Mineralien, wodurch das Gestein grobkörniger wird, aber seine Schieferigkeit behält. Gneise sind typische Gesteine der Alpen, Skandinaviens und der alten Grundgebirge wie Bayerischer Wald, Oberpfälzer Wald, Fichtelgebirge, Schwarzwald, Odenwald, Harz und Erzgebirge. Da sie weit verbreitet sind und sich im Steinbruch gut abbauen lassen, finden sich Gneise regional recht häufig als Baumaterial.

Anatexite: Gneise wandeln sich in Anatexite um, wenn Druck und Temperatur in größerer Erdtiefe so ansteigen, daß das Gestein zu schmelzen beginnt, also eine Magmenbildung einsetzt. In diesem Stadium schmelzen zuerst die hellen Anteile, während die dunklen Glimmer und Hornblenden noch fest bleiben. Deshalb finden sich bei den Anatexiten noch Schlieren dunkler Gesteine in einer hellen Matrix aus Quarz und Feldspat. Obwohl solche Gesteine weit verbreitet sind und ein großer Teil der als Granit oder Diorit (z. B. der Chefren-Diorit der berühmten Chefren-Büste im Ägyptischen Museum in

Kairo) aus solchen Anatexiten besteht, wird er bei der Beschreibung archäologischer Objekte kaum genannt.

Marmor: Werden Kalksteine in größerer Erdtiefe erhöhten Druck- und Temperaturverhältnissen ausgesetzt, vergrößern sich die Kalkspatkörner und kristallisieren neu, so daß die rein weißen Marmore entstehen. Marmore sind vor allem in Griechenland (Hymettos, Pentelikon, Naxos, Paros, Thasos) und in der westlichen Türkei (Marmara, Ephesos, Afyon, Aphrodisias, Denizli) verbreitet. In Italien gibt es als einziges, aber besonders bedeutendes Vorkommen die Marmorlagerstätten bei Carrara. Kleinere Marmorvorkommen gibt es auch in Südtirol bei Lasa, in Kärnten bei Gummern und an vielen anderen Stellen, die aber nie die Bedeutung erlangt haben wie die griechischen und türkischen Vorkommen oder der Carrara-Marmor. Von diesen Vorkommen stammen die Sorten, aus denen seit der Antike bis in unsere Zeit Bauwerke und Bildhauerarbeiten geschaffen wurden.

Entsprechend seiner Bedeutung als Werkstoff war der Marmor stets Gegenstand intensiver analytischer Arbeiten, die in erster Linie das Ziel hatten, die verschiedenen Sorten so zu charakterisieren, daß Rückschlüsse auf die Herkunft des Marmors möglich sind. Die wichtigsten Untersuchungsverfahren sind verschiedene mikroskopische Techniken, die möglichst detaillierte Spurenelementanalyse, die Bestimmung der ^{13}C- und ^{18}O-Isotopen, die ESR-Untersuchung und die Betrachtung des Thermolumineszenzverhaltens.

Speckstein: Ein relativ häufiges Gestein, das vor allem zur Herstellung von Gefäßen, Statuetten und kunsthandwerklichen Objekten verwendet wird. Er ist hell, gelblich, grünlich oder grau und ausgesprochen weich, da er vorwiegend aus dem Mineral Talk besteht. Synonyme Bezeichnungen sind Steatit, Seifenstein oder Talkstein.

Gewinnung von Stein

Steinbrüche aus früherer Zeit bestehen z. T. noch heute und ermöglichen das Studium der frühen Techniken der Steingewinnung. Dennoch gibt es relativ wenige wissenschaftliche Untersuchungen historischer Steinbrüche, die zur Klärung der antiken Gewinnungstechniken beitragen, da die meisten Steinbrüche so stark von der Vegetation überwuchert sind, daß die Orte erst ausgegraben werden müßten. Aus diesem Grund konzentrieren sich Studien antiker Steinbruchtechniken vor allem auf die ariden Klimazonen, wo die antike Situation heute in der Regel noch unverändert erhalten ist.

Im *Niltal* wurden die Kalksteinlagerstätten eingehend untersucht, dokumentiert und durch ihre mikroskopischen und chemischen Materialdaten so zu charakterisieren versucht, daß eine Zuordnung zu den Steinbruchbezirken möglich ist (Klemm u. Klemm 1986). Vor allem die $CaO/SiO_2/Al_2O_3$-Verhältnisse können für die Herkunft der Kalksteine typisch sein. Auf diese Weise konnte die Herkunft des Bau- und Verkleidungsmaterials der Pyramiden von Gisa genau bestimmt und nachgewiesen werden, daß die Kalksteinverkleidung der drei Pyramiden aus den nahen Brüchen von Tura stammt. Das Kernmaterial der Chephren-Pyramide stammt nach den vorliegenden Daten aus dem Abbaugebiet von Maasara und Heluan, das auch Material für Skulpturen des Alten Reiches lieferte. Das Material der Mykerinospyramide stammt dagegen aus einem Kalkvorkommen südöstlich dieses Baues, wo zur gleichen Zeit Grabanlagen entstanden. Auch die Stufenpyramide in Sakkara besteht aus einer eigenständigen, in unmittelbarer Nähe vorkommenden Kalksteinsorte. Anders verhält es sich mit der Cheops-Pyramide, an der Kalksteinsorten aus verschiedenen Regionen Ägyptens vorkommen. Andere Kalksteingebiete, etwa die verschiedenen Vorkommen in Mittelägypten, unterscheiden sich in ihrer Zusammensetzung deutlich von den Kalksteinen aus der Umgebung von Kairo und Gisa.

Weiter beschäftigte man sich mit dem oberägyptischen Sandstein, der ab dem Mittleren Reich verbreiteter in Gebrauch kommt (Klemm u. Klemm 1986). Es handelt sich in erster Linie um den Nubischen Sandstein der Kreideformation, der in Gebel el-Silsila vom Mittleren Reich bis in die römische Kaiserzeit abgebaut wurde. Der Abbau erfolgte zu beiden Seiten des Nils. Als es gelang, aus dem Verhältnis der Zirkon- und Strontiumgehalte Material vom östlichen Bruch von dem der westlichen Brüche zu unterscheiden, ließ sich auch von Proben aus dem Tempel von Karnak die Herkunft aus den östlichen Vorkommen bestimmen.

In *Deutschland* wurden in neuerer Zeit sehr intensive Untersuchungen zum frühen *Feuersteinbergbau* angestellt, nachdem entlang der Donau, vor allem in dem Gebiet zwischen Regensburg und Eichstätt, eine relativ große Anzahl steinzeitlicher Abbaugebiete festgestellt worden war; insgesamt 42 Vorkommen sind bekannt und die aus dem archäologischen Feldbefund ableitbaren Abbautechniken beschrieben (Binsteiner 1990). Der Feuerstein liegt in diesem Gebiet in Form von Knollen, Fladen und Platten in Kalksteinen der unteren und mittleren, vor allem aber der oberen Malformation des Jura vor. Die besondere Bedeutung dieser Lagerstätten liegt im Nachweis eines ausgedehnten Abbaus in Schächten, die bei Arnhofen eine Tiefe von 8 m erreichen und einen Durchmesser von ca. 2 m hatten. Insgesamt wurden allein an diesem Ort 8333 Schächte gezählt, die eng nebeneinander abgeteuft worden waren, um die Feuersteinlagen möglichst flächendeckend gewinnen zu können. Die Gesamtzahl der vor allem im Mittelneolithikum angelegten Schächte liegt in diesem Gebiet bei 18000. Da im gesamten Bereich dieser Vorkommen große Mengen unfertiges Material erhalten blieb, konnten die Formtechniken genau beschrieben werden. Dabei zeigte sich, daß an Ort und Stelle nur Halbfabrikate erzeugt wurden, die in dieser Form zum Verbraucher gebracht wurden und dort die endgültige Form erhielten. Als Handelsgebiet läßt sich eine Zone von 400 km Radius nachweisen, da Feuersteinwerkzeuge aus diesem Gebiet in Thüringen, Böhmen und in der Westschweiz ausgegraben wurden.

Herstellung und Verwendung von Kunststein

Kunststein spielt seit den frühen Kulturen des Vorderen Orients eine wichtige Rolle als Material für Fußböden, Mauern und vergleichbare Teile von Bauwerken.

Kunststeine sind Mischungen von Bindemitteln mit einem gröberkörnigen Zuschlag und Wasser, die nach dem Mischen erhärten. Die wichtigsten Bindemittel sind gelöschter Kalk, Gips, Zement und natürlich vorkommende zementähnliche Produkte in der Art des Puzzolans oder des Traßes. Als Zuschlagstoffe werden Kies, Sand, seltener Keramikbruchstücke, Schlacken, Holzkohle und Tierhaare verwendet. Weiter wurden organische Produkte, wie Milch und verwandte Stoffe oder Blut zugegeben, um die Festigkeit zu erhöhen. Die Verfestigung der mit Wasser angeteigten Kunststeine erfolgte durch einen Karbonatisierungsprozeß unter Einwirkung des Kohlendioxids der Luft oder durch eine chemische Reaktion, die auch unter Luftabschluß, etwa unter Wasser, ablaufen konnte.

Das Brennen von Kalk und Gips läßt sich schon bei den frühen Kulturen des Vorderen Orients nachweisen. In Anatolien wurde in mehreren Siedlungen aus der Zeit um 7000 v. Chr. (Asikli Hüyük) und 6500 v. Chr. nachge-

Abb. 12. a Nofretete (Ägyptisches Museum der Staatlichen Museen zu Berlin, Photo: Margarete Büsing). **b, c** Die beiden Computertomographien der Nofretete lassen erkennen, daß die Form der Haube und der Schultern durch Antragen von Mörtel auf den Kalksteinkern geschaffen wurde. (Universitätsklinikum Rudolf Virchow).

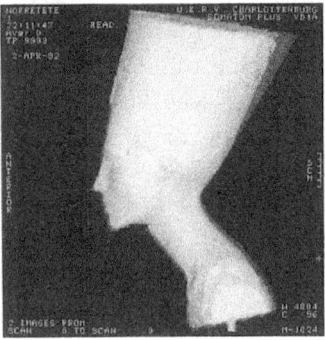
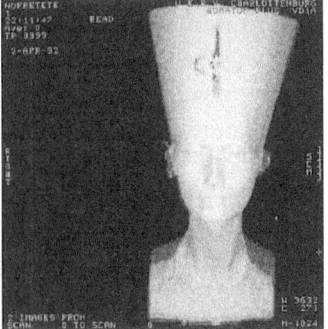

wiesen, daß zur Herstellung von Fußböden gelöschter Kalk als Bindemittel und grober Kies als Zuschlag verwendet wurden. Auch aus der Zeit um 6000 v. Chr. kennt man Kalk- und Gipsmörtel aus Syrien und den umgebenden Gebieten. Weiter wurden in Giza Gipsmörtel aus der Zeit um 2400 v. Chr. gefunden.

Über das Kalkbrennen in römischer Zeit ist man besonders gut informiert, da relativ viele Kalkbrennöfen gefunden wurden. In dieser Zeit wurden Kunststeine unterschiedlichster Art hergestellt und in der Architektur verwendet. Mit Hilfe von Puzzolan wurden Konstruktionen errichtet, die den heutigen Sichtbetonbauten eng verwandt sind. Da Puzzolane im Rheinland reichlich vorkommen, gibt es aus römischer Zeit viele Beispiele; Wasserleitungen wurden von den Römern bereits mit verschiebbaren Schalungen hergestellt. Eine weitere Art eines römischen Kunststeins, das opus caementitium, ist ein ebenfalls mit Hilfe hydraulischer Bindemittel und besonderen Zuschlägen hergestellter Kunststein, der z. B. zur Herstellung von Estrichen verwendet wurde.

In neuerer Zeit erlangte der Stuckmarmor eine besondere Bedeutung als künstlicher Dekorstein in Kirchen und für aufwendigere Repräsentationsbauten (Vierl 1987; Koller 1979).

Analysen von Steinobjekten

Die Identifizierung der natürlichen Gesteinsarten und die Beschreibung der Kunststeine erfolgt vor allem mikroskopisch mit Hilfe von Dünnschliffen. Weiter spielt als zusätzliche Technik die chemische Analyse eine Rolle. Beim Marmor ist die Bestimmung des Kohlenstoffisotops ^{13}C und des Sauerstoffisotops ^{18}O wichtig zur Bestimmung seiner Herkunft. Viele andere Techniken können zur Bestimmung der mechanischen Eigenschaften der Gesteine, wie etwa ihrer Festigkeit, ihres Ausdehnungsverhaltens bei Erwärmung oder ihrer Witterungsbeständigkeit bei der Beurteilung historischer Bauten herangezogen werden.

Bei Steinskulpturen können Durchstrahlungsverfahren wie die Gammaradiographie oder die Computertomographie nützliche Informationen liefern, wenn es darum geht, den inneren Aufbau kennenzulernen. Mit Hilfe der Computertomographie gelang es, die Formgebung der Nofretete zu klären (Wildung 1993; Abb. 12):

> Aus der Betrachtung der Büstenoberfläche war zu vermuten, daß Teile der Büste in Gips auf einen Marmorkern aufmodelliert waren. Sowohl in den üblichen Schnittbildern, als auch in einer dreidimensionalen Darstellung wird deutlich, daß der stark assymetrische Kalksteinkern im Bereich der Schultern und die Rückseite der Krone von einer Gipsschicht unterschiedlicher Stärke überzogen wurde, um die endgültige Form herzustellen.

Im Zusammenhang mit dieser computertomographischen Untersuchung wurden auch eine Reihe von Köpfen der 4. und 5. Dynastie untersucht, von denen man annahm, daß sie aus Kalkstein bestehen. Dabei ergab sich bei dem Kopf des Kahotep, daß er überhaupt nicht aus Kalkstein besteht, sondern offensichtlich in Negativformen aus Gips gegossen und dann noch mit einer Gipsschicht ummantelt wurde.

Edel- und Halbedelsteine

Sie wurden zur Verzierung von Schmuckstücken, aber nicht selten auch als eigenständiges Material verwendet. Die Erforschung und Untersuchung von Edelsteinen ist ein eigenständiges Fachgebiet, die *Gemmologie*. Da es auf diesem Gebiet zahlreiche Fachbücher gibt, sind in der folgenden Liste nur die wichtigsten Schmucksteine, die bei kulturgeschichtlichen Objekten häufiger vorkommen, aufgeführt.

Name	Zusammensetzung	Farbe	Härte
Diamant	C	versch.	10
Rubin	Al_2O_3	rot	9
Saphir	Al_2O_3	blau	9
Topas	AlF_2SiO_4	farblos	8
Beryll	$Al_3Be_2(Si_6O_{18})$	grünlich	8
Aquamarin	$Al_3Be_2(Si_6O_{18})$	blaßbläulich	8
Smaragd	$Al_3Be_2(Si_6O_{18})$	dunkelgrün	8
Bergkristall	SiO_2	farblos	7
Citrin	SiO_2	gelb	7
Rosenquarz	SiO_2	rosa	7
Rauchquarz	SiO_2	braun	7
Amethyst	SiO_2	violett	7
Morion	SiO_2	schwarz	7
Prasem	SiO_2	grün	7
Chrysopras	SiO_2	grün	7
Aventurin	SiO_2	bräunlich	7
Tigerauge	SiO_2	gelbbraun	7
Chalcedon	SiO_2	bläulich	7
Achat	SiO_2	graublau	7
Onyx	SiO_2	schwarz/weiß	7
Karneol	SiO_2	braunorange	7
Jaspis	SiO_2	grün	7
Plasma	SiO_2	grün	7
Heliotrop	SiO_2	grün/rot	7
Opal	SiO_2+H_2O	versch.	7
Turmalin	$NaFe_3Al_6[(OH)_4(BO_3)3Si_6O_{18})]$	versch.	7
Granat	$(Ca,Mg,Fe,Mn)3Al_2(SiO_4)3$	rot	7
Türkis	$CuAl_6[(OH)2PO_4].4H_2O$	blaugrün	6
Hämatit	Fe_2O_3	schwarz	6
Magnetit	Fe_3O_4	schwarz	6
Lapislazuli	$(Na,Ca)_8(SO_4,S,Cl)_2(Al_2SiO_4)_6$	blau	5,5

Die Identifizierung von Schmucksteinen erfolgt in der Regel mit speziellen, auf jeden Fall zerstörungsfreien Untersuchungsverfahren. Diese lassen sich bei ungefaßten Steinen ohne Schwierigkeiten anwenden, während die Untersuchung gefaßter Steine, vor allem wenn sie an größeren Objekten verarbeitet sind, Probleme bereiten kann. Eines der wichtigsten Merkmale, das zur Bestimmung von Edelsteinen herangezogen wird, ist die Bestimmung des Brechungsindex mit dem Refraktometer. Weiter kann die Prüfung der Ritzhärte nach der Einteilung von Mohs (Talk 1, ... Diamant 10) bei der Identifizierung helfen. Als Verfahren für eine zerstörungsfreie Bestimmung der chemischen Zusammensetzung oder wenigstens der Hauptbestandteile eignet sich die Röntgenfluoreszenzanalyse. Ungefaßte Schmucksteine lassen sich mit Hilfe der Röntgenfeinstrukturanalyse identifizieren.

Untersuchungen an Edel- und Halbedelsteinen gibt es nur wenige. Eine genaue Identifizierung mit Hilfe von Röntgenfluoreszenz- und Röntgenfeinstrukturanalysen wurde an 200 *Gemmen* des Ägyptischen Museums in Berlin vorgenommen (Riederer 1986) und somit die genaue Bezeichnung der Steine sichergestellt. Untersuchungen an einzelnen Halbedelsteinen betrafen vor allem solche Sorten, die in weiterer Verbreitung vorkommen.

Mit Hilfe der Röntgenfluoreszenzanalyse wurden *Granate* der Völkerwanderungszeit direkt am Objekt untersucht (Bimson et al 1982). Aufgrund der Ca/Si-, Fe/Si- und der Mn/Si-Verhältnisse konnte nachgewiesen werden, daß es sich um Granate verschiedener Herkunft handelt, da die Granate fränkischer Broschen andere Elementverhältnisse hatten als die Granate vergleichbarer Objekte aus Gotland und Rußland.

Durch massenspektrometrische Bestimmungen des $^{32}S/^{34}S$-Verhältnisses in *Lapislazuliproben* fand man heraus, daß Steine aus Afghanistan andere Isotopenverhältnisse haben als Steine aus Chile (Keisch 1968).

1500 *Türkisproben* aus Ausgrabungen und Lagerstätten, die sich vom Südwesten der USA über Mexiko bis ins nördliche Chile und das nordwestliche Argentinien erstrecken, wurden mit Hilfe der Elektronenstrahlmikroanalyse quantitativ auf insgesamt 21 Elemente untersucht, um Gruppen verschiedener Zusammensetzungen zu finden, die es ermöglichten, aus der Analyse archäologischer Funde die Herkunft der Türkise abzuleiten und somit Handelsstraßen festzulegen (Ruppert 1983). Durch diese Untersuchungen konnte mit Sicherheit ausgeschlossen werden, daß Türkise aus den Lagerstätten im Südwesten der USA über Mexiko nach Südamerika gelangten. Die Kulturen der peruanischen Küste und Ecuadors bezogen Türkis wahrscheinlich aus zwei bisher unentdeckten Vorkommen, die vermutlich in den regenarmen Gebieten am Westrand der nördlichen peruanischen Kordilleren liegen. Während der Blüte der Huari-Kultur um 600–1000 n. Chr. wurde wahrscheinlich in einer weiteren unbekannten Mine im südlichen zentralen peruanischen Hochland Türkis gewonnen. Ein großer Teil der Türkise von Funden aus Bolivien und dem nordwestlichen Argentinien stammt aus den Vorkommen im Norden Chiles, wo der Ort San Pedro de Atacama über mindestens 1500 Jahre ein Zentrum der Türkisverarbeitung war. Bei den Untersuchungen der Türkise altamerikanischer Kulturen wurden auch blaue Perlen untersucht, die üblicherweise als Lapislazuli bezeichnet wurden. Es stellte sich jedoch heraus, daß es sich um Sodalithe handelt, die offensichtlich aus der Lagerstätte von Cerro Sapo bei Cochabamba in Bolivien stammen. Diese Lagerstätte dürfte aufgrund der Funde von Sodalithperlen bereits seit dem 2. Jahrtausend v. Chr. in Betrieb gewesen sein.

Verarbeitung von Naturstein

Die Bearbeitung von Naturstein beginnt mit den frühen steinzeitlichen Kulturen, die aus diesem Material ihre Werkzeuge herstellten. Die Vorgeschichtsforschung unterscheidet unterschiedliche Techniken der Formgebung von Steinen und verwendet diese Merkmale auch zur chronologischen Gliederung dieser frühen Kulturen. Da es sich bei der Bearbeitung von Stein um die frühesten Zeugnisse der bewußten Veränderung von Materialien mit dem Ziel, Objekte mit spezifischen Eigenschaften zu schaffen, handelt, waren frühe Steinwerkzeuge stets Gegenstand intensiver technologischer Studien. Erstens befaßt sich damit die Gruppe der experimentellen Archäologen, die versuchten, mit vorgeschichtlichen Arbeitstechniken Steinwerkzeuge herzustellen, zweitens untersuchen Analytiker vor allem mit mikroskopischen Techniken Material und Objektoberflächen, um den steinzeitlichen Bearbeitungstechniken auf die Spur zu kommen.

Mit der Zielstellung, die besonderen Formmerkmale einer Gruppe mesolithischer-neolithischer *Steinäxte aus Schweden,* die aus einem Dolerit hergestellt waren, zu erklären, wurde eine Serie von 30 Proben von über 500 Äxten aus dem Gebiet östlich Stockholms untersucht (Kars et al. 1992). Es gelang nicht nur, die Gesteinsart petrographisch korrekt zu bezeichnen und die Herkunft zu bestimmen, sondern es wurde offensichtlich, daß die ungewöhnliche, relativ dicke Form dieser Äxte mit den Materialeigenschaften des Dolerits zusammenhing. Sowohl der Mineralbestand und die Korngröße des Gesteins, als auch seine Inhomogenität und das reichliche Vorkommen von Mikrorissen ließen es nicht zu, die von verwandten Gesteinsarten aus anderen Gebieten bekannten dünnen Äxte herzustellen. Als Folge der besonderen Gesteinseigenschaften konnte hier ein für eine bestimmte Bevölkerungsgruppe als charakteristisch betrachtetes Formmerkmal eines Steinwerkzeuges erklärt werden.

Die Frage, warum in *England* Steinbeile aus bestimmten Gesteinsarten regional besonders weit verbreitet waren, während Beile aus anderen Gesteinsarten aus dem gleichen Gebiet nur regional Verwendung fanden, war der Ausgangspunkt einer anderen Untersuchung (Bradley et al. 1992). Da man davon ausging, daß Beile mit besonders guten Materialeigenschaften besonders geschätzt und deshalb besonders weit verbreitet wurden, bestimmte man die mechanischen Eigenschaften der verschiedenen Gesteinsarten, aus denen solche Beile hergestellt waren. Besonders aussagekräftig erschien die Scherfestigkeit der Gesteine, von der in erster Linie die Beständigkeit bei der Benutzung abhängt. Es konnte jedoch für verschiedene, weit auseinanderliegende Gebiete in England gezeigt werden, daß die Verbreitung von Äxten nicht von der mechanischen Qualität des Steins abhängen, sondern andere, bisher nicht bekannte Merkmale über eine bevorzugte Verwendung entschieden haben mußten. Dies wurde durch Funde aus Irland bestätigt, die aus einem nicht besonders dauerhaften und widerstandsfähigen Material bestanden, aber trotz dieser scheinbaren Mängel und der gleichzeitigen Verwendung von Äxten aus festen Werksteinen auf dem Seeweg von England nach Irland transportiert wurden.

Keramik

Rohstoffe

Als keramische Erzeugnisse werden Objekte aus gebranntem Ton bezeichnet. Tone sind Verwitterungsprodukte von Gesteinen, die sich entweder noch am Ort ihrer Entstehung befinden oder die von geologischen Kräften transportiert und wieder abgelagert wurden. Tone bestehen aus Gemischen verschiedener Tonmineralien mit anderen Mineralien, wie Quarz, Feldspat, Glimmern, Kalkspat und ähnlichen gesteinsbildenden Mineralien. Tone im geologischen Sinn sind durch ihre besondere Feinkörnigkeit definiert. Die Tonfraktion eines Sediments liegt unter 0,02, darüber folgt die Feinsand- und die Grobsandfraktion mit Korngrößen im Bereich von 0,02–0,2 bzw. 0,2–2 mm, auf die mit zunehmender Korngröße der Gesteinsgrus folgt. Die Tone, die als Rohmaterial für die Keramikherstellung verwendet werden, sind in der Regel Komponentengemische unterschiedlicher Korngrößen. So würde man einen keramischen Rohstoff auch dann als Ton bezeichnen, wenn er noch mehrere Millimeter große Einschlüsse etwa von unverwittertem Quarz aus dem Ausgangsgestein enthalten würde. Reine Tone im eigentlichen Sinn eignen sich nicht oder nur mit Einschränkungen zur Keramikherstellung, da sie beim Brand reißen. Derartige Tone werden als fett bezeichnet. Um das Brennverhalten der fetten Tone zu verbessern, werden sie gemagert. Als Magerung werden in der Regel Sande, aber auch Keramikgrus oder organisches Material zugesetzt.

Diese Tonmineralien verändern sich mit zunehmender Temperatur, so daß sich aus ihrem Nachweis bzw. aus dem Nachweis ihrer Hochtemperaturformen oder ihrer Umwandlungsprodukte Hinweise auf die Brenntemperatur ergeben.

Keramiksorten

Je nach der Art des Ausgangsmaterials, der Brenntemperatur und der Oberflächenbehandlung entstehen unterschiedliche Keramiksorten:

Terrakotta: Aus eisenhaltigem Ton hergestellte und daher beim oxidierenden Brand rötlich oder gelblich brennende Keramiksorte, aus der die große Menge der unglasierten Gefäße und Statuetten aus dem Bereich der Archäologie, des nachantiken Kunsthandwerks und der Völkerkunde bestehen. Die eisenhaltigen Tone werden zur Verbesserung des Brennverhaltens durch Beimengung von Sandkörnern (der Magerung) modifiziert. Die Formung erfolgt durch Modellieren oder Drehen auf der Töpferscheibe. Die Brenntemperatur liegt im Bereich von 500–900 °C. Der Brand kann in oxidierender oder reduzierender Atmosphäre erfolgen. Die Oberfläche kann vor dem Brand bemalt oder mit einem Dekor versehen werden.

Hafnerware: Zur Herstellung von Hafnerkeramik werden ebenfalls eisenhaltige Tone verwendet, die zur Abdichtung der Oberfläche mit Engoben und einer Blei- oder Lehmglasur versehen wurden. Eine Unterglasurbemalung ist üblich. Die Brenntemperatur liegt im Bereich von 700–900 °C.

Majolika: Zur Herstellung von Majolika werden eisenärmere und sehr fein gemagerte Tone verwendet, die gelblich oder rötlich brennen. Zur Bemalung wurden deckende, meist sehr farbige Glasuren und Bemalungen auf den gebrannten Scherben aufgetragen und durch einen zweiten Brand mit dem Scherben verschmolzen. In der Regel wird eine Überglasur aufgetragen und noch einmal gebrannt. Die Brenntemperaturen sind beim ersten Brand am höchsten und liegen bei 900–1000 °C. Der Brand der glasierten Objekte erfolgt bei geringeren Temperaturen.

Fayence: Werden Keramiken aus einem relativ hellen, kalkhaltigen und nur noch schwach rötlich oder gelblich brennenden Ton mit einer weißen deckenden Zinnglasur überzogen, so bezeichnet man sie als Fayence. Der Kalkgehalt verleiht dem Ton eine besonders gute Bildsamkeit und erhöht die Haftung der Glasur. Auch hier erfolgt die Glasurauftragung auf den vorgebrannten

Scherben. Nach dem Glasieren und Bemalen erfolgt ein zweiter und nach dem Auftrag der dichten Überglasur ein dritter Brand. Bei der Bemalung und dem Glasieren gibt es eine Reihe von Varianten, etwa den Auftrag der Bemalung auf einen vorgebrannten Untergrund oder in eine noch nicht gebrannte Unterglasur, wodurch unterschiedliche Effekte erreicht werden.

Steingut: Diese Keramiksorte wird aus einem rein weiß brennenden Ton hergestellt. Nach dem Brand ist der Scherben nicht lichtdurchlässig, sondern porös und dadurch wasserdurchlässig. Durch eine farblose oder gefärbte Glasur wird der Scherben dicht. Je nach der Art des Tons unterscheidet man Feldspat-, Kalkspat- oder Mischsteingut. Die Formung erfolgt je nach der Art des Objekts durch Drehen, Gießen oder die Verwendung von Gipsformen für den Innenraum offener Gefäße und von Schablonen für die Außenform. Steingutglasuren werden aus einer Mischung von Quarz, Feldspat und Bleiverbindungen hergestellt, die gefrittet und dann zu einem Glasurbrei verarbeitet werden. Als Dekor kennt man Unterglasur- und Aufglasurtechniken. Die Unterglasurmalerei wird nach einem ersten Brand, dem Schrühbrand aufgetragen. Übliche Dekorverfahren beim Steinzeug sind auch der Buntdruck und der Kupferstich. Bei diesen Verfahren wird das Original als Umdruck auf den Scherben aufgebracht und nach dem Glasieren eingebrannt.

Steinzeug: Im Gegensatz zum Steingut hat das Steinzeug einen dicht gebrannten Scherben, der auch ohne Glasur wasserundurchlässig ist. Im Gegensatz zum Porzellan ist der Scherben lichtundurchlässig. Steinzeug wird aus einem besonders zubereiteten, geschlämmten eisenfreien und dadurch weiß brennenden Ton hergestellt. Der Brand erfolgt bei Temperaturen im Bereich von 1200 °C. Typische Glasur des Steinzeugs ist die Salzglasur. Dazu wird während des Brandes Kochsalz in den

Ofen eingestreut, wodurch es zu einer Senkung des Schmelzpunktes des keramischen Materials an der Objektoberfläche und der Ausbildung einer Glasur kommt. Als Dekor sind verschiedene Unterglasurtechniken üblich, etwa das Bemalen oder das Auftragen von Schwämmeldekoren in der in Bunzlau üblichen Art. Beim Steinzeug gibt es zahlreiche Glasurvarianten wie etwa die Laufglasuren, bei denen nach dem ersten Brand bleihaltige Glasuren am Oberrand angetragen werden, die dann bei einem zweiten Brand an der Gefäßwand ablaufen, Mattglasuren, denen Trübungsmittel beigegeben werden, oder Kristallglasuren, bei denen bestimmte Verbindungen den Aufbau sternchenförmiger Kristalle in der Glasur bewirken. Weiter gibt es goldschillernde Aventuringlasuren, irisierende Lüsterglasuren oder die rissigen Craqueléeglasuren.

Böttger-Steinzeug: Bei seinen alchemistischen Versuchen zur Goldherstellung, die die Erfindung des Porzellans zur Folge hatten, stellte Böttger in Dresden zuerst aus einem eisenhaltigen Ton ein rotbraunes Steinzeug her, das auch heute noch für Medaillen verwendet wird.

Porzellan: Der Rohstoff für die Herstellung besteht aus einer Mischung von 50 Teilen Kaolin, 25 Teilen Quarz und 25 Teilen Feldspat. Sie werden fein gemahlen, gemischt und mit Wasser zum Porzellanbrei angeteigt. Die Formung des Porzellans erfolgt durch freies Modellieren, durch Drehen auf der Scheibe, mit Formen und Schablonen geformt oder in Gipsformen gegossen. Nach dem Formen werden die Stücke bei 900 °C gebrannt, dann wird die Glasur aufgetragen und ein zweites Mal gebrannt. Die Porzellanglasur besteht aus Quarz, Kaolin und Feldspat, wobei aber der Feldspatgehalt höher ist als in der Grundmasse. Die Glasur wird durch Schwenken der Objekte im dünnflüssigen Glasurbrei aufgetragen. Der zweite Brand erfolgt bei 1400–1500 °C. Die Bemalung kann als Unterglasur-, Inglasur- und Aufglasurdekor aufgetragen werden; außerdem gibt es vielfältige Techniken durch Druckverfahren. Üblich sind Buntdrucke vom Papier auf das Porzellan, Siebdrucke, Schwarzdruck- und Stahlstichdekore sowie das Auftragen von Blattgold.

Untersuchung von Keramik

Zur Untersuchung von Keramik werden analytische Techniken unterschiedlichster Art eingesetzt, um die chemische Zusammensetzung, die mineralogischen Merkmale, die Brenntemperatur, die Brennatmosphäre oder das Alter zu bestimmen.

Die chemische Zusammensetzung wird vor allem mit Hilfe der Röntgenfluoreszenz- und der Neutronenaktivierungsanalyse bestimmt. Die Röntgenfluoreszenzanalyse liefert quantitative Daten aller wichtigen Haupt- und Nebenbestandteile. Sie wird deshalb zur allgemeinen Charakteristik der Zusammensetzung des Tones verwendet, wobei sich bereits deutliche Gruppen unterschiedlicher Zusammensetzung herauskristallisieren können. Die Entnahme einer Materialprobe ist notwendig.

Die Neutronenaktivierungsanalyse dient in erster Linie der Unterscheidung von Keramiksorten unterschiedlicher Herkunft aufgrund unterschiedlicher Spurenelementgesellschaften. Mit diesem Verfahren ist es möglich, gleichartige Keramiksorten nach Werkstätten oder Herkunftsgebieten zu untergliedern. Auch die Aktivierungsanalyse erfordert die Entnahme von Proben.

Die mineralogischen Merkmale werden mit Hilfe der Dünnschliffmikroskopie und der Röntgenfeinstrukturanalyse untersucht, die sich beide ergänzen. Im Dünnschliff werden die gröberen Körner der Magerung sichtbar und können identifiziert werden. Daraus sind Schlüs-

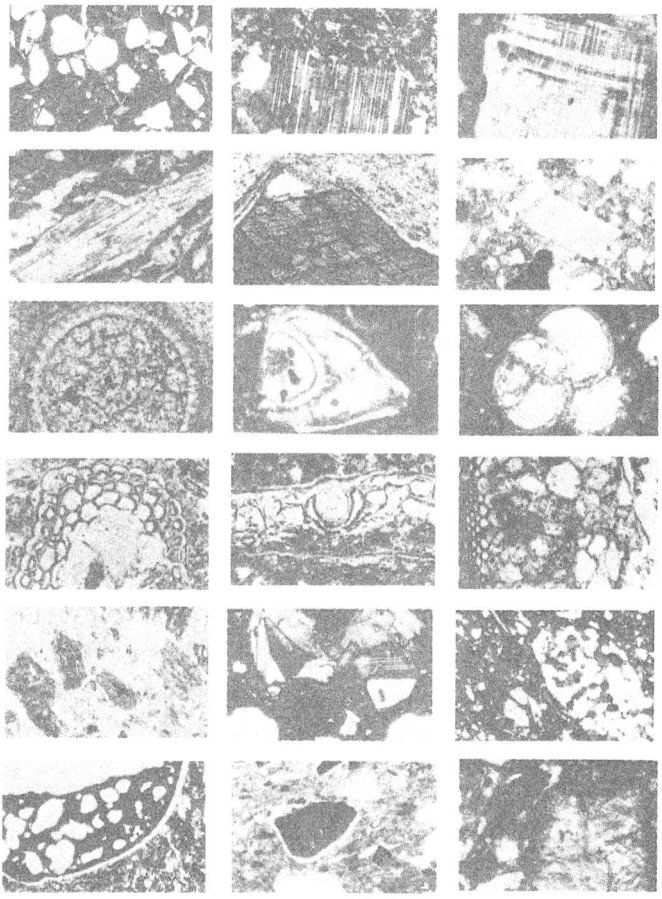

Abb. 13. Komponenten von Keramiken im Dünnschliff.

se auf das Herkunftsgebiet möglich, da zur Magerung entweder regionale Sande verwendet wurden oder es handelt sich bei den Magerungskörnern um unverwitterte Komponenten des Ausgangsmaterials, so daß auch sie für den Herkunftsort des Tons kennzeichnend sind (Abb. 13). Die mikroskopische Untersuchung dient auch der quantitativen Charakterisierung der Keramik, da unter

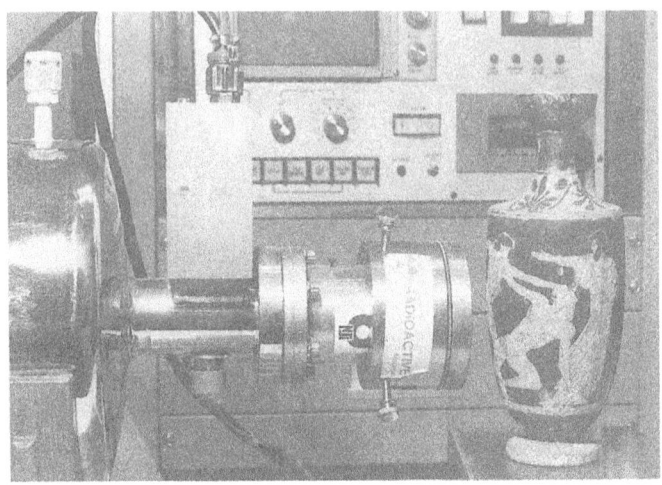

Abb. 14. Zerstörungsfreie Analyse der Bemalung einer griechischen Vase mit Hilfe der Anstrahltechnik des Röntgenfluoreszenzverfahrens.

dem Mikroskop Korngrößen, Kornverteilung, Kornanzahl, Magerungsanteil ebenso bestimmt werden können wie Porenanzahl, Porenform oder Porengröße. Dadurch wird das keramische Material wieder in einer besonderen Art charakterisiert. Rasterelektronemikroskopische Untersuchungen können die Dünnschliffbeobachtungen ergänzen, da sie die Formmerkmale der verschiedenen Mineralien deutlich werden lassen.

Die Röntgenfeinstrukturanalyse ergänzt die Mikroskopie insofern, als sie die Identifizierung mineralischer Komponenten möglich macht, die im Mikroskop nicht identifizierbar sind, z. B. die sehr feinkörnigen Tonmineralien und die Hochtemperaturphasen einzelner Mineralien.

Ein weiteres nützliches Untersuchungsverfahren ist die Elektronenstrahlmikrosonde, die Analysen dünnster Schichten zuläßt. Nach diesem Verfahren wurde bereits sehr früh die Bemalung griechischer Vasen untersucht, wobei es gelang, die komplizierte Technik der Erzeugung der roten und schwarzen Bemalung dieser Keramikgruppe zu rekonstruieren (Abb. 14).

Als ein sehr wichtiges Verfahren der Keramikuntersuchung hat sich die Mößbauer-Spektroskopie entwickelt. Sie liefert wichtige Informationen zur Art der eisenhaltigen Mineralien und zur Brennatmosphäre, wobei nicht nur ein oxidierender und ein reduzierender Brand unterscheidbar ist, sondern auch ein mehrfacher Brand bei unterschiedlichen Brennbedingungen und Temperaturen. Versuche, aus den Mößbauer-Spektren Rückschlüsse auf das Alter zu erhalten, haben zu keinen brauchbaren Ergebnissen geführt.

Genaue Verfahren zur Bestimmung der Brenntemperatur von Keramiken gibt es nicht, obwohl dies mit den unterschiedlichsten Techniken versucht wurde.

Eine Möglichkeit, die Brenntemperatur abzuschätzen, besteht in der Suche nach mineralischen Verbindungen, die sich bei bestimmten Temperaturen bilden bzw. im Nachweis der Zerstörung bestimmter Mineralien bei erhöhten Temperaturen. Solche neugebildeten Mineralphasen lassen sich mit Hilfe der Röntgenfeinstrukturanalyse nachweisen. Die wichtigsten temperaturabhängigen Reaktionen sind (Magetti 1982):

Zersetzung von Kaolin	550 °C
Zersetzung von Kalkspat	800 °C
Neubildung von Gehlenit	830 °C
Neubildung von Diopsid	850 °C
Zersetzung von Illit	950 °C
Bildung von Mullit	1050 °C
Bildung von Cristobalit	1100 °C

Die Zerstörung bzw. Neubildung kann sich in Abhängigkeit von der Tonzusammensetzung verschieben. Die Umwandlung der Tonmineralien erfolgt oft in mehreren, in Diffraktometeraufnahmen ablesbaren Schritten, so daß sich daraus, vor allem für den unteren Temperaturbereich, noch detailliertere Informationen ergeben.

Der zweite Ansatz zur Bestimmung der Brenntemperatur von Keramik sind Temperaturversuche, bei denen man die Keramik kontinuierlich oder in Schritten erwärmt und beobachtet, bei welcher Temperatur sich bestimmte Materialeigenschaften verändern. Die Änderung der Eigenschaften bei erhöhter Temperatur bedeutete, daß diese Temperatur beim ursprünglichen Brand nicht erreicht wurde. In diese Richtung gingen umfassende Versuche (Roberts 1963; Tite 1969) an stäbchenförmigen Probekörpern von Keramiken, die dilatometrisch untersucht, also die Längenänderung der Probe bei zunehmender Temperatur betrachtet wurde. Bei dieser Methode geht man davon aus, daß sich der keramische Probekörper wie jeder andere feste Körper beim Erwärmen ausdehnt. Wird jedoch die ursprüngliche Brenntemperatur erreicht, so treten Sintervorgänge auf, und der Probekörper verkürzt sich deutlich. Die Temperatur, bei der die Verkürzung eintritt, ist am Dilatometer deutlich abzulesen. Später sind jedoch Zweifel geäußert worden, ob die Temperatur, bei der der Probekörper zu sintern beginnt, mit der ursprünglichen Brenntemperatur übereinstimmt, so daß Korrekturfaktoren eingeführt werden mußten, die realistischere Ergebnisse versprachen. Dennoch hat sich diese Methode nicht durchgesetzt, und es fehlen systematische Untersuchungen an Probekörpern aus verschiedenen Tonarten, die bei unterschiedlichen Temperaturen gebrannt wurden.

Temperaturversuche, die erfolgreicher verliefen, aber mit einem beträchtlichen analytischen Aufwand verbunden sind, wurden mit Hilfe der Mößbauer-Spektroskopie durchgeführt (Wagner et al. 1982, 1983): einzelne Parameter des Mößbauer-Spektrums verändern sich deutlich, wenn beim schrittweisen Nachbrennen von Keramik die ursprüngliche Brenntemperatur erreicht wurde.

Neuere Arbeiten befassen sich mit der Ableitung der Brenntemperatur von Keramiken durch ESR-Untersuchungen an isolierten Quarzen, nachdem sich dieses Verfahren zur Bestimmung der Temperatur, mit der Feuerstein (Robins et al. 1978) oder Quarzgerölle bei einem Brand (Miller et al.1993) erhitzt wurden, bewährt hat. Die Versuche, mit Hilfe der ESR genauere Informationen über die Brenntemperatur von Keramik zu erhalten, stecken aber noch in den Anfängen.

Zur Altersbestimmung stehen zwei Verfahren zur Verfügung: die Thermolumineszenzanalyse und die archäomagnetischen Methoden (s.S. 226).

Zusammensetzung kulturgeschichtlicher Keramik

Ergebnisse chemischer Analysen

Im Gegensatz zu den Metallen, die eine zeitliche Entwicklung erkennen lassen, bei denen ein Zusammenhang zwischen Verwendungszweck und Materialtyp besteht und bei denen in der Regel der Handwerker Einfluß auf die Zusammensetzung des Materials nahm, werden zur Herstellung der Keramik lokal vorkommende Rohstoffe verwendet. Die chemische Analyse von Keramiken informiert somit über den Werkstoff einer Töpferei oder eines Töpferbezirks, nicht aber über Arbeitsweisen des Töpfers zur Zubereitung seines Materials. Darüber informiert eher die mikroskopische Untersuchung, die Hinweise zur Art der Magerung, zu deren Menge, Korngröße oder Kornformen gibt. Die chemische Analyse der Keramik liefert somit Daten, die zur Herkunftsbestimmung nützlich sind, aber keine Informationen zur Keramiktechnologie. Chemische Analysen stehen somit stets isoliert da und können nicht mit anderen Analysen in Beziehung gesetzt werden, etwa um eine technologische Entwicklung abzuleiten. Der Nutzen der Keramikanalyse wird in Kap. 3 deutlich, da sich die chemische Analyse als ein ideales Verfahren zur Lokalisierung von Keramik erweist. Hier einige Analysen zu den verschiedenen Keramiksorten:

	SiO_2	Al_2O_3	K_2O	Na_2O	MgO	CaO	Fe_2O_3	TiO_2	MnO
1	13,4	3,4	0,2	5,7	4,8	9,9	0,9	0,05	0,09
2	15,4	3,3	0,8	4,1	3,9	10,9	0,8	0,07	0,08
3	14,3	3,1	0,4	1,8	0,9	7,2	0,9	0,08	0,07
4	17,9	3,0	0,7	4,2	3,3	5,9	0,7	0,07	0,18
5	14,8	3,9	0,7	1,7	1,3	7,1	0,8	0,11	0,12
6	19,2	3,8	1,1	2,1	5,7	5,3	0,7	0,10	0,21

1 Archaische Keramik, Attika
2 Hellenistische Keramik, Athen
3 Römische Keramik, Bonn
4 Terra Sigillata, Pfaffenhofen, Bayern
5 Bronzezeitliche Keramik, Berlin
6 Keramik der Renaissance, Werraraum, Hessen

Aus dem Mittelalter liegen bisher nur wenige Untersuchungen an Keramiken vor. Am Beispiel von Keramiken aus Pingsdorf aus dem 12./13. Jahrhundert und Siegburger Keramiken des 15. Jahrhunderts konnte gezeigt werden, daß die einzelnen Gruppen relativ homogen zusammengesetzt sind, so daß eine Abgrenzung von Keramiken verschiedener Herkunft aufgrund der Zusammensetzung recht zuverlässig ist. Für die Siegburger Keramik waren relativ hohe Kalium-, Rubidium- und Titanwerte bei relativ geringen Kalzium- und Eisengehalten typisch.

Aus den bisher vorliegenden Analysen kulturgeschichtlicher Keramiken ergeben sich für die Hauptbestandteile folgende Schwankungsbreiten der Konzentrationen:

SiO_2	45–70 %
Na_2O	0,4–2 %
K_2O	1–8 %
Al_2O_3	12–35 %
Fe_2O_3	1–15 %
CaO	0,5–25 %
MgO	0,1–4 %
TiO_2	0,5–2 %
P_2O_5	0–2 %

Die wichtigsten Spurenelemente sind in der Keramik in folgenden Konzentrationen (in ppm) enthalten:

As	6–50	Dy	4–10	Nb	15–60	Ta	0.1–3
B	25–350	Eu	0.2–5	Nd	20–60	Tb	0.5–3
Ba	80–2500	Ga	10–55	Ni	30–1	Th	1–20
Br	1–25	Ge	0.5–4	Pb	5–50	U	0.5–6
Ce	10–160	Hf	1–13	Pr	5–15	V	100–300
Cl	45–6000	Ho	0.5–2	Rb	25–1000	Y	20–100
Co	5–100	I	0.5–6	Sb	0.2–4	Yb	2–5
Cr	30–1200	La	5–105	Sc	2–70	Zn	50–150
Cs	0.5–40	Lu	0.1–1	Sm	1–10	Zr	80–600
Cu	10–150	Mn	100–3500	Sr	50–600		

Mikroskopische Untersuchungen

Mikroskopische Untersuchungen von Keramiken sind Bestandteil jeder neueren archäologischen Beschreibung von Keramikfunden, da das mikroskopische Bild sehr genaue quantitative Daten über die Korngröße, die Kornverteilung und den Mengenanteil der Magerung liefert, eine anschauliche Darstellung der Porenmerkmale, etwa ihrer Form, Größe und Orientierung ermöglicht und aus der Identifizierung der Magerungskörner wichtige Hinweise zur regionalen Herkunft der Keramik gibt.

Die Erfahrung hat gezeigt, daß archäologisch unterscheidbare Keramikgruppen in der Regel auch charakteristische Materialmerkmale haben, die die lokalen Techniken und Werkstoffe am Ort der Herstellung widerspiegeln.

Glasuranalyse

Welche Glasuren in früheren Zeiten verwendet wurden, wissen wir durch veröffentlichte Rezepte, die es schon bei den frühesten Kulturen, die glasierte Keramiken herstellten, gibt. Alle drei Grundtypen von Glasuren, die *Alkali -*, die *Blei -* und die *Kalkglasuren* wurden schon bei den frühesten Kulturen verwendet (Weiß 1980). Im Laufe der Geschichte wurden diese Glasuren unter Einfluß lokaler Gegebenheiten und technischer Möglichkeiten verändert, wobei die neuen Entwicklungen auf den alten Traditionen aufbauen. Erst im 19. Jahrhundert erweitern völlig neue Glasurarten und modifizierte Rezepturen die Möglichkeiten des Keramikers.

Aus frühägyptischen Glasurrezepten weiß man, daß die Glasuren, deren Zusammensetzung offensichtlich auf empirischem Weg gefunden wurde, in dem Phasendiagramm Na_2O-CaO-SiO_2 nicht nur genau in dem schmalen Bereich geringster Entglasung und größter Haltbarkeit liegen, sondern auch recht genau bei dem Eutektikum von 725 °C. Das Schmelzen bei dieser Temperatur erreicht man nur mit einer vorgefritteten Mischung, wie sie in Ägypten üblich war. Bei chinesischen Glasuren wurde beobachtet, daß die Zusammensetzung von Bleiglasuren genau dem Verhältnis von Blei zu Kieselsäure entspricht, das man erhält, wenn man 1 Raumteil Bleiglanz mit 1 Raumteil Quarzsand mischt. Ähnlich verhält es sich mit den bereits im 11. Jh. v. Chr. in China üblichen Ascheglasuren, bei denen es darauf ankam, ein möglichst niedrig schmelzendes Gemisch zu finden, da der Schmelzpunkt dieses Glasurtyps generell sehr hoch liegt. Hier wird das Eutektikum des SiO_2-Al_2O_3-CaO-Systems, das bei 1170 °C liegt, durch eine Mischung von 1 Teil Ton und 1 Teil Holzasche erreicht. Die Glasuren späterer Kulturen bauen auf diesen Grundtypen auf, etwa die Salzglasur auf der altägyptischen Alkaliglasur, die Steingutglasur auf der Bleiglasur oder die Porzellanglasur auf den Kalkglasuren (Weiß 1980). Diese Überlegungen zur historischen Entwicklung von Glasurrezepten erleichtern die Interpretation von Glasuranalysen, die es von fast allen wichtigen Gruppen glasierter Keramiken gibt.

Herstellung keramischer Objekte

Formen

Der Ton wurde bei den frühen Kulturen aus Tonlappen oder aus Tonwülsten aufgebaut. Später wurden derart aufgebaute Gefäße auf der langsam drehenden Töpferscheibe nachgeformt, woraus sich die vielfältigen Varianten des Drehens mit der schnell drehenden Scheibe ableiten. Ein weiteres Bindeglied zwischen freiem Formen und dem Drehen ist eine Technik, bei der auf der Drehscheibe Tonzylinder gedreht werden, deren eine Öffnung durch Klopfen mit einem Schlagholz allmählich geschlossen wird. Abbildungen auf antiken Reliefs informieren anschaulich über die verschiedenen Drehtechniken, und auch die historische Literatur enthält dazu ebenfalls ausführliche Hinweise. Da im völkerkundlichen Bereich die historischen Techniken der Keramikformung nach wie vor üblich sind, haben Informationen aus diesem Bereich ebenfalls zur Kenntnis der verschiedenen Möglichkeiten, Keramik zu formen, beigetragen.

Eine weitere Möglichkeit, Tongegenstände zu gestalten, ist das Einstreichen in Negativformen.

In der modernen Keramiktechnologie hat sich das Gießen des Tonbreies in Gipsformen als ein sehr rationelles Verfahren zur Herstellung von Gefäßen entwickelt.

Dekorieren

Die Technik der *attischen Vasentechnik* ist seit Jahrzehnten ein Schwerpunkt naturwissenschaftlicher Untersuchungen (Binns u. Fraser 1929; Bimson 1956; Farnsworth u. Simmons 1963; Noble 1960; Winter 1959, 1978; Hofmann 1962, 1963). Durch den Einsatz von Analyseverfahren, vor allem der Mikrosonde und der Rasterelektronenmikroskopie, mit denen die Eigenschaften dünner Schichten ermittelt werden können, konnten die Eigenschaften der glänzenden schwarzen und roten Oberflächenschichten so genau bestimmt werden, daß es heute keine Mühe mehr macht, sie in antiker Technik nachzuahmen. Durch die ersten Untersuchungen wurde rasch geklärt, daß als Rohstoff für die Bemalung ein spezieller Schlicker gebraucht wird und daß ein dreiphasiger Brand, zuerst unter oxidierenden, dann unter reduzierenden und schließlich unter reoxidierenden Bedingungen notwendig ist, um erstens beim Brand die Entstehung der schwarzen und gleichzeitig der roten Farbe und zweitens den intensiven Glanz der Oberfläche zu erreichen. Jüngste Untersuchungen mittels elektronenmikroskopischer Techniken in Verbindung mit der chemischen Analyse zeigen, daß bei der schwarzen Bemalung feinste Magnetitpartikel von weniger als 0,2 µm Größe homogen verteilt in einer amorphen 20 µm starken Matrix liegen (Maniatis et al. 1993). Der charakteristische Glanz der attischen Keramiken dieser Art ist auf eine nur 0,1 µm starke verglaste Außenschicht zurückzuführen. Untersucht wurden Proben aus verschiedenen Produktionsgebieten, die ergaben, daß sie in ihren Eigenschaften völlig übereinstimmen. Sie verdeutlichen den hohen Stand der Keramiktechnologie im antiken Griechenland.

Brennen

Über den Brand der Keramik sind wir vor allem durch die bei Ausgrabungen gefundenen Brennöfen informiert. Außerdem gibt es Abbildungen von Öfen auf antiken Malereien, und aufgrund der völkerkundlichen Brennverfahren sind Rückschlüsse auf die früher üblichen Brennöfen möglich.

Glasurtechniken

Zur Untersuchung glasierter Keramik gibt es bisher nur wenige Ansätze, da eine Probeentnahme, die eine Voraussetzung für genauere Informationen über das Material des Scherben, der Glasur und der Bemalung ist, in der Regel nicht möglich ist. Relativ gut untersucht sind bisher islamische Keramiken, mit denen eine Reihe sehr wichtiger kulturgeschichtlicher Fragen nach Produktionszentren, der Ausbreitung von Technologien oder der Erfindung neuer Glasurtechniken verbunden sind. An glasierten europäischen Keramiken setzt die analytische Arbeit bei Sorten, von denen Glasurproben entnommen werden können, erst ein. Mit Hilfe der zerstörungsfreien energiedispersiven Röntgenfluoreszenzanalyse wurden vereinzelt Porzellane untersucht.

Aus jüngerer Zeit wurde englisches Porzellan untersucht (Tite u. Bimson 1991). Die Untersuchungen wurden an Bruchstücken durchgeführt, die anpoliert und unter dem Rasterelektronenmikroskop mit einem Zusatz für quantitative chemische Analysen untersucht wurden. So erhielt man sowohl optische als auch chemische Informationen, die eine Unterscheidung verschiedener Porzellansorten, wie Knochenporzellan, Specksteinporzellan, verglastes Porzellan ermöglichte, und recht genaue Daten über die Art der Glasur lieferten.

Glas

Rohstoffe

Glas ist ein Werkstoff, der aus den drei Komponenten Sand, einem Flußmittel zur Senkung des hohen Schmelzpunktes des Sandes und einem Stabilisator zur Verhinderung der Lösung des Glases durch Wasser besteht. Beim Sand handelt es sich in der Regel um Quarzsand. Als übliche Flußmittel wurden das Natriumkarbonat Soda, das bei den frühen Gläsern des Mittelmeerraumes vorherrscht, oder das Kaliumkarbonat Pottasche, das zur Herstellung nachantiker Gläser in Mitteleuropa in Gebrauch kam, verwendet. Geeignete Stabilisatoren sind Metalloxide, wie Aluminium- oder Bleioxid. Als vierte Komponente wurden dem Glas Verbindungen zugesetzt, die eine Färbung des Glases bewirken. Die wichtigsten Glasfarbstoffe sind: *opakes Weiß* (SnO_2), *opakes Gelb* (Sb_2O_3), *opakes Rot* (Cu_2O), *grün* (Fe_2O_3), *gelb* (Fe_2O_3), *gelbbraun* (Fe_2O_3, Mn_2O_3), *blau* (CuO, CoO), *braun* (Mn_2O_3), *rot* (kolloidales Gold).

Glasuntersuchungen

Hier spielen in erster Linie die Verfahren der chemischen Analyse eine Rolle, erstens um das Glas allgemein durch seine Zusammensetzung zu charakterisieren, die Art des Flußmittels oder des Stabilisators zu erkennen, zweitens um die färbenden Elemente zu bestimmen. Die Art der chemischen Analyse hängt von der Möglichkeit der Probeentnahme ab, die bei archäologischen Scherben in der Regel gegeben ist. Dann können mit der Röntgenfluoreszenz-, Atomabsorptions- oder der Aktivierungsanalyse sehr genaue Daten erhalten werden. Bei intakten Gefäßen kommen nur Verfahren der zerstörungsfreien Analyse, etwa der Röntgenfluoreszenzanalyse, am ganzen Objekt in Frage, die nur halbquantitative oder mit Einschränkungen als quantitativ zu betrachtende Daten liefert. Am Beispiel der Analyse römischer Gläser nach der ICPOES (Inductively Coupled Plasma Optical Emission Spectroscopy) wurden die Möglichkeiten der quantitativen Glasanalyse mit einem instrumentell aufwendigeren Verfahren dargestellt, das dann aber auch einen großen Probendurchsatz ermöglicht und präzise Daten liefert (Mirti et al. 1993). Die Röntgenfluoreszenzanalyse am ganzen Objekt ist auf jeden Fall das richtige Verfahren, wenn die Art der färbenden Elemente bestimmt werden soll, da dieses Verfahren für die in Frage kommenden Metallelemente besonders empfindlich ist.

Zusammensetzung kulturgeschichtlicher Glasobjekte

Materialanalysen liegen vor allem von frühen Gläsern bis zu denen des Mittelalters vor, da von ihnen Scherben zur Verfügung stehen, die die notwendigen genauen quantitativen Analysen ermöglichen.

Die umfassendste Dokumentation über die Zusammensetzungen historischer Gläser ist das Buch von Bezborodov (1975) über die Chemie und Technologie der antiken und mittelalterlichen Gläser, das 762 Glasanalysen enthält und so umfassend über die früher verwendeten Glassorten informiert.

Er unterscheidet insgesamt 19 Materialgruppen, wobei er zuerst die kalziumhaltigen Gläser von den Bleigläsern trennt. Die kalziumhaltigen Gläser werden in 3 Gruppen unterteilt, und zwar in die Natrium-, die Kalium- und die Natrium-Kalium-Gläser. Eine weitere Unterteilung ergibt sich aufgrund der Gehalte an Aluminium und Magnesium.

Die folgende Statistik verdeutlicht die Verwendung unterschiedlicher Gläser in verschiedenen Zeiten (Bezborodov 1975):

	Antike	Mittelalter
Natrium-Kalzium-Gläser	87,7 %	30,7 %
Kalium-Kalzium-Gläser		12,6 %
Natrium-Kalium-Kalzium-Gläser	8,4 %	22,5 %
Mangangläser		6,6 %
Verschiedene	3,9 %	1,3 %
Bleigläser		23,4 %

Zu den einzelnen Zusammensetzungen von Gläsern s. Bezborodov (1975).

Email

Unter Email versteht man auf Metalle unter erhöhten Temperaturen aufgebrachte Gläser, Glasschichten oder Glasmalereien. Die Emailtechnik geht auf die Goldschmiedekunst vor allem des Mittelalters zurück, als in unterschiedlichen Techniken Glasfluß auf Schmuckstücke aufgebracht wurde. Entweder wurde das Glas in kleine Zellen aus aufgelöteten Stegen, *Zellenschmelz*, oder in ausgearbeitete Vertiefungen im Schmuckstück, *Grubenschmelz*, eingebracht. Später wurde das Glas flächig als Glaspulver mit einem Bindemittel auf Metallträger aufgebracht und eingebrannt. In Venedig und in Limoges entwickelte sich daraus gegen Ende des Mittelalters die Emailmalerei, wobei mit Glasfarben auf eine Schmelzschicht gemalt und diese anschließend eingebrannt wird. Materialanalysen liegen von Emailarbeiten bisher kaum vor. Landgrebe (1983) hat sich aber im Zusammenhang mit Restaurierungsarbeiten sehr eingehend mit der Geschichte, den Werkstoffen und der Technik der Emailmalerei befaßt.

Herstellungstechnik

Färbung

Es wurden nur selten Untersuchungen durchgeführt, die sich mit den zur Färbung von Gläsern verwendeten Materialien und Techniken befassen, da man über die Tatsache, daß bestimmte Metalle Ursache der verschiedenen Farbtöne des Glases sind, aus den allgemeinen Analysen historischer Gläser ausreichend informiert war. Dennoch gibt es eine Reihe von besonderen Glasfärbungen, die Gegenstand eingehender Materialanalysen waren.

Besonders die *roten Gläser* haben das Interesse der Wissenschaft auf sich gezogen, da rote Färbungen im Gegensatz zu fast allen anderen Farbtönen nicht auf dem normalen Weg der Verwendung von Metallverbindungen in der üblichen Art erzeugt werden konnten. Die opaken roten Gläser der Antike und des Mittelalters erhielten ihre Farbe durch eingelagertes festes Kupferoxid, und die transparenten roten Gläser neuerer Zeit bauen auf der Einlagerung von kolloidalem Gold im Glas auf.

In keltischer Zeit waren die opaken roten Gläser als Material für Email oder Einlagen in Schmuckstücken seit dem 4. Jh. v. Chr. weit verbreitet. Untersuchungen solcher roten keltischen Gläser bestätigen, daß das färbende

Material rotes Kupferoxid ist, außerdem wurde in allen roten Gläsern dieser Art ein erhöhter Bleigehalt gefunden (Brun u. Pernot 1992). Durch mikroskopische Untersuchungen konnte nachgewiesen werden, daß das Kupferoxid Kristalle oder dendritische Kristallaggregate bildet, wodurch gesichert ist, daß das Kupfer ursprünglich in der Glasmasse gelöst war und sich beim Abkühlen entmischte. Da sich Kupferoxid von der Glasmasse abtrennte und das Kupfer nicht im Glas gelöst blieb und zur üblichen grünen Farbe führte, muß ein besonderer Herstellungsweg bekannt gewesen sein: die Zugabe von Kupfer oder Kupferverbindungen zu einer bereits fertigen Glasschmelze zusammen mit der Einhaltung einer bestimmten Brennatmosphäre und der Beachtung definierter Brenntemperaturen und Reaktionszeiten. Die Gehalte an Bleioxid lagen in allen Fällen über 20 % und erreichten in Einzelfällen 60 %, während die Mehrzahl der Objekte 20–40 % PbO enthielten. Die Gehalte an Cu_2O lagen zwischen 5 und 10 %. Die Gehalte an Blei- und Kupferoxid zeigen deutliche regionale Unterschiede, wodurch eine regionale Spezialisierung bei der Herstellung roter, durch Kupferoxid gefärbter Gläser belegt ist.

Rubinglas

Die Rotfärbung von Glas durch Gold läßt sich in Rezepten bis in die frühesten Phasen der Antike zurück verfolgen; die analysierten roten Gläser aus der Antike waren jedoch ausnahmslos durch Kupferoxid gefärbt. Die mittelalterlichen Rezepte enthalten keine brauchbaren Angaben zur Färbung des Glases mit Gold. Erst im 15. Jahrhundert finden sich Hinweise zur Herstellung roter Mosaiksteine mit Hilfe von Gold. Die alchemistische Literatur enthält reichlich Hinweise über die Rotfärbung des Glases mit Hilfe von Goldverbindungen. Erst Kunckel gelingt es um 1677, Goldrubinglas herzustellen.

Obwohl er seine Technik geheim hält und auch in seinem Werk über die Ars Vitraria nicht veröffentlicht, lernt man dieses Verfahren an mehreren Orten Deutschlands kennen, wo in der Folgezeit reichlich rot gefärbte Gläser hergestellt werden. Das Verfahren geriet, als das Interesse am roten Glas nachließ, wieder in Vergessenheit, so daß der Verein zur Förderung des Gewerbefleißes in Preußen 1834 einen Preis für die Herstellung von Goldrubinglas aussetzte. Es wurden mehrere Varianten vorgeschlagen, so daß es in der Folgezeit kein technisches Problem mehr war, diese Art von rotem Glas herzustellen.

Die Rotfärbung des Goldes entsteht, indem das Gold in kolloidaler Form verarbeitet wird. Daß Gold in unterschiedlichster Art in den kolloidalen Zustand versetzt werden konnte, ist seit dem 15. Jahrhundert bekannt.

Mosaik

Materialien

Mosaikteilchen bestehen aus natürlichen Mineralien und Gesteinen oder aus künstlichen keramischen oder glasähnlichen Massen.

Untersuchung der Mosaikmaterialien

In erster Linie geht es darum, die Art des Materials zu identifizieren. Dazu eignet sich vor allem die Röntgenfluoreszenzanalyse, die Hinweise gibt, ob ein künstliches oder ein natürliches Material vorliegt, und bereits darüber informiert, welche chemischen Elemente vorhanden und eventuell für die Färbung verantwortlich sind. Zur weiteren Charakterisierung der Mosaiksteinchen eignen sich entweder mikroskopische Techniken, wie die Dünnschliffuntersuchungen, die Röntgenfeinstrukturanalyse zur Identifizierung mineralischer Verbindungen oder genauere Verfahren der quantitativen chemischen Analyse.

Systematische Untersuchungen über Mosaikmaterialien gibt es nicht. Lediglich in Zusammenhang mit Restaurierungsarbeiten wurden hin und wieder die Mosaiksteinchen identifiziert, wie z. B. die Steinchen von Mosaiken des 12. Jahrhunderts aus dem Dom von Salerno in Süditalien (Marchese u. Garzillo 1984), wobei neben verschiedenen Natursteinen Gläser unterschiedlicher Färbung sowie mit Gold belegte Gläser vorkommen. Vor allem mit Hilfe der Röntgenfeinstrukturanalyse und der chemischen Analyse wurden auch die verschiedenen Steinsorten der Mosaiken des großen byzantinischen Kaiserpalastes in Istanbul identifiziert und charakterisiert, ebenso wurde auch die Mörtelunterlage analysiert.

Malerei

Malereien bestehen in der Regel aus einem *Bildträger*, den *Pigmenten* und dem *Bindemittel*.

Als *Bildträger* kommen alle denkbaren bemalbaren Materialien in Frage. Die üblichsten Materialien sind Stein und Putz, Holz, Leinwand und Papier, seltener sind Metall und andere organische Materialien wie z. B. Leder. Auf die Arten der Bildträger wird in dem Abschnitt über die Maltechniken näher eingegangen, da nach der Art des Bildträgers die Malerei in verschiedene Gruppen wie Wandmalerei, Tafelmalerei, Buchmalerei unterteilt wird.

Als *Pigmente* kommen alle farbigen Materialien, die sich im Laufe der Zeit nicht nennenswert verändern, in Frage: gleichermaßen natürliche mineralische, pflanzliche oder tierische Verbindungen oder künstlich hergestellte anorganische oder organische Verbindungen.

Als *Bindemittel* eignen sich eine Vielzahl organischer Verbindungen, vor allem Öle, Leime, Harze, Wachse und in neuerer Zeit die Kunstharze.

Sie sind ebenfalls ausführlich bei den Maltechniken besprochen, da auf den erwähnten Bildträgern unterschiedliche Bindemittel Verwendung finden.

Pigmente

Die wichtigsten Pigmente der Malerei sind in der folgenden Tabelle zusammengestellt und anschließend kurz erläutert. Ausführliche Hinweise über die Vorkommen, Herstellung und Verwendung dieser Pigmente finden sich in der maltechnischen Literatur (Doerner 1985; Feller 1985; Wehlte 1967) sowie in den Handbüchern zur Farbenfabrikation (Kittel 1960; Wagner 1928; Zerr u. Rübenkamp 1922).

Pigmentname	Pigmentart	Zusammensetzung	Verwendungszeit
Kreide	an/ak	$CaCO_3$	seit der Antike
Huntit	an	$CaCO_3 \cdot 3MgCO_3$	seit der Antike
Gips	an/ak	$CaSO_4 \cdot 2H_2O$	seit der Antike
Ton	an	Silikat	seit der Antike
Bleiweiß	ak	$PbCO_3 \cdot Pb(OH)_2$	seit der Antike
Zinkweiß	ak	ZnO	seit ca. 1835
Titanweiß	ak	TiO_2	seit 1928
Lithopone	ak	$ZnS+BaSO_4$	seit ca. 1850
Schwerspat	ak	$BaSO_4$	seit ca. 1830
Gelber Ocker	an	Ton, Eisenhydrate	seit der Antike
Auripigment	an/ak	As_2S_3	seit der Antike
Massicot	ak	PbO	Antike
Blei-Zinn-Gelb	ak	$PbSnO_4$	Mittelalter–18.Jh.
Neapelgelb	ak	$PbSb_2O_6$	seit ca. 1700
Kadmiumgelb	ak	CdS	seit 1925
Chromgelb	ak	$2PbSO_4 \cdot PbCrO_4$	seit Anf. 19.Jh.

Eisenoxidpigmente	ak	Eisenhydrate	seit dem 19.Jh.
Gelber Lack	on/ok		seit der Antike
Indischgelb	ok	euxanthinsaure Magnesia	seit dem 15.Jh.
Roter Ocker	an	Ton, Hämatit	seit der Antike
Hämatit	an/ak	Fe_2O_3	seit der Antike
Zinnober	an/ak	HgS	seit der Antike
Realgar	an/ak	AsS	Antike
Mennige	ak	Pb_3O_4	seit der Antike
Gebrannte Ocker	ak	Ton, Hämatit	seit der Antike
Kadmiumrot	ak	$CdS.CdSe$	seit ca. 1920
Chromrot	ak	$PbCrO_4.Pb(OH)_2$	seit Anf. 19.Jh.
Krapplack	on/ok		seit der Antike
Karmin	on/ok		seit der Antike
Grüne Erde	an	Eisensilikat	seit der Antike
Malachit	an	$CuCO_3.Cu(OH)_2$	Antike, Mittelalter
Paratacamit	an	$CuCl_2.Cu(OH)_2$	Antike
Chrysokoll	an	$CuSiO_3$	Antike
Ägyptisch Grün	ak	$CaCuSiO_{10}$	Antike
Grünspan	ak	Cu	
Chromgrün	ak	$Cr_2O(OH)_4$	seit Mitte 19.Jh
Schweinfurter Grün	ak	$Cu(CH_3COO)2.3Cu(AsO_2)_2$	seit ca. 1800
Azurit	an	$2\ CuCO_3.Cu(OH)_2$	seit der Antike
Ultramarin	an/ak	$Na_8Al_6Si_6O_{24}$	seit der Antike
Riebeckit	an	$Na_2Fe_5(Si_8O_{22})(OH)_2$	Antike
Ägyptisch Blau	ak	$CaCuSiO_{10}$	seit der Antike
Smalte	ak	blaues Kobaltglas	16.–19.Jh
Kobaltblau	ak	$CoAl_2O_4$	seit der Antike
Preußisch Blau	ak	$Fe_7(CN)_{18}$	seit ca. 1900
Indigo	on/ok		seit der Antike
Pflanzenschwarz	ok	C	seit der Antike
Beinschwarz	ok	C	seit der Antike
Ruß	ok	C	seit der Antike

an anorganisch, natürlich; *ak* anorganisch, künstlich; *on* organisch, natürlich; *ok* organisch, künstlich.

Weiße Pigmente

Kreide: Als Kreide wird in der Malerei jedes Pigment bezeichnet, das aus Kalziumkarbonat besteht. Dieses Kalziumkarbonat kann recht unterschiedlicher Herkunft sein. Kreide im engeren Sinn, also das reinweiße, kompakte leicht zerreibliche Material, aus dem früher Schreibkreiden hergestellt wurden, kommt nur relativ selten in geologisch jüngeren Formationen vor. In Deutschland ist Rügen das wichtigste Kreidevorkommen. Als Pigmentbezeichnung wurde Kreide deshalb auch für pulverisierten Marmor oder pulverisierte Eierschalen, später auch für künstlich hergestelltes Kalziumkarbonat verwendet. In der Tafelmalerei hat Kreide lediglich als Grundierung Bedeutung, als Pigment für die Ausführung der Malerei wurde es wegen seiner geringen Deckkraft kaum verwendet (Gettens et al. 1974).

Huntit: Der Huntit ist ein in der Natur nicht allzu häufig vorkommendes Kalzium-Magnesium-Karbonat, das dem Dolomit verwandt ist. Es bildet sich bei der Verwitterung primärer Magnesiumlagerstätten als reinweißes, feinpulveriges Material. Es wurde zum ersten Mal von altägyptischen Keramiken beschrieben, bei denen eingeritzte Rillen mit Huntit ausgefüllt waren (Riederer 1974).

Gips: Gips ist ein in der Natur weit verbreitetes Mineral, das auch gesteinsbildend vorkommt. Neben seiner verbreiteten Verwendung als Baustoff fand der Gips auch Eingang in die Malerei als brauchbares Material zur Ausführung von Grundierungen. Für diesen Zweck wurde Gips bereits in altägyptischer Zeit bei der Bemalung von Statuetten aus Stein und Holz verwendet.

Ton: Tone, die manchmal, wie z. B. der Kaolin, als ein sehr reines weißes Material gefunden werden, haben sich in der Malerei kaum als Pigment durchsetzen können, da andere natürliche und nicht minder weit verbreitete mineralische Verbindungen dafür geeigneter sind.

Bleiweiß: Es ist das klassische weiße Pigment der Malerei, das seit der Antike bekannt ist und bis zum 19. Jahrhundert, als es aufgrund seiner Gesundheitsschädlichkeit allmählich vom Zinkweiß und später vom Titanweiß abgelöst wurde, ausschließlich verwendet wurde. Bleiweiß wurde von Anfang an künstlich hergestellt, da es in der Natur nicht in großen Mengen vorkommt. Für die Herstellung wurden Bleiplatten oder Bleibleche in Tontöpfen der Einwirkung von Essig ausgesetzt. Durch eine erhöhte Umgebungswärme, die nach historischen Rezepten durch Einsetzen der Töpfe in Pferdemist erzeugt wurde, bildete sich über Bleiazetat das basische Bleikarbonat. Im 19. Jahrhundert wurde diese Technik durch industrielle Verfahren abgelöst. Die Verwendung von Bleisorten unterschiedlicher Herkunft gibt die Möglichkeit, die Herkunft von Bleiweiß mit Hilfe der Materialanalyse festzustellen (s. S. 214).

Zinkweiß: Zinkweiß wurde zu Beginn des 19. Jahrhunderts von Farbenherstellern auf den Markt gebracht und damit als Pigment der Malerei eingeführt. Zinkoxid als chemische Verbindung war dagegen schon länger bekannt.

Titanweiß: Die Farbstoffindustrie begann 1928, Titanweiß als Pigment herzustellen, obwohl die Herstellung von Titandioxid technisch schon 100 Jahre früher gelang und die Möglichkeit nicht ausgeschlossen ist, daß diese Verbindung bereits früher als Pigment in der Malerei verwendet wurde. Titanweiß wird in zwei kristallographisch unterschiedlichen Modifikationen – der Anatas- und in der Rutilform – hergestellt, die sich bei Gemäldeuntersuchungen sehr einfach mit Hilfe der Röntgenfeinstrukturanalyse unterscheiden lassen.

Lithopone: Als Lithopone werden stark deckende Mischungen von Zinksulfid und Bariumsulfat bezeichnet. Sie kamen in der ersten Hälfte des 19. Jahrhunderts als Erzeugnis der Farbenindustrie auf den Markt und sind bis heute ein üblicher Bestandteil in der Malerei.

Schwerspat: Der Schwerspat ist ein natürlich vorkommendes Bariumsulfat, das auch bei chemischen Prozessen anfällt und zur Pigmentherstellung Verwendung finden kann. Er wurde kaum als eigenständiges Pigment verwendet, jedoch anderen Pigmenten als Füllstoff beigemengt. Bei der Pigmentanalyse von Gemälden ist der Nachweis von Schwerspat deshalb ein sicherer Hinweis für eine Entstehung im 19./20. Jahrhundert (Feller 1985).

Gelbe Pigmente

Gelber Ocker: Gelbe Ocker sind natürliche Mineralgemische, die bei der Verwitterung eisenreicherer Gesteine entstanden. Färbender Bestandteil sind Eisenhydrate und Eisenoxihydrate in der Art des Limonits, des Goethits oder verwandter Verbindungen. Daneben enthalten die Ocker je nach dem Ausgangsgestein die verschiedensten Silikate, entweder Reste schwer verwitterbarer Mineralien in der Art des Quarzes oder Tonmineralien als Verwitterungsprodukte, sowie karbonatische Verbindungen, wenn die entsprechenden Sedimentgesteine das Ausgangsmaterial bilden. Deshalb bietet die Materialanalyse die Möglichkeit, Ocker verschiedener Herkunft zu unterscheiden. Besonders geeignet ist die Infrarotspektroskopie, da sie eine Unterscheidung aufgrund der Tonmineralien zuläßt. Auf verschiedenen Ergebnissen (Riederer 1969; Siesmeyer et al. 1975) aufbauend, konnten umfangreiche Pigmentfunde aus dem Bereich der frühen Kulturen des Iran genau in ihrer Art bestimmt werden (Reindell u. Riederer 1978). Spezifische Untersuchungen zu Ockern gibt es noch nicht.

Auripigment: In der Malerei wurde das natürlich vorkommende gelbe Arsensulfid, das Auripigment, relativ selten verwendet. In der antiken Literatur ist es bereits erwähnt und von archäologischen Objekten, etwa vom

Aphaiatempel auf Ägina in Griechenland, vereinzelt nachgewiesen. Auch in mittelalterlichen Traktaten wird es erwähnt, und aus der Renaissance sind vereinzelte Anwendungen (z. B. bei Bellini) bekannt. Eine weitere Verbreitung hat dieses Pigment trotz seiner intensiven goldgelben Farbe nicht gefunden. Auch das künstlich hergestellte Königsgelb konnte sich, wohl auch wegen seiner Giftigkeit, nicht durchsetzen (Wallert 1984).

Massicot: Das gelbe Bleioxid Massicot ist sicher kein weit verbreitetes Pigment der Malerei, da es unter der Einwirkung von Licht rasch braun wird. Seine Verwendung in der antiken Malerei ist sowohl durch die Pigmentfunde in Pompeji (Augusti 1967) und durch die Analysen zentralasiatischer Wandmalereien (Riederer 1977) belegt. In Zentralasien war den Archäologen aufgefallen, daß die gelben Blüten eines Baumes auf den Malereien braun dargestellt waren, und auch goldene Schmuckstücke hatten stets eine braune Farbe. Durch die Analysen konnte geklärt werden, daß es sich um gedunkeltes Massicot handelte. In frühen Veröffentlichungen von Pigmentanalysen an Gemälden wurde irrtümlich die Verwendung von Massicot beschrieben. Da mit den damals üblichen Methoden nur die Anwesenheit spezifischer Elemente geprüft wurde, reichte der Nachweis von Blei in einem gelben Pigment aus, um es als Massicot zu bestimmen. Erst als durch Spektralanalysen alle in einem Pigment enthaltenen Elemente sichtbar wurden, erkannte man, daß es sich um das bis dahin nicht bekannte Blei-Zinn-Gelb handelte (Jacobi 1941).

Blei-Zinn-Gelb: Bereits in den frühen mittelalterlichen Rezeptbüchern ist von einem künstlich hergestellten, gelblichen Material die Rede, das als Giallorino bezeichnet wird und durch Verschmelzen von Bleioxid und Zinnoxid erhalten wird. In der Malerei der Zeit des späten Mittelalters bis zum Ende des 17.Jahrhunderts war das Blei-Zinn-Gelb das neben den Ockern am häufigsten verwendete gelbe Pigment, das sich durch sehr gute maltechnische Eigenschaften auszeichnete. Um 1700 wird es relativ rasch vom Neapelgelb abgelöst (s. auch »Massicotat«).

Neapelweiß: Da die Quellenschriften der Maltechnik bis hin zu den Fachbüchern des 18. und 19. Jahrhunderts ca. 40 verschiedene Rezepte zur Herstellung dieses Pigments nennen, wurden diese nachgearbeitet, um aus der Analyse der erhaltenen Produkte wieder Rückschlüsse auf die vielfältigen Sorten des Neapelgelbs ziehen zu können, die in der Malerei verwendet wurden. Als Ausgangsmaterial für den Bleianteil dieser Verbindung wurden Blei, Bleioxid, Menninge, Bleiweiß und Bleinitrat, für den Antimonanteil Antimon, Antimonoxid, Kaliumantimoniat oder Natriumantimoniat vorgeschlagen, dem die unterschiedlichsten Reaktionsmittel in der Art von Kochsalz, Weinstein, Alaun, Salmiak zugegeben wurden. Vereinzelt ging man direkt von Blei-Antimon-Verbindungen, etwa dem Letternmetall, einer niedrig schmelzenden Legierung aus. Die verschiedenen Mischungsverhältnisse dieser Ausgangsstoffe und die unterschiedlichen Reaktionstemperaturen sind für die zahlreichen Farbtöne des Neapelgelbs verantwortlich (Wainwright et al. 1985).

Chromgelb: Zu Beginn des 19. Jahrhunderts setzte sich das Chromgelb rasch als Pigment der Malerei durch, da es sich durch eine relativ große Anzahl von Farbtönen sowie durch sehr gute maltechnische Eigenschaften auszeichnet (Kühn u. Curran 1985).

Kadmiumgelb: Seit dem Beginn des 20. Jahrhunderts spielt das Kadmiumgelb eine wichtige Rolle in der Malerei, da es sich in verschiedenen Farbtönen von hellem Zitronengelb bis zum dunklen Orangegelb herstellen läßt. Kadmiumgelb ist merklich teurer als das Chromgelb, so daß mancher Maler, u. a. auch van Gogh, auf dieses Pigment verzichten mußte (Fiedler u. Bayard 1985).

Eisenoxidpigmente: Seit dem Beginn des 19. Jahrhunderts wurden in einer besonders großen Vielfalt Eisenoxidpigmente hergestellt, da bei technischen Prozessen Eisenverbindungen anfielen, die sich leicht in wasser- oder hydrathaltige Eisenoxide umwandeln ließen. Unter einer kaum überschaubaren Anzahl von Sortennamen wurden sie rein oder mit Verschnittmitteln versetzt in großer Menge für Anstrichzwecke, aber auch als Pigment für die Malerei produziert. Analytisch ist die Entscheidung, ob eine dieser künstlichen Eisenoxidfarben, ein natürliches Eisenoxidhydrat oder eine der vielfältigen Sorten von gelbem Ocker verwendet wurde, nicht einfach.

Gelber Lack: Von einer Reihe von Pflanzenarten, etwa von Gelbbeeren in der Art der Kreuzbeeren oder Gelbhölzern in der Art der Rhamnusarten, lassen sich durch Verlacken mit einem geeigneten Substrat, meist Aluminiumoxid, Farblacke herstellen, die sicher seit dem Mittelalter für lasierende Malereien in verschiedenen Techniken Verwendung fanden (Stoll 1981).

Indischgelb: Dieses Pigment, das man in Indien aus dem Urin von Kühen gewann, die mit Mangoblättern gefüttert wurden, wurde seit dem 15.Jahrhundert in weiter Verbreitung in Indien und Persien in der Buchmalerei verwendet. In Europa kam es im 18. Jahrhundert in Gebrauch. Da dieses Pigment mit anderen Pigmenten gut verträglich, lichtecht und hervorragend zum Lasieren geeignet war, wurde es gerne verwendet und fabrikmäßig produziert und vertrieben. Um 1920 wurde die Produktion dieses Pigments eingestellt. Ein künstlicher Ersatzstoff gleicher Art wurde nicht hergestellt (Baer et al. 1985).

Rote Pigmente

Roter Ocker: Wie die gelben sind auch die roten Ocker natürlich vorkommende, erdige Mineralgemische, die unter bestimmten klimatischen Bedingungen durch die Verwitterung eisenhaltiger Gesteine entstehen. Sie kommen in weiter Verbreitung vor und bilden, wenn sie besonders eisenreich sind, kräftig rote Knollen oder Bänder im umgebenden Gestein. Seit prähistorischer Zeit werden sie in allen Techniken der Malerei verwendet. Da sie sehr stabil sind, haben sie sich auch auf den ältesten bemalten Funden unverändert erhalten. Eingehendere analytische Untersuchungen gibt es über die roten Ocker nicht, da es trotz der Vielfalt der Sorten schwierig ist, diese Pigmente detaillierter zu charakterisieren. Zur Gruppe der roten Ocker zählen auch die gebrannten Ocker. Sie bilden sich bei erhöhter Temperatur durch die Umwandlung der Eisenoxidhydrate in rotes Eisenoxid.

Hämatit: Reines Eisenoxid kommt in der Form des Fe_2O_3 als Hämatit in weiter Verbreitung in der Natur vor. In kompakten Massen ist es schwarz, fein zerrieben nimmt es aber eine tiefrote Farbe an. In den roten Ockern ist der Hämatit das farbgebende Mineral. Die Verwendung von reinem Hämatit wurde bisher von Wandmalereien, von archäologischen Objekten und von Objekten aus dem Bereich der Völkerkunde beschrieben. Die Unterscheidung von hämatitreichen Ockersorten, die man auch als schwach verunreinigte Hämatitsorten bezeichnen könnte, ist dabei nicht einfach. Seit dem 19. Jahrhundert werden als Oxidrot künstlich hergestellte Eisenoxidpigmente angeboten.

Zinnober: Als intensiv rotes Mineral fand der Zinnober bereits sehr früh Beachtung. In Gegenden, in denen Zinnober lagerstättenbildend vorkommt, finden sich größere Stücke nicht selten in prähistorischen Gräbern als Beigabe. In der antiken Literatur wird Zinnober erwähnt, und es gibt einzelne Beispiele seiner Verwendung an griechischen Bauten und in der römischen Wandmalerei. Im Mittelalter wurde der Zinnober in der Buchmalerei häufig verwendet, und aus der Neuzeit kennt man ihn als Pigment der Malerei. Seit dem Ende des 17. Jahrhunderts ist man in der Lage, den Zinnober künstlich herzustellen, der jedoch als weniger lichtecht als der natürliche gilt (Brachert u. Brachert 1980).

Realgar: Ein dem gelben Arsensulfid Auripigment eng verwandtes und ebenfalls als Pigment genutztes Mineral, das in der Natur weniger häufig vorkommt als das Auripigment. Nachweise über die Verwendung in der Malerei gibt es nur wenige.

Mennige: Über das intensiv rote Bleioxid berichtet die antike Literatur, daß die Herstellung der Mennige bekannt wurde, als mit Bleiweiß gefüllte Fässer bei einem Schiffsbrand in Flammen aufgingen und sich das Bleiweiß durch die Hitze rot verfärbte. In der antiken Malerei gibt es nur wenige Beispiele der Verwendung von Mennige. Im Mittelalter erlangt Mennige in der Buchmalerei eine derartige Bedeutung, daß sich für Buchmalereien der Begriff Miniaturen einbürgert, der sich von minium = Mennige ableitet. In der Tafelmalerei hatte die Mennige keine große Bedeutung. In neuerer Zeit wird die Mennige in großen Mengen künstlich hergestellt und als Rostschutzanstrich verwendet (West Fitzhugh 1985).

Kadmiumrot: Dieses heute in der Malerei übliche Pigment wurde erst zu Beginn dieses Jahrhunderts hergestellt und fand aufgrund seiner guten maltechnischen Eigenschaften rasch Eingang in die verschiedenen Techniken der Malerei. Es wird in einer Reihe unterschiedlicher Farbtöne hergestellt und konnte dadurch Zinnober weitgehend verdrängen.

Chromrot: Auch das Chromrot hat sich aufgrund seiner vielfältigen Farbtöne rasch als Pigment verschiedener Maltechniken durchsetzen können. Es wurde bereits um 1900 entdeckt und kurz danach auf den Markt gebracht.

Purpur: Dieser sehr kostbare Farbstoff ist kein übliches Material der Malerei. Es gibt jedoch eine größere

Anzahl von unverarbeiteten Proben aus Farbenläden in Pompeji (Augusti 1967).

Krapplack: Krapplack ist ein aus einer Pflanze hergestelltes Pigment, das kontinuierlich seit der Antike bis in unsere Zeit, als es von synthetischen Verbindungen abgelöst wurde, relativ häufig verwendet wurde. Als Ausgangsmaterial zur Herstellung von Krapplack wurde der Farbstoff aus den Wurzeln von Rubia tinctoria gewonnen und verlackt. Hauptbestandteil des Krapplacks ist das Alizarin, dessen synthetische Herstellung im 19. Jahrhundert gelang und seitdem zur Pigmentherstellung verwendet wird.

Karmin: Dieser seit der Antike bekannte und seitdem verwendete Farbstoff wurde aus pulverisierten Schildläusen gewonnen: in der Antike und im Mittelalter wurde Karmin aus einer auf südeuropäischen Eichen vorkommenden Kermesart hergestellt. Zu Beginn der Neuzeit brachte man aus Mexiko die dort auf Kakteen lebenden Cochenille-Arten nach Europa, um daraus Karmin zu bereiten. Seit dem 19. Jahrhundert werden synthetische Farbstoffe als Karmin angeboten, da natürliches Karmin nur wenig lichtbeständig ist (Schweppe u. Roosen-Runge 1985).

Grüne Pigmente

Grüne Erde: Bereits in der Antike war als grünes Pigment ein Mineral der Glimmergruppe geschätzt, das an verschiedenen Stellen, etwa nördlich des Gardasees oder in Böhmen in so großen Mengen vorkam, daß es abgebaut werden konnte. Es wurde seit der Antike, als man es für Wandmalereien schätzte, bis in unsere Zeit verwendet und ist nach wie vor wegen seiner guten maltechnischen Eigenschaften ein kaum durch ein anderes Material zu ersetzendes Pigment. Auch im Mittelalter spielte es sowohl in der Wandmalerei als auch in der

Tafelmalerei, etwa zur Ausführung des Verdaccio, der grünen Untermalung der mittelitalienischen Tafelmalerei, eine wichtige Rolle. Die Grüne Erde kann auch in gebrannter Form als braunes Pigment verwendet werden (Grissom 1985).

Malachit: Malachit ist ein grünes Verwitterungsprodukt von Kupfererzen, das im Bereich von Kupferlagerstätten reichlich und in ausgesprochen großen Körpern vorkommt, so daß es bereits von den frühen Kulturen als Halbedelstein und als Pigment verwendet wurde. Auf bemalten antiken Skulpturen aus den verschiedensten Materialien und als Bemalung wichtigerer Teile von Bauwerken wurde der Malachit häufig nachgewiesen. Erst im 19. Jahrhundert verliert der Malachit seine Bedeutung, als künstliche anorganische Pigmente hergestellt werden konnten, die bessere maltechnische Eigenschaften besaßen.

Paratacamit: Vorwiegend in der Antike, seltener wohl auch noch im Mittelalter, wurde das dem Malachit verwandte und in ähnlicher Umgebung vorkommende basische Kupferchlorid Paratacamit verwendet. Auch hier handelt es sich um eine Verwitterungsbildung auf Kupferlagerstätten, die beim Erzabbau gewonnen werden konnte und ursprünglich auch als Kupfererz verhüttet wurde. Verläßliche Hinweise, daß der Paratacamit in großen Mengen durch Einleiten von Meerwasser in Kupferbergwerke künstlich erzeugt wurde, gibt es nicht, abgesehen von den entsprechenden Beschreibungen antiker Schriftsteller. Offensichtlich ist, daß der Paratacamit nicht so teuer war wie der Malachit, da bei antiken Bauten der Paratacamit für flächige Malereien, der Malachit dagegen vor allem für ornamentale Malereien verwendet wurde.

Chrysokoll: Relativ selten kommt in der Natur der Chrysokoll vor, und zwar auch als Verwitterungsprodukt von Kupererzen. Chrysokoll wurde bisher nur vereinzelt von altägyptischen Malereien auf Stein nachgewiesen.

Ägyptisch Grün: Am weitesten verbreitet war in der Malerei des antiken Ägyptens das Ägyptisch Grün, ein künstlich hergestelltes Kalziumkupfersilikat, das mit dem Ägyptisch Blau eng verwandt ist. Bei Wandmalereien, bemalten Architekturteilen, bei farbig gefaßten Steinreliefs und bei bemalten Holzskulpturen aus dem antiken Ägypten findet sich in der Regel Ägyptisch Grün als grünes Pigment. In der griechischen und römischen Malerei sowie in der nachantiken Malerei ist dieses Pigment nicht bekannt.

Grünspan: Bereits in der antiken Literatur wird die Herstellung von Grünspan durch Behandeln von Kupferplatten mit Essig beschrieben, jedoch gibt es aus dieser Zeit nur wenige Nachweise dieses Pigments, während es in der frühneuzeitlichen Tafelmalerei relativ oft festgestellt wurde. Erst im 19. Jahrhundert wurde es von synthetischen anorganischen Pigmenten mit ähnlich guten maltechnischen Eigenschaften und einer vergleichbaren intensiven Farbwirkung verdrängt. Durch eine Reaktion von Grünspan mit Harzen wurden Kupferresinate gewonnen, die zur Ausführung von Lasuren geschätzt waren (Kühn 1974).

Grüne Chrompigmente: Im 19. Jahrhundert wurden eine Reihe chromhaltiger Verbindungen hergestellt, die sich entweder allein oder mit anderen Pigmenten vermischt als Pigment der Malerei empfahlen. Zu Beginn des 19. Jahrhunderts wurde das *Chromoxid* zum ersten Mal synthetisch hergestellt. Aufgrund seiner unterschiedlichen Farbtöne und der guten maltechnischen Eigenschaften war es bald ein üblicher Bestandteil. Das *Chromoxidhydratgrün* wurde um die Mitte des 19. Jahrhunderts entdeckt und bald darauf in den Farbenfabriken hergestellt. Mit Chromgrün wird kein eigenständiges Chrompigment, sondern eine Mischung von gelbem Bleichromat, also dem Chromgelb mit Preußisch Blau, verstanden. Die Chromgrüne, die in einer großen Anzahl von Handelsbezeichnungen auf den Markt kamen, wurden mit anderen Pigmenten oder Verschnittmitteln zu weiteren Pigmenten verarbeitet. Sie wurden unter eigenen Namen angeboten, so daß es seit dem 19. Jahrhundert zahlreiche Sorten grüner Pigmente gibt, die auf den grünen Chrompigmenten aufbauen. Zu den wichtigeren Pigmentmischungen gehören das *Permanentgrün*, das durch Mischen von Chromoxidhydratgrün und Schwerspat hergestellt wird, oder das *Kadmiumgrün*, das durch Mischen von Chromoxidhydratgrün mit Kadmiumsulfid entsteht.

Schweinfurter Grün: Um 1800 wurde ein Kupferarsenazetat hergestellt, das sich durch eine intensive grüne Farbe auszeichnete und sich rasch als Pigment in der Malerei einführte, ehe es aufgrund seiner Giftigkeit in seiner Verwendung eingeschränkt wurde. Dennoch wurde es weiter in den Handel gebracht, wobei über 50 Handelsbezeichnungen über die wahre Art des Pigments und seine Giftigkeit hinwegtäuschen sollten. Erst in jüngster Zeit wurde es von anderen fast gleichwertigen Pigmenten verdrängt. Im 19. und zu Beginn des 20. Jahrhunderts ist das Schweinfurter Gün aber eines der am häufigsten verwendeten Pigmente sowohl der Öl-, als auch der Aquarell- und Temperamalerei (Schaaff u. Riederer 1992).

Blaue Pigmente

Azurit: Der Azurit ist ein chemisch mit dem Malachit eng verwandtes Mineral, mit dem es gemeinsam in der Verwitterungszone von Kupferlagerstätten vorkommt. In der Malerei wird es seit der Antike verwendet, wobei es aber wesentlich seltener vorkommt als der Malachit (Wallert 1991).

Ultramarin: Wichtiger und deutlich mehr geschätzt als der Azurit ist das Ultramarin, ein Pigment, das aus dem Halbedelstein Lapislazuli gewonnen wird. Der Lapislazuli kommt in nennenswerten Mengen nur in Afghanistan vor, wo er seit den frühen Kulturen des Vorderen Orients sowohl als Schmuckstein, als auch als Pigment der Malerei gewonnen wurde. Aus dem Lapislazuli wird Ultramarin durch Abtrennen der anderen mineralischen Komponenten gewonnen. In der Antike, in der Ägyptisch Blau vorherrscht, ist das Ultramarin nicht allzu häufig nachzuweisen. Im Mittelalter findet es sich vor allem als Material der Buchmalerei und dann auch als verbreitetes Pigment der Tafelmalerei (Kurella u. Strauß 1983).

Ägyptisch Blau: Durch eine Reaktion von Kupferverbindungen unterschiedlichster Art mit Quarzsand und einem geeigneten Reaktionsmittel bildet sich als kristallisierte und dem Mineral Cuprorivait entsprechende Substanz das Ägyptisch Blau als eine Fritte. Die Herstellung als Pigment gelang in Ägypten bereits im Alten Reich, wo es zum Bemalen von Skulpturen und zum Ausfüllen vertieft ausgearbeiteter Hieroglyphen verwendet wurde. Im antiken Ägypten wurde es zur Bemalung von Stein, Holz, Papyrus und textilen Objekten benutzt. Auch bei den übrigen Kulturen des Mittelmeerraumes herrscht Ägyptisch Blau vor. Bei den Römern ist die Herstellung dieses Pigments auch aus der Literatur bekannt. Bis zum Ende der Antike erreicht kein anderes blaues Pigment eine ähnliche Bedeutung. Erst im Mittelalter wird es vom Ultramarin und Azurit verdrängt (Riederer 1994).

Riebeckit: In der Natur kommt relativ selten ein blaues Natrium-Eisen-Silikat der Amphibolgruppe vor, das von frühgriechischen Wandmalereien mehrfach beschrieben wurde. Die eindeutige Identifizierung dieses Minerals ist nicht ganz einfach, so daß es in anderen Veröffentlichungen über Wandmalereien aus dem griechischen Raum als Glaukophan bezeichnet wurde.

Maya Blau: Vor 30 Jahren fand man bei der Untersuchung der Wandmalereien der Maya in Bonampak/Mexiko ein auffallend farbintensives blaues Pigment, das in seiner Art unbekannt war und sich auch nicht sofort bestimmen ließ (Gettens 1962). Später erkannte man (Arnold u. Bohor 1975; Littmann 1982), daß es sich um einen mit Indigo behandelten speziellen Glimmer, den Attapulgit, handelte. Bemerkenswert ist bei diesem Pigment, daß es auf kolonialen Wandmalereien auf Kuba gefunden wurde, die 1000 Jahre nach den Malereien der Maya entstanden waren (Tayle et al. 1990).

Smalte: Von der Mitte des 16. bis ins 19. Jahrhundert wurde in der Tafelmalerei ein pulverisiertes blaues Kobaltglas verwendet, das vor allem als Material für die blaue Bemalung von Keramiken Bedeutung hatte. Doch auch in der Malerei wurde es in diesem begrenzten Zeitraum häufiger verwendet (Riederer 1968).

Kobaltblau: Das Kobaltblau, ein typisches Pigment des 19./20. Jahrhunderts, wurde nur über einen sehr kurzen Zeitraum im antiken Ägypten zur Bemalung von Keramiken verwendet (Riederer 1974). Auf Gefäßen der Amarnazeit findet sich eine großflächige Malerei in hellblauer Farbe, bei der es sich um Kobaltblau handelt. Es ist offensichtlich, daß es sich nicht um eine Bemalung nach dem Brand handelt, sondern daß vor dem Brand eine Verbindung aufgetragen wurde, die sich erst durch den Brand blau verfärbte. Diese Technik der Keramikbemalung ging aber schon bald wieder verloren und erst in der zweiten Hälfte des 18. Jahrhunderts wurde seine Herstellung durch eine Reaktion von Kobaltverbindungen mit Aluminiumoxid oder Alaun wieder entdeckt. Seit dieser Zeit ist das Kobaltblau wieder ein wichtiges Pigment der Malerei.

Preußisch Blau: Bereits im Jahre 1704 wurde von Diesbach in Berlin das intensiv dunkelblaue Eisenzyanid hergestellt. Bald wurden die sehr brauchbaren Eigenschaften dieser Verbindung als Pigment erkannt, so daß es unter den verschiedensten Handelsnamen produziert wurde.

Indigo: Seit der Antike kennt und verwendet man Indigo, einen intensiv blauen Pflanzenfarbstoff, der aus den Blättern von Indigofera tinctoria gewonnen wird. Als Textilfarbstoff spielt Indigo eine bedeutende Rolle in allen Bereichen, in denen dieser Farbstoff gewonnen oder als Handelsware erhalten werden konnte. Als Pigment der Malerei wird Indigo vereinzelt bereits in der Antike verwendet. In Europa nahm seine Verwendung ab dem 16. Jahrhundert, als er von Indien importiert wurde, deutlich zu. Seit dem Anfang des 10. Jahrhunderts wurde natürlicher Indigo durch künstlichen Indigo immer mehr verdrängt.

Schwarze Pigmente

Pflanzenschwarz: Bei den schwarzen Pigmenten herrschen Materialien vor, die durch Verkohlen entweder von Pflanzen oder von Knochen erhalten wurden. Seit prähistorischer Zeit wurden in dieser Art schwarze Pigmente hergestellt, wobei man im Laufe der Zeit bemüht war, feinere Sorten zu gewinnen. Dies gelang durch die Auswahl besonderer Pflanzen oder Pflanzenteile, etwa von Reben, Trester oder Traubenkernen, aus denen man das Rebenschwarz als ein besonders qualitätvolles schwarzes Pigment gewann. Bis ins 19. Jahrhundert waren die Pflanzenschwarzsorten in der Malerei verbreitet.

Beinschwarz: Mit dem Beinschwarz verhält es sich ähnlich, da man auch hier bemüht war, durch die Wahl eines besonderen Ausgangsmaterials ein besonders gutes Pigment herzustellen. Dies gelang mit Elfenbein, das bis vor kurzem noch zur Herstellung eines schwarzen Pigments, als Elfenbeinschwarz, in den Handel kam. Beinschwarz hatte in der Malerei stets eine wichtige Bedeutung, was durch den Nachweis auf vielen Gemälden der verschiedensten Epochen belegt ist. Ob es sich bei einem Kohlenstoffschwarz um ein Beinschwarz handelt, wird auf chemischem Weg durch den Nachweis von Phosphor geklärt, der im Pflanzenschwarz nicht enthalten ist.

Ruß: Als eine besonders feine Variante eines Kohlenstoffschwarzes wurde Ruß gewonnen. Ruß spielt in der Malerei keine besondere Rolle, wohl aber als Material zur Herstellung von Tinten, Tuschen, Malstiften und Druckfarben. Als Lampenschwarz wurde es auch als Pigment der Malerei verwendet.

Sonstige schwarze Pigmente: Aus schwarzen Schiefern wurde ein Pigment gewonnen, das als *Schiefer-* oder *Mineralschwarz* als Anstrichmaterial Verwendung fand. Die schwarze Modifikation des Eisenoxids, die in der Natur als Magnetit vorkommt, wurde ebenfalls als Pigment hergestellt, wobei aber technische Anwendungen überwiegen.

Braune Pigmente

Bei den braunen Pigmenten der Malerei handelt es sich in erster Linie um braune Erdfarben in der Art der Ocker. Sind die Ocker besonders manganreich, so werden sie als Umbra bezeichnet. Ocker, Umbra und Grüne Erde können durch Brennen in braune oder braunrote Pigmente verwandelt werden, die in der Malerei breite Verwendung fanden. *Kasseler Braun* ist ein stark bituminöses, der Braunkohle nahestehendes Material, das für lasierende Malereien verwendet wurde. In der Aquarellmalerei war Sepia ein übliches Pigment, das man aus dem Farbstoff des Tintenfisches gewann. Asphalt wurde im 18./19. Jahrhundert relativ häufig als braunes lasierendes Pigment verwendet, ehe sich erhebliche Schäden an der Malerei einstellten. Im 19. Jahrhundert wurden nach Angaben der maltechnischen Literatur auch pulverisierte Mumien als Pigment verwendet.

Untersuchung bemalter Objekte

Zur Untersuchung der Materialien und Techniken stehen vielfältige Analyseverfahren zur Verfügung. Zur Untersuchung des Bildträgers kommen die Verfahren zum Einsatz, die bei den verschiedenen Werkstoffen wie Putz, Holz, Textilien oder Papier besprochen werden.

Zur Identifizierung der Pigmente eignen sich zerstörungsfreie Verfahren wie die Anstrahltechniken der Röntgenfluoreszenzanalyse, da es nur um die Analyse der Pigmente geht. Eine Bestimmung organischer Pigmente ist damit aber nicht möglich. Dafür und zur genaueren Charakterisierung der Pigmente durch ihre Zusammensetzung ist die Entnahme von Proben notwendig, die dann für die verschiedenen Verfahren der genaueren anorganischen oder organischen Analyse zur Verfügung stehen. Üblich zur Identifizierung von Pigmenten ist die Querschnittanalyse, zu der Partikel der Malschicht in Kunstharz eingebettet und quer zu den Malschichten angeschliffen werden. Diese Querschnitte geben erstens wichtige Hinweise zur Maltechnik, da sie den Schichtenaufbau der Malerei erkennen lassen, ermöglichen aber auch eine punktförmige Analyse der einzelnen Schichten mit Hilfe der Laseremissionsspektralanalyse oder dem Röntgenfluoreszenzzusatz zum Rasterelektronenmikroskop.

Einzelne Pigmentgruppen lasssen sich mit speziellen Untersuchungsverfahren genauer differenzieren. So ist z.

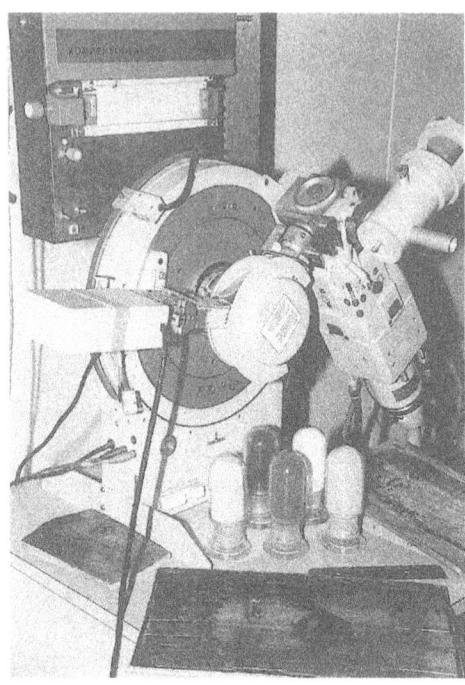

Abb. 15. Pigmentuntersuchung mit Hilfe der Röntgenfeinstrukturanalyse.

B. die große Gruppe der Erdfarben und ihrer künstlich hergestellten Ersatzprodukte, also der Ocker, Umbren, Terra di Siena und den verschiedenen Eisenoxidgelb-, -braun- und -rot-Varianten chemisch so ähnlich und auch mit Hilfe der Röntgenfeinstrukturanalyse (Abb. 15) so schwer zu differenzieren, daß sich der Einsatz der Infrarotspektrographie anbietet, die die Unterscheidung der vielfältigen Sorten ermöglicht (Riederer 1969; Siesmeyer et al. 1975). Diese Analysetechnik konnte bei der Untersuchung einer größeren Serie von Pigmenten aus prähistorischen Siedlungen im Iran sehr erfolgreich eingesetzt werden, da sich damit auch relativ seltene Verbindungen dieser Gruppe, etwa die verschiedenen Typen des Jarosits, eindeutig nachweisen ließen (Reindell u. Riederer 1978).

Pigmentanalysen liegen heute von allen denkbaren bemalten Objekten von den prähistorischen Höhlenmalereien bis zu den Werken der modernen Kunst vor, so daß wir über eine lückenlose und zuverlässige Geschichte der Pigmente verfügen (s. besonders Fellers »Artists' Pigments«). Ziel heutiger Pigmentanalysen ist es nicht mehr, die Pigmentgeschichte zu erweitern, sondern zu versuchen, die verschiedenen Pigmente aufgrund ihrer Materialeigenschaften weiter zu differenzieren, um verschiedene Sorten zu unterscheiden und das Oeuvre eines bestimmten Malers oder einer bestimmten Objektgruppe zu untersuchen, um eine zeitliche Veränderung bei der Verwendung von Pigmenten im Laufe einer Schaffensperiode zu erkennen. Ansätze zur Unterscheidung verschiedener Varianten einer Pigmentart wurden bereits bei der Beschreibung der Pigmente erwähnt, etwa die Analyse der Spurenelemente im Bleiweiß, die dazu führte, daß man heute italienisches, niederländisches und in jüngerer Zeit hergestelltes Bleiweiß unterscheiden kann. Außerdem sind hier die Isotopenanalysen an Bleipigmenten zu nennen oder die Infrarotspektralanalysen an Ockern, die eine Zuordnung der Erdfarben zu den zahllosen Sorten dieser Pigmentgruppe ermöglichen. Systematische Untersuchungen zu den Pigmenten eines einzelnen Künstlers sind noch selten und im Vergleich mit der Vielzahl der kunstgeschichtlichen Monographien verschwindend gering. Lediglich das »Rembrandt Research Project« versucht systematisch und mit Erfolg für die kunstgeschichtliche Forschung auch die Werkstoffe und Techniken eines Künstlers mit der notwendigen Sorgfalt darzustellen.

Die *Bindemittelanalyse* wird mit mikrochemischen Methoden oder mit den aufwendigeren instrumentellen Techniken der Hochdruckflüssigkeitschromatographie oder der Gaschromatographie in Verbindung mit Pyrolyseeinrichtungen oder der Massenspektrometrie ausgeführt. Sehr eingehend hat man sich mit den Bindemitteln der Staffeleimalerei des 19. Jahrhunderts auseinandergesetzt und die Bindemittel der Grundierung und der Malschicht zusammengestellt, wozu die maltechnischen Quellen dieser Zeit ausgewertet wurden (Bosshard u. Mühlethaler 1989).

Von besonderer Bedeutung sind bei der Untersuchungen bemalter Objekte die Techniken der Be- oder Durchstrahlung der Malereien mit Strahlen unterschiedlicher Wellenlängen, also im sichtbaren, ultravioletten oder infraroten Licht und der Einsatz von Röntgen-, Gamma- oder Kernstrahlen zur Durchstrahlung.

Im folgenden können nur einige ausgewählte Untersuchungen vorgestellt werden, die beispielhaft darstellen, wie wichtig die gewonnenen Erkenntnisse für die kunstgeschichtliche Forschung sind.

Wandmalerei

Bei den Wandmalereien konzentrierten sich die Untersuchungen auf die Analyse der Pigmente, während Bindemittelanalysen bei den nicht als Fresko gemalten Objekten nur in geringer Anzahl vorliegen. Auch technologische Untersuchungen treten bei den Wandmalereien zurück (Mairinger 1992).

Vorgeschichte

Die Pigmentuntersuchung der prähistorischen Höhlen Spaniens und Frankreichs brachte keine besondere Vielfalt an Materialien, da lokale Farberden und Holzkohle verwendet wurden. Einzelne Pigmente sind sehr detailliert untersucht worden, etwa die pulverisierte

Holzkohle, in der sich noch genügend Partikel fanden, um zu erkennen, daß es sich um ein Nadelholz, wahrscheinlich um Wacholder handelte.

Griechenland: Aus dem frühgriechischen Bereich wurden minoische Wandmalereien von Knossos untersucht. Dabei wurden die Mörtel- und Putzschichten mikroskopisch und mit Hilfe der Röntgenfluoreszenzanalyse untersucht und die folgenden Pigmente identifiziert: Kalk, Kaolin, Limonit, gelber und roter Ocker, Ägyptisch Blau, Riebeckit, Kohlenstoffschwarz.

Rom: Aus römischer Zeit liegen relativ viele Pigmentanalysen vor. Am Rathgen-Forschungslabor wurden von einer größeren Anzahl von Wandmalereifunden aus Köln und aus dem Frankfurter Raum einige untersucht (Riederer 1991). Ebenso wurde über die Pigmente römischer Wandmalereien in der Schweiz gearbeitet (Giovanoli 1969). Auch aus England liegen umfassende Analyseergebnisse vor. Über die Pigmente der römischen Malerei sind wir in erster Linie durch die große Anzahl der in Pompeji gefundenen unverarbeiteten Pigmente aus Farbenläden, sowie durch Beigaben in einigen Gräbern von Malern umfassend informiert (Augustis 1967). Die aus dem römischen Bereich nachgewiesenen Pigmente sind (Riederer 1982): Kreide, Kieselpulver, Bleiweiß, gelber Ocker, Limonit, Auripigment, Massicot, roter Ocker, Zinnober, Realgar, Hämatit, Mennige, Purpur (Augusti 1967), Malachit, Grüne Erde, Grünspan, Ägyptisch Blau, Umbra, Pflanzenschwarz.

Zentralasien: Recht umfangreiche Untersuchungen liegen aus dem Bereich der asiatischen Wandmalereien vor. Ehe der große Bestand an zentralasiatischen Wandmalereien im Museum für Indische Kunst in Berlin untersucht wurde (Riederer 1977), lagen bereits zahlreiche Ergebnisse von Untersuchungen von Wandmalereien in Indien, China und Japan vor, so daß aus diesem Raum eine breite Übersicht über die verwendeten Pigmente von den Anfängen der Wandmalerei bis in die jüngste Zeit vorliegt. Bei den Turfan-Wandmalereien aus Zentralasien ergab sich eine relativ reichhaltige Palette, die zum Teil durch politische Entwicklungen bestimmt war, da zu unterschiedlichen Zeiten in Abhängigkeit von den jeweiligen Handelsbeziehungen Pigmente aus westlichen Ländern, wie Indien und Afghanistan oder Pigmente aus dem Osten, vor allem aus China verwendet wurden: Gips, Kaolin, Kalk, Bleiweiß, gelbe und rote Ocker, Massicot, Gummigutt, Mennige, Zinnober, Hämatit, Krapp, Ultramarin, Azurit, Indigo, Malachit, Grüne Erde, Chrysokoll, Pflanzenschwarz, Ruß.

Neuzeit

Im Zusammenhang mit den notwendigen Maßnahmen zur Erhaltung des »Abendmahls« in der Kirche Sta. Maria delle Grazie in Mailand wurden eingehendere Materialanalysen am Mörtel, an der Grundierung, an den Pigmenten und Bindemitteln dieses Werkes durchgeführt (Kühn 1985). An Bindemitteln konnten Proteine, Walnußöl, Koniferenharz, tierische Leime und Pflanzengummi nachgewiesen werden. Als Pigmente fanden sich Kalzium-Magnesium-Karbonat, Bleiweiß, gelber Ocker, Auripigment, Blei-Zinn-Gelb, Hämatit, Realgar, Zinnober, Mennige, roter Farblack, Azurit, Indigo oder Waid, Grüne Erde, Grünspan, Pflanzenschwarz, Beinschwarz, Ruß. Außerdem wurden Blattmetallauflagen aus Gold, Silber und Zinn festgestellt.

Techniken der Wandmalerei

Naturwissenschaftliche Untersuchungsverfahren wurden auf diesem Gebiet kaum eingesetzt. Nur in wenigen Fällen wurde aus der Materialuntersuchung auch der Werdegang der Malerei abgeleitet. Die brauchbarsten Beschreibungen zur Technik der Wandmalerei ergaben sich in der Regel bei restauratorischen Arbeiten, bei denen auch die der Ausführung der Malschicht vorausgehenden Arbeitsgänge deutlich werden.

Malerei auf Holz und Leinwand

Aus der Antike ist fast jede bemalte Objektgruppe eingehend untersucht worden, z.B. die Sarkophage und Mumienmasken aus Ägypten. Bei spätägyptischen Mumienportraits aus Fayum, die bereits durch die römische Maltechnik geprägt sind, wurden als Bildträger Linde und Fichte festgestellt, als Bindemittel wurde sowohl reines Bienenwachs als auch Tempera nachgewiesen. Als Pigment wurden Gips, Bleiweiß, gelbe, braune und rote Ocker, Mennige, ein rosa Farblack und Pflanzenschwarz verwendet (Ramer 1979).

Die Analyse von Pigmenten und Bindemitteln ist eine grundlegende Information über die zu erhaltenden Materialien jeder Skulpturen- oder Gemälderestaurierung. Dank vieler Materialanalysen sind wir heute sowohl über den Zeitraum der Verwendung der verschiedenen Werkstoffe der Malerei als auch über die von den bedeutenderen Künstlern verwendeten Materialien umfassend informiert. In vielen Fällen wurden die Befunde aus Querschnittanalysen erhalten, so daß auch Befunde zu den Maltechniken vorliegen. An neueren beispielhaften Arbeiten sind zu nennen:

Ende 12. Jh. Hemser Kruzifix (Plahter 1984)
15. Jh. Leonardo da Vinci (Brachert 1977)
1577/79 Entkleidung Christi von El Greco
 (von Sonnenburg u. Preußer 1976)

1512/13	Sixtinische Madonna von Raffael (Weber 1984)
17. Jh.	Murillo (von Sonnenburg 1980, 1982)
17. Jh.	Rubens (von Sonnenburg 1979)
17. Jh.	Rembrandt (Kühn 1977; von Sonnenburg 1979)
17. Jh.	Der Mann mit dem Goldhelm
17./18. Jh.	Barockaltäre (Koller 1976)
19. Jh.	Böcklin (Kühn 1974; Richter 1974)
19. Jh.	Turner (Townsend 1993)

In dem Bereich der Malerei auf Holz oder Leinwand kommt die ganze Vielfalt moderner Untersuchungsmöglichkeiten zum Einsatz: im sichtbaren, ultravioletten und infraroten Licht, die verschiedenen Durchstrahlungstechniken und die autoradiographischen Verfahren.

Untersuchung im sichtbaren Licht

Bei der makroskopischen Untersuchung von Gemälden gibt es eine Einsatzvariante des sichtbaren Lichtes zur Verdeutlichung von Oberflächenstrukturen: die Untersuchung im Streiflicht. Dabei läßt man das Licht parallel zur Gemäldeoberfläche oder in einem kleinen Winkel von 5–10° einfallen, wobei schon geringste Unebenheiten Schatten erzeugen, die das Relief der Gemäldeoberfläche deutlich hervortreten lassen.

Untersuchung im ultravioletten Licht

Bei Gemälden fluoresziert ein alter Firnis, während neu gemalte Partien dunkel bleiben. Auf diese Weise ist es möglich, Ausbesserungen im Bereich der Malschicht zu erkennen (Rorimer 1931).

a b

Abb. 16. Infrarotreflektographie eines Gemäldes.

Untersuchung im infraroten Licht

Bei der Gemäldeuntersuchung nützt man die Fähigkeit des infraroten Lichts, tiefer in Malschichten einzudringen, um Vorzeichnungen sichtbar zu machen (Abb. 16). Dies gelingt mit infrarotempfindlichen Filmen oder mit Hilfe elektronischer Bildumwandler, die das durch das infrarote Licht sichtbar gewordene Bild auf einem Monitor wiedergeben.

Durchstrahlungstechniken

Bei *Röntgenaufnahmen* von Gemälden werden einerseits völlig übermalte Partien sichtbar, wichtiger ist aber die Beobachtung der Kompositionsänderungen, die den Werdegang des Bildes verdeutlichen. Die Röntgenaufnahme kann in verschiedenen Varianten durchgeführt werden, um die Qualität der Aufnahmen zu verbessern.

Abb. 17. Sichtbarmachung eines Wasserzeichens mit Hilfe der Elektronenradiographie.

Durch die *Stratoradiographie* gelingt es z. B. bei Gemälden über einem Keilrahmen oder bei parkettierten Gemälden, durch besondere Aufnahmetechniken das störende Abbild der Holzleisten auf der Röntgenaufnahme verschwinden zu lassen.

Eine zweite wichtige Durchstrahlungstechnik ist die *Elektronenradiographie*, die sich zur Sichtbarmachung von Wasserzeichen besonders bewährt hat (Abb. 17). Bei diesem Verfahren wird Papier mit Elektronen durchstrahlt, die man durch die Bestrahlung von Metallfolien mit Röntgenstrahlen entwickelt. An den Stellen, an denen durch das Papier das Wasserzeichen dünner ist, wird der Durchgang der Röntgenstrahlen durch das Papier weniger stark behindert, so daß ein dahinter angebrachter Film das Wasserzeichen stärker geschwärzt abzeichnet. Besonders bei bedruckten oder bemalten Papieren hat sich dieses Verfahren ausgesprochen gut bewährt und das traditionelle Verfahren, die Betaradiographie, weitgehend abgelöst. Bei der Betaradiographie werden nach demselben Prinzip die Blätter mit Betastrahlen durchstrahlt, die man mit Hilfe von Folien entwickelt, die mit dem radioaktiven Kohlenstoffisotop ^{14}C imprägniert sind. Auch die Betastrahlen durchdringen das Papier durch das Wasserzeichen leichter als an den übrigen Stellen und führen zu einer intensiveren Schwärzung eines Filmes im Bereich des Wasserzeichens.

Autoradiographische Techniken

Seit dem Einsatz der *Neutronenautoradiographie* zur Herkunftsprüfung des »Mannes mit dem Goldhelm« sind vielfältige Möglichkeiten autoradiographischer Verfahren bewußt geworden. Das Prinzip der Autoradiographie beruht auf der Bestrahlung einer Probe mit einer Kernstrahlung, durch die die Elemente der Probe zur Aussendung einer eigenen Strahlung angeregt werden, die es erstens ermöglichen, die Art des Elements zu identifizieren, zweites aber auch seine Verteilung zu sehen. In der Praxis der Untersuchung von Kunstwerken haben die *Neutronenautoradiographie* und die *Elektronenautoradiographie* eine besondere Bedeutung. Bei der Neutronenautoradiographie, die sich zur Untersuchung von Gemälden hervorragend bewährt hat, wird das Objekt einer Neutronenstrahlung ausgesetzt. Dadurch werden die chemischen Elemente radioaktiv und zerfallen mit der für sie charakteristischen Halbwertszeit.

Das zweite wichtige Verfahren ist die *Elektronenautoradiographie*, das sich in erster Linie bei der Untersuchung von Malereien auf Papier und verwandten Beschreibstoffen wie von Papyrus und Pergament über die mittelalterlichen Buchmalereien bis hin zur modernen Graphik besonders bewährt hat (Abb. 18). Dabei wird das Objekt mit Elektronen durchstrahlt, die die Pigmentelemente zur Aussendung einer charakteristischen Eigenstrahlung veranlassen, die daraufhin den Film schwärzen.

Abb. 18a-d. Neutronenautoradiographie eines Gemäldes.

c

d

Auf den ersten Blick sind dabei die anorganischen von den organischen Pigmenten zu unterscheiden. Durch die Variation der Bestrahlungsbedingungen, etwa der Spannung der Röntgenröhre, erhält man Sekundärstrahlen verschiedener Intensität, aus denen man auch auf die Art der Pigmente schließen kann.

Buchmalerei

Im Zusammenhang mit Materialanalysen an Buchmalereien ging Roosen-Runge (1967) davon aus, daß zur Identifizierung von Pigmenten und Bindemitteln keine Proben entnommen werden können. Deshalb stellte er nach alten Rezepten Pigmente her, die er mit 3 verschiedenen und in der frühen Buchmalerei üblichen Bindemitteln Fischleim, Eiweiß und Pflanzengummi auf Papier auftrug. Durch den Vergleich seiner Pigmentmuster mit originalen Materialien im natürlichen und ultravioletten Licht versuchte er die Materialien zu identifizieren, was nur teilweise gelingen konnte. Heute stehen für die Pigmentanalyse zerstörungsfreie Untersuchungstechniken zur Verfügung, und zwar sowohl die Röntgenfluoreszenzanalyse als auch die Elektronenautoradiographie. Nach den bisherigen Erkenntnissen unterscheiden sich die Pigmente der Buchmalerei sowohl im europäischen als auch im islamischen und im indischen Bereich kaum von den Pigmenten der Tafelmalerei. Lediglich einzelne Pigmente, die Papier angreifen, etwa der Grünspan, wurden seltener verwendet.

Techniken der Buchmalerei
Durch zerstörungsfreie Analysetechniken in der Art der elektronenautoradiographischen Verfahren gelingt es

heute noch detailliertere Informationen zur Herstellung von Buchmalereien zu erhalten (Roosen-Runge 1967).

Graphische Techniken und Druckverfahren

Auf dem Gebiet der graphischen Techniken und der Druckverfahren fanden naturwissenschaftliche Untersuchungsmethoden bisher kaum Eingang, obwohl die auf dem Gebiet der Materialanalyse erzielten Ergebnisse, etwa der Analyse von Tinten, Ansatzpunkte für den Einsatz analytischer Techniken erkennen lassen und die Wasserzeichendokumentation mit Hilfe der Elektronenradiographie auf diesem Gebiet schon zum unverzichtbaren Hilfsmittel geworden ist.

Miniaturmalereien auf Elfenbein

Aus dem Bereich der Malerei gibt es noch zahlreiche Varianten, die im einzelnen kaum aufzuzählen sind. Eingehender untersucht ist die Miniaturmalerei auf Elfenbein (Chizzola 1985/86; Macsek 1977), die vom 17.–19. Jahrhundert eine Blütezeit erlebte. Dazu wurden Elfenbeinblättchen mit feinem Schleifmittel ausgedünnt, gebleicht und dann mit feinen Marder- oder Zobelhaarpinseln bemalt. Als Bindemittel wurde mit Ochsengalle versetztes Gummi arabicum verwendet. Die Pigmente entsprechen weitgehend denen der Tafelmalerei. Über Details dieser Maltechnik informieren sehr ausführlich Malanweisungen des 17./19. Jahrhunderts.

Holz

Holzarten

Holz zählt zu den in der Kulturgeschichte am häufigsten verwendeten Werkstoffen. Einzelne Baumarten zeichnen sich durch Materialeigenschaften aus, die sie für besondere Verarbeitungsarten brauchbar machen. Dennoch wurde fast jede Holzart in irgendeiner Weise verarbeitet und beide große Holzgruppen, die Nadel- und auch die Laubhölzer, liefern zur Verarbeitung gleichermaßen geeignete Holzarten.

Holzuntersuchungen

Beim Holz kommt es in erster Linie auf eine Bestimmung der Holzart an. Dies gelingt in erster Linie mit Hilfe durchlichtmikroskopischer Verfahren, wozu drei Präparate von senkrecht aufeinanderstehenden Schnitten, dem Tangential-, dem Radial- und dem Querschnitt gebraucht werden. Dies erfordert die Entnahme würfelförmiger Probekörper mit einer Kantenlänge von mindestens der Breite einiger Jahresringe. Bei einfach zu identifizierenden Holzarten, oder wenn es nur um die Bestimmung der Holzgattung geht, kann manchmal auch ein kleiner Span ausreichen, wobei es vor allem darauf ankommt, daß ein möglichst großer Querschnitt erfaßt wird, da dieser die aussagekräftigsten Bilder liefert (Grosser 1974).

Chemische Analysen an Holz werden im Bereich der Archäometrie kaum durchgeführt. Zur Datierung des Holzes eignet sich in allen Fällen die *Radiokarbonmethode*. Besonders genau, aber nur bei wenigen Holzarten anwendbar, ist die *Dendrochronologie* (s. S. 238).

Für die Untersuchung von Holzskulpturen kann die Computertomographie wichtige Informationen zur Herstellungstechnik liefern. Dies ist in einer besonders überzeugenden Weise am Beispiel des 9,5 cm hohen Kopfes der *Königin Teje* aus dem Ägyptischen Museum der Staatlichen Museen zu Berlin gezeigt worden (Wildung 1993; Abb. 19):

> Der Kopf aus Eiben- und Akazienholz ist von einer schwarzen perückenähnlichen Haube aus einem textilen Gewebe bedeckt. Durch Schäden dieser Gewebeschicht und durch eine 1932 ausgeführte Röntgenaufnahme wußte man, daß der Kopf unter dem Gewebe von einem Silberblech bedeckt ist, auf dem Schmuckstücke verschiedener Art aufliegen. Mit Hilfe der Computertomographie und der dreidimensionalen Rekonstruktion gelang es, die Art und die Position von Ohrringen, 2 Schlangen hinter den Ohren, 2 goldene Uräusschlangen über der Stirn, 1 goldenes Stirnband, die genaue Form der Silberhaube und die zu ihrer Befestigung verwendeten Nägel zu erkennen. Außerdem wurde deutlich, wie das aus Eibenholz geschnitzte Gesicht mit dem aus Akazienholz gefertigten Schädel verbunden und in welcher Art ein Zapfen für die Federkrone in den Schädel eingearbeitet ist. Mit Hilfe der computertomographischen Daten war es auch möglich, den Zustand des schmuckverzierten Kopfes mit der Silberhaube vor der Überdeckung mit dem textilen Gewebe zu rekonstruieren. Und es gelang, die einzelnen Werkstoffe durch Techniken der Bildverarbeitung zu trennen, so daß z. B. die silberne Haube getrennt vom darunterliegenden Holzkopf und der darüberliegenden Gewebeabdeckung dargestellt werden konnte. Aus der Tatsache, daß unter einer

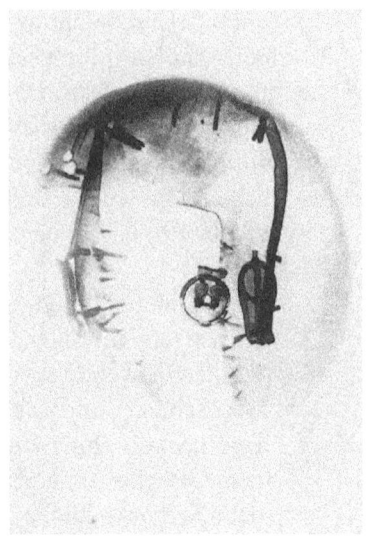

b

Abb. 19. a Königin Teje (Ägyptisches Museum und Papyrussammlung SMB, Berlin). **b** Eine Röntgenaufnahme des Holzköpfchens der Königin Teje zeigt, daß unter der aus einem bituminösen Material hergestellten Frisur eine Haube aus Metall sowie eine größere Zahl von Schmuckgegenständen liegen. **c** Mit Hilfe bildverarbeitender Techniken konnten aus der Computertomographie die Form der Haube sowie die Position und Form der Schmuckstücke räumlich rekonstruiert werden. (Röntgenaufnahme und 3D-Rekonstruktion: Bundesanstalt für Materialprüfung und -forschung, Berlin).

schmucklosen textilen Überdeckung eine kostbare silberne Haube mit reichem Goldschmuck als Königsinsignien liegt, ließ sich ableiten, daß sie 1353 v. Chr. mit dem Tod ihres Gemahls, des Königs Amenophis III., ihren Rang als Gemahlin des Herrschers verlor und nicht mehr mit dem Kopfschmuck einer Königin dargestellt werden durfte.

Über die Verwendung von Holz als Baustoff, als Material zur Herstellung von Möbeln, Geräten, Skulpturen und als Bildträger der Malerei liegen lediglich umfassende Erkenntnisssse über die verwendeten Holzarten vor.

Holz in der Tafelmalerei

Die Informationen über die in der europäischen Tafelmalerei verwendeten Holzarten sind sehr umfangreich, da allein die Auswertung von Museumskatalogen statistisch zuverlässige Daten liefert.

In Italien herrscht die Pappel ganz stark vor, da ca. 90 % aller Tafelbilder auf diesem Holz gemalt sind. Den Rest machen Nußbaum, Tanne, Linde und Eiche aus.

In Norddeutschland, in den Niederlanden, in Flandern, aber auch in Portugal wurde fast ausschließlich Eichenholz verarbeitet. Auch in Frankreich herrscht die Eiche vor, Nußbaum und Pappel sind auch noch recht häufig, während die Nadelhölzer Fichte, Kiefer und Tanne schon deutlich zurücktreten. In Spanien sind Pappel und Kiefer recht häufig, während Eiche und Linde schon seltener vorkommen. In Süddeutschland bevorzugte man unter den Harthölzern Nußbaum, Buche und Esche, unter den Weichhölzern Fichte, Tanne und Linde. Seltener und meist nur für bestimmte Objektgruppen wurden Obstbaumhölzer, vor allem Birne in Südeuropa, die Edelkastanie in Italien und Portugal, die Ulme in Frankreich und Flandern, die Weide in Frankreich, Olivenholz und die Zeder in Italien sowie tropische Hölzer, wie Ebenholz, Mahagoni oder Teak verarbeitet.

Möbel

Über die Verarbeitung von Holz zur Möbelherstellung sind wir aus der zeitgenössischen Literatur wesentlich besser informiert als durch Untersuchungen von Objekten, wie z. B. bei der Furnierverarbeitung im 18. Jahrhundert, die in der Literatur dieser Zeit ausführlich dargestellt ist (Stürmer 1978). Solchen Berichten kann man dann auch die erstaunliche Vielfalt vor allem tropischer Hölzer und Obsthölzer entnehmen, die zu dieser Zeit zur Möbelherstellung verarbeitet wurden.

Nur in Einzelfällen (Pape 1978; Stürmer u. Werwein 1986) wurden im Zusammenhang mit der Restaurierung bedeutender Möbel, etwa von Arbeiten David Roentgens Ende des 18. Jahrhunderts, die Materialien ausführlicher beschrieben.

Auch für die Möbellacke und Polituren kann man aus der historischen Literatur die wichtigsten Kenntnisse lückenlos ableiten, während die Materialanalyse auf diesem Gebiet zwar nicht mehr mit technischen Schwierigkeiten zu kämpfen, sich dieses Gebietes aber noch nicht angenommen hat. Brachert (1978, 1979) hat die Informationen aus den Quellenschriften zusammengesucht und ausgewertet. Vuilleumier (1978) hat sich mit den historischen Holzbeizen befaßt. Auf den Nutzen der Fluoreszenzmikroskopie bei der Untersuchung historischer Möbeloberflächen hat Baumeister (1988) hingewiesen.

Musikinstrumente

Vor allem im Zusammenhang mit dendrochronologischen Altersbestimmungen an Streichinstrumenten wurden in neuerer Zeit eingehende Bestimmungen der verwendeten Holzarten durchgeführt.

Hellwig (1978) hat auf die Möglichkeiten der technologischen Untersuchung von Musikinstrumenten im allgemeinen mit Hilfe von Röntgendurchstrahlungstechniken hingewiesen und eine Reihe von Abbildungen eines Flügels, einer Blockflöte, einer Gitarre und eines Cithrinchens vorgelegt, die alle Konstruktionsmerkmale im Detail erkennen lassen.

Textilien

Rohstoffe

Textilien werden aus pflanzlichen und tierischen, in neuerer Zeit auch aus synthetischen Fasern hergestellt.

Die wichtigsten pflanzlichen Fasern sind Flachs, Hanf und Baumwolle. Die wichtigsten Fasern tierischen Ursprungs sind die Wolle und die Seide.

Leinen, die aus dem Flachs gewonnene Faser, war in Ägypten seit dem Neolithikum bekannt. Aufgrund der klimatischen Bedingungen in Ägypten haben sich dort Leinenfunde aus allen kulturgeschichtlichen Perioden in großer Menge erhalten. Entweder handelt es sich dabei um Grabbeigaben oder um Binden, die zum Umwickeln der Mumien verwendet wurden. Wolle wurde in altägyptischer Zeit ebenfalls verwendet, wobei einzelne Beispiele bereits aus prädynastischer Zeit belegt sind. Erst in spätdynastischer Zeit nimmt die Wolle eine wichtigere Stellung zur Herstellung von Stoffen ein. Baumwolle kennt man erst aus frühchristlicher Zeit aus Nubien. Auch die Seide ist im antiken Ägypten bereits bekannt. In Griechenland und Rom sind Wolle und Leinen die wichtigsten textilen Materialien.

Textilfarbstoffe

Textilfasern werden häufig gefärbt. Die dazu verwendeten Farbstoffe sind pflanzlichen oder tierischen Ursprungs. Seit dem 19. Jahrhundert werden in zunehmendem Maß synthetische Farbstoffe verwendet, die zum Teil mit den Naturfarbstoffen identisch, zum Teil Verbindungen sind, die es in der Natur nicht gibt (s. hierzu die Fachbücher von Schweppe 1992; Roth et al. 1992). Hier sollen nur die wichtigeren Textilfarbstoffe kurz charakterisiert werden:

Gelbe Farbstoffe

Ginster: In Europa war der Färber-Ginster, Genista tinctoria, weit verbreitet und wohl seit vorgeschichtlicher Zeit als farbstoffliefernde Pflanze bekannt.

Kreuzdornbeeren: Von verschiedenen Rhamnusarten wurde der Saft der unreifen Früchte zum Gelbfärben, der der reifen Früchte zum Grünfärben verwendet. Dieser Farbstoff wurde in Europa und im Vorderen Orient häufig verarbeitet.

Wau: Der aus den Blättern von Reseda luteola gewonnene Farbstoff wurde in Europa bereits zur Bronzezeit verarbeitet.

Safran: Seit dem Mittelalter wird Safran aus den Staubfäden von Crocus sativa gewonnen.

Rote Farbstoffe

Krapp: Aus den Wurzeln von Rubia tinctoria gewann man schon im frühen Mittelalter diesen begehrten

Farbstoff, der von wikingerzeitlichen Textilien nachgewiesen wurde. 1869 gelang die synthetische Herstellung des Krapps aus Alizarin.

Karmin: s. S. 139 »Pigmente«.

Cochenille: Cochenille ist eine Karminsorte, die aus verschiedenen Schildlausarten gewonnen wurde, die in Mittel- und Südamerika auf speziellen Trägerpflanzen vorkommen. Dieser Farbstoff war bei den präkolumbischen Kulturen weit verbreitet und wurde ab dem 16. Jahrhundert in Europa bekannt.

Orseille: Dieser Farbstoff wird aus den Blättern von Lichen rocella gewonnen.

Purpur: Der gelbliche Saft der Purpurschnecke wandelt sich rasch in ein Dunkelrot um, wenn er auf Textilfasern aufgebracht wird. Die winzige Menge Purpursaft, die aus einer Schnecke gewonnen werden konnte, stand einer weiteren Verbreitung entgegen.

Blaue Farbstoffe

Indigo: Der aus den Blättern von Indigofera tinctoria gewonnene Indigo wurde aus Asien importiert und entwickelte sich zu einer Konkurrenz des in Europa verbreiteten Färberwaids, so daß der Indigoimport immer wieder verboten oder erschwert wurde. 1897 gelang es, Indigo künstlich herzustellen.

Waid: Er wird aus den Blättern von Isatis tinctoria gewonnen. Bereits in der antiken Literatur wird er mehrfach erwähnt. Caesar berichtet zum Beispiel, daß die Gallier ihre Körper vor dem Kampf mit diesem Farbstoff einrieben. Vom Mittelalter bis zum 19. Jahrhundert war die Waidherstellung in Europa ein wichtiger Zweig der Landwirtschaft. Thüringen war ein besonderes Zentrum der Waidgewinnung.

Neben diesen häufiger verwendeten Textilfarbstoffen gibt es noch eine größere Anzahl weiterer Produkte, die in der historischen Literatur erwähnt sind, in der Praxis der Färberei aber keine große Bedeutung hatten (Hofmann 1992).

Textilanalysen

Die Identifizierung der Textilfasern erfolgt mikroskopisch. Da es sich dabei um eine in der modernen Textilindustrie und in der Materialprüfung häufig angewandte Art der Untersuchung handelt, gibt es zahlreiche Atlanten und Bestimmungsbücher, die die mikroskopischen Merkmale der Fasern abbilden und beschreiben. Die lichtmikroskopischen Untersuchungen werden durch rasterelektronenmikroskopische Betrachtungen ergänzt, da in vielen Fällen das räumliche Bild die Identifizierung von Textilfasern erleichtert. Bei Wollen tritt die charakteristische Schuppenstruktur der Tierhaare auf rasterelektronenmikroskopischen Bildern so deutlich hervor, daß eindeutige Zuordnungen der Wollen zu bestimmten Tierarten möglich sind (Abb. 20).

Altägyptisches Leinen wurde analysiert und dabei versucht, eine Beziehung zwischen dem Alter des textilen Materials und dem Polymerisationsgrad der Zellulose herzustellen (Stoll u. Fengel 1988). Die Flachsfaser hat einen Polymerisationsgrad von 8000–10000. In Leinengeweben liegt der Polymerisationsgrad der Zellulose dagegen bei 2500–8000, bei intensiv benutzten Textilien liegt er bei 400–800. Trotz dieser starken Abhängigkeit des Polymerisationsgrades, z. B. von der Nutzung des Gewebes, wurde bei ägyptischen Leinenproben, die 100 bis 500 Jahre alt waren, eine deutliche Abnahme des Polymerisationsgrades der Zellulose mit zunehmendem Alter festgestellt. Weiter wurden die nicht zellulosischen Polysaccharide untersucht, und es ergab sich, daß die

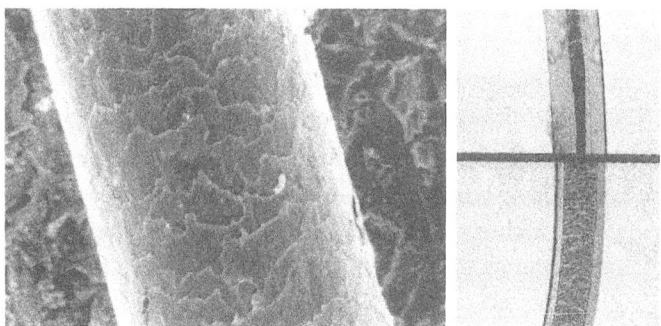

Abb. 20. a Rasterelektronenmikroskopische Aufnahme einer Wolloberfläche, **b** lichtmikroskopische Aufnahme der Cuticula als Hilfsmittel zur Bestimmung der Tierart.

Technik der Flachsaufbereitung in Ägypten über Jahrtausende unverändert blieb. Ein hoher Gehalt an Salzen in den Geweben deutet auf eine spezielle Behandlung der Textilien hin.

Aus dem *altamerikanischen* Bereich wurden 36 Proben von Geweben von 7 verschiedenen Kulturen untersucht (Hendriks et al. 1992). Da die Identifizierung der Textilfasern mit Hilfe des Rasterelektronenmikroskops aufgrund der fortgeschrittenen Zerstörung der Haaroberflächen nicht mehr möglich war, wurden die Merkmale der Haardicke, der Markkanaldicke und die Form der Markkanäle zur Bestimmung der Wollarten herangezogen. Dadurch ließen sich 3 Wolltypen unterscheiden, die von Alpaka oder Lama, von Guanaco oder Lama und von Alpaka oder Vicuña stammen. Die eindeutige Zuordnung war oft nicht möglich, da sich die morphologischen Merkmale der Haare schon bei einem Tier unterscheiden können, je nachdem, ob es sich um Grannen oder Wollhaare handelt. Als roter Farbstoff wurden Cochenille und ein aus der Relbunwurzel, einer Krappart, gewonnener Farbstoff nachgewiesen.

Während im altamerikanischen Bereich eine Unterscheidung der Wollen verwandter Tierarten, wie Lama, Alpaka, Vicuña und Guanaco möglich war, gelang es bei der Untersuchung der Bekleidung von *Moorleichen* aus Norddeutschland nicht, Haare vom Reh und seinen Verwandten, wie Hirsch, Elch oder Rentier zu unterscheiden, obwohl auch hier die Merkmale des Markstranges der Haare untersucht werden konnten (Wechsler 1984). Die Bekleidung bestand aus Geweben aus Schafwolle, der vereinzelt Rehwildhaare beigemengt waren. Die Pelzbesätze der Kleider stammten von Rehwild, Schaf oder Ziege. Deutlich wurde auch bei dieser Untersuchung, daß die Schuppenstruktur von Tierhaaren und auch andere Merkmale der Haare von vielen Faktoren abhängen. Dabei spielen die Tierrasse, das Alter des Tieres und des Haares, die Jahreszeit der Haarbildung (Sommer- oder Winterfell), der Körperteil von dem das Haar stammt und die Haargewinnung (Schurwolle vom lebenden oder Gerberwolle vom toten Tier) eine besondere Rolle. Da Wollen archäologischer Textilien durch die Lagerung im Boden angegriffen wurden, sind derart detaillierte Aussagen oft nicht mehr möglich. Im Zusammenhang mit der Untersuchung der Bekleidung der Moorleichen wurden auch deren Kopfhaare rasterelektronenmikroskopisch untersucht, wobei sich aber keine Besonderheiten abzeichneten.

Zur Analyse der Textilfarbstoffe gibt es verschiedene Ansätze durch den Einsatz chromatographischer Verfahren. Die relativ einfache Dünnschichtchromatographie liefert hier schon wichtige Befunde und ermöglicht eine Vorsortierung, in einzelnen Fällen aber schon eine eindeutige Identifizierung, etwa bei der Analyse roter Farbstoffe oder dem Nachweis von Indigo. Apparativ aufwendiger, aber genauer und vielseitiger ist der Einsatz der Hochdruckflüssigkeitschromatographie (HPLC), mit der es gelingt, alle wichtigen Textilfarbstoffe eindeutig zu identifizieren. Mit der HPLC wurden die natürlichen und künstlichen Farbstoffe in Teppichen untersucht, wobei offensichtlich wird, daß die Materialanalyse vor allem bei Teppichen des 19./20. Jahrhunderts wichtige Hinweise zur Datierung geben kann, da zu dieser Zeit in kurzen Abständen neue Farbstoffe eingeführt wurden, deren erste Verwendung aus Literaturangaben unschwer herauszufinden ist (Rabe et al.1990).

Herstellungstechniken textiler Gewebe

Unsere Kenntnisse über die Textiltechnik beruhen fast ausschließlich auf den sehr reichen schriftlichen Überlieferungen der frühen Literatur, auf zahlreichen Abbildungen auf ägyptischen Wandmalereien oder griechischen Reliefs und auf Funden bei archäologischen Ausgrabungen. Daraus läßt sich ein so detailliertes und bei der wissenschaftlichen Bearbeitung von Textilfunden auch nachvollziehbares Bild der frühen Textiltechniken gewinnen, daß Materialanalysen zur Verarbeitung des Materials kaum erforderlich scheinen. Lediglich die Rasterelektronenmikroskopie hat sich als Verfahren der anschaulichen Darstellung von textilen Fasern, Metallfäden und Webarten eingebürgert (Abb. 21).

An steinzeitlichen, eisenzeitlichen und mittelalterlichen Funden lassen sich häufig sehr kleine und leicht zu übersehende Textilreste finden, die eine Vielzahl unterschiedlicher Bindungsarten aufweisen, die dokumentiert und rekonstruiert werden können, um die Techniken der Herstellung von Geweben für eine Zeit abzuleiten, zu der das Weben noch nicht bekannt war (Jorgensen 1990). Am Beispiel von archäologischen Funden aus einem fränkischen Gräberfeld des 6./7. Jh. n. Chr. in Thüringen

Abb. 21. Rasterelektronenmikroskopische Aufnahmen eines Gewebes zur Verdeutlichung der Webtechnik.

wurde deutlich, daß die grundlegenden Kenntnisse der Webtechniken ausreichen, um die Gewebe sachgemäß zu beschreiben und material-, form- und mustergetreu zu rekonstruieren (Franke 1991). In ähnlicher Art hat man sich mit Seidendamasten des 18. Jahrhunderts befaßt, um aus den Beobachtungen am Stoff und den Informationen der historischen Literatur die Art der Herstellung zu beschreiben (Zitzmann 1991). Aus solchen technologischen Betrachtungen und Rekonstruktionen leiten sich in erster Linie unsere heutigen Kenntnisse der Herstellungstechnik der verschiedenen Textilarten in den verschiedenen kulturgeschichtlichen Epochen ab.

Papyrus, Pergament, Papier
Herstellungstechniken

Papyrus ist ein pflanzliches Material, das aus der Papyrusstaude gewonnen wird. Diese Pflanze, die in feuchtem Gelände bei warmem Klima gedeiht, wurde in Ägypten seit dem Anfang des 3. Jahrtausends v. Chr. zu beschreibbaren Blättern verarbeitet und ist somit der älteste künstliche Beschreibstoff überhaupt. Zur Herstellung von Papyrus wird der Stengel der Papyrusstaude parallel zur Stengelachse in dünne Streifen geschnitten. Die Streifen werden bis zur gewünschten Blattgröße nebeneinandergelegt und mit einer zweiten Lage bedeckt, deren Streifen gegenüber der unteren Schicht um 90° verdreht sind. So werden mehrere Schichten übereinandergelegt und unter Druck verbunden, wobei der Pflanzensaft für die nötige Klebekraft sorgt.

Auch *Pergament* wurde bereits früh in der Antike als Beschreibstoff verwendet. Es wird aus Tierhaut hergestellt, die gewaschen, enthaart, entfettet und nach einer Behandlung in der Kalkgrube durch Schleifen mit Kreide- oder Bimssteinpulver geglättet und ausgedünnt wird.

Die Erfindung des *Papiers* erfolgte um 100 v. Chr. in China. Erst ein Jahrtausend später gelangte die Kenntnis der Papierherstellung nach Bagdad, Ägypten und Spanien. In Europa wurde 1276 in Fabriano/Italien die erste Papiermühle eingerichtet, in Deutschland 1390 in der Nähe von Nürnberg.

Ausgangsmaterial waren gebrauchte Textilien, die mechanisch zerkleinert wurden. Das zerkleinerte Material wurde in großen Bottichen in Wasser suspendiert, aus denen es dann mit Sieben herausgeschöpft wurde. Das Wasser tropfte durch das Sieb ab und auf den Maschen blieb eine dünne Schicht miteinander verfilzter Textilfasern zurück, die nach dem Trocknen das Papierblatt ergibt. Derartige geschöpfte Papiere zeigen deutlich die Maschenstruktur des Siebes, in die Buchstaben oder Figuren aus Draht eingearbeitet sein können und sich dann im Papier als Wasserzeichen abzeichnen. Als im 18. Jahrhundert nicht mehr genügend Textilabfälle aufzutreiben waren, entdeckte man die Möglichkeit, Holz sehr fein zu zerkleinern und aus dem feinen Holzbrei Papier herzustellen. Dieses Holzschliffpapier ist von der Haltbarkeit her wesentlich schlechter als das textile Hadernpapier, so daß heute Papier aus dem 19. Jahrhundert in seinem Bestand besonders gefährdet ist.

Untersuchungen

Untersuchungen an diesen Materialien liegen bisher kaum vor. Papyrus ist ohnehin ein einheitliches Material, zu dem es kaum Fragestellungen gibt, die mit naturwissenschaftlichen Verfahren zu lösen wären. Thermoanalysen wurden an antiken Papyri aus Ägypten und an nach alten Techniken in Sizilien in unserer Zeit hergestellten Papyri durchgeführt, um den thermischen Zerfall des Lignins und der Zellulose zu studieren (Wiedemann et al. 1977). Dabei ergaben sich Unterschiede zwischen vor- und nachchristlichen Papyrussorten. Wichtige Informationen wurden zur Herstellungstechnik erhalten, da bei frühen Papyri Stärke als Klebstoff nachgewiesen werden konnte, die ab 350 v. Chr. nicht mehr verwendet wurde.

Die Tierart, aus der Pergament hergestellt wurde, kann von Spezialisten schon aufgrund der makroskopischen Merkmale erkannt werden. Beim Papier ist die Unterscheidung von aus Textilfasern oder aus Holz hergestelltem Material mikroskopisch und rasterelektronenmikroskopisch eindeutig möglich, da sich bei stärkerer

Vergrößerung die Art der Faser deutlich erkennen läßt. Detailliertere Ansätze zur mikroskopischen Untersuchung von Papier gibt es im Bereich der kulturgeschichtlichen Papiererzeugnisse noch nicht. Interessant sind einige Ansätze zur chemischen Analyse von Papier, die immerhin erkennen lassen, daß auf diese Weise Papiere unterschiedlicher Herkunft unterschieden werden können. Derartige Untersuchungen wurden mit Hilfe der Aktivierungsanalyse durchgeführt, wobei eine relativ große Anzahl von Spurenelementen nachgewiesen werden konnte.

Für die Papieruntersuchung von besonderem Vorteil ist die Elektronenradiographie und Betagraphie zur Sichtbarmachung von Wasserzeichen.

Leder

Obwohl das Leder zu den am frühesten verwendeten Werkstoffen der Menschheit gehört und in zahlreichen Ausgrabungen frühester Kulturen gefunden wurde, gibt es darüber kaum Materialanalysen. Es gibt lediglich Hinweise zu den Gerbtechniken, die eher aus dem archäologischen Befund, den Darstellungen auf ägyptischen Wandmalereien oder später aus der antiken Literatur abgeleitet wurden als aus Materialanalysen. Die Literatur der Griechen und Römer informiert umfassend über die verschiedenen Varianten der Gerberei, wie die Ölgerberei mit Ölen und Fetten, die Lohgerberei mit Gerbsäuren oder die Alaungerberei mit verschiedenen Salzen. Auch die Lederfärberei war nach den antiken Schriftquellen eine übliche Technik der Lederbearbeitung. In Pompeji wurde eine Gerberei ausgegraben, in der man auch die Werkzeuge zur Fell- und Lederbearbeitung fand, die ebenfalls anschauliche Informationen zur antiken Ledertechnologie lieferten.

Wachs

Wachssorten

Beim Wachs unterscheidet man tierische, pflanzliche und mineralische Wachse. Tierische Wachse sind das Bienenwachs und Walrat, ein pflanzliches ist das Carnaubawachs, und zu den mineralischen Wachsen zählen der Ozokerit und das Paraffin.

Untersuchungen

Wenn es darum geht, die verschiedenen Wachssorten zu unterscheiden, reichen einfache infrarotspektrographische Techniken aus. Benötigt man detailliertere Informationen, so können gaschromatographische Methoden weiterhelfen. Zur Altersbestimmung von Wachsobjekten ist die Radiokarbonmethode geeignet. Bei speziellen Fragestellungen kommt die mikroskopische Untersuchung in Frage, da bei stärkerer Vergrößerung Partikel im Wachs erkennbar werden, die vielfältige Informationen liefern können. So weisen verkohlte Dochtreste darauf hin, daß es sich um Reste von Kerzen handelt. Blütenpollen und Insektenteile im Wachs können Rückschlüsse auf Klima und Vegetation zur Zeit der Gewinnung des Wachses ermöglichen.

Ergebnisse von Materialanalysen

Von Wachsobjekten liegen eine Reihe von Materialanalysen vor, die nützliche Informationen zur Geschichte des Wachses lieferten. Generell ergab sich bei den meisten Analysen, daß Wachse, etwa das Bienenwachs, häufig mit anderen Wachsarten und weiteren organischen Verbindungen vermischt verarbeitet wurden, da auf diese Weise die Verarbeitbarkeit erleichtert wurde. Als Beimengungen waren Harze und tierische Fette üblich.

Für die Vorgeschichtsforschung richtungweisend waren Untersuchungen an raetischer Keramik (Specht 1977). Man ging der Vermutung nach, daß frührömische Keramiken aus diesem Raum mit Wachs getränkt wurden. Es gelang, aus dem Scherben ein wachsartiges Material zu extrahieren, bei dem es sich um ein oxidativ leicht verändertes Wachs handelte. Wichtig war bei dieser Untersuchung, daß bei der mikroskopischen Betrachtung des extrahierten Wachses reichlich biogenes Material, nämlich Pollen und Insektenreste, gefunden wurden. Bei den Pollen herrschten Koniferenpollen von Pinus silvestris und Pollen kultivierter Gramineen vor, woraus sich Hinweise über die Vegetation zu dieser Zeit in diesem Gebiet ergaben.

Bei dem *Punischen Wachs*, einer in der römischen Literatur immer wieder erwähnten Wachssorte, wurde festgestellt (Kühn 1960), daß es sich um ein Bienenwachs handelt, das mit Salzlösungen gekocht wurde, wobei sich Alkali- und Erdalkaliwachsseifen bildeten. Auch bei Wachsproben von römischen Schreibtafeln fand man die erwähnten Mischungen von Bienenwachs mit verschiedenen Beimengungen anderer organischer Verbindungen. Mittelalterliche Wachssiegel waren durch Harzzusätze gehärtet worden.

Von jüngeren Objekten liegen kaum Untersuchungen vor. Lediglich im Zusammenhang mit der Prüfung der Echtheit der Leonardo da Vinci zugeschriebenen Büste der Flora in der Skulpturgalerie in Berlin setzte man seit 1910 die verschiedensten analytischen Techniken ein (s. S. 290).

Harz

Harzsorten

Harze spielen seit den frühesten Kulturen eine wichtige Rolle als Material zum Kleben, Abdichten, Ausbessern, als Bindemittel für Pigmente, als Überzüge und Firnisse. Größere Harzstücke werden auch als Schmuckmaterial verwendet. Harze wurden bereits sehr früh verbrannt, sei es aus kultischen Gründen oder aus naheliegenderen Gründen der Geruchsverbesserung oder des Schutzes vor Insekten.

Seit dem 19. Jahrhundert nehmen Kunstharze als Ersatzstoff für viele andere Werkstoffe einen breiten Raum zur Herstellung von Gebrauchsgütern ein.

Die wichtigsten Naturharze sind in der folgenden Übersicht kurz charakterisiert.

Bernstein: Fossiles Baumharz, das in den üblichen Lösungsmitteln nicht löslich ist. Durch Kochen in Ölen entstehen Firnissse, die zu unlöslichen Filmen auftrocknen.

Dammar: Rezentes Harz verschiedener Baumsorten Sumatras. In Terpentinöl oder Testbenzin gelöst, ist Dammar ein brauchbares Material für Firnisse, die nicht zu stark funkeln und gut lösbar bleiben.

Mastix: Harz griechischer Pistaziensorten, das in Terpentinöl und Alkoholen löslich ist und als Firnis und Malmittel in der Malerei verwendet wird. Bei einem erhöhten Anteil gelöster organischer Beimengungen kann Mastix stark gilben.

Sandarak: Aus Nordafrika stammendes, gelbbraunes Koniferenextrakt, das dunkle Filme liefert und nur selten in der Malerei, zum Vergolden oder zum Herstellen von Möbellacken verwendet wurde.

Kolophonium: Bei der Terpentindestillation zurückbleibender kristalliner Rückstand, der sauer reagiert und spröde auftrocknet. Kolophonium wurde als Bestandteil von Doubliermassen verwendet.

Balsam: Sekret mehrerer Baumarten, das in verschiedenen Sorten, wie Elemi, Kopaivabalsam, Maracaibobalsam, Kanadabalsam gewonnen und mitunter zur Herstellung von Firnissen oder als Bestandteil von Lakken verwendet wurde.

Schellack: Ausscheidung der weiblichen Tiere der Lacklaus Coccus lacca, die auf speziellen südasiatischen Baumarten lebt, aus denen durch ein kompliziertes Aufschlußverfahren ein alkohollösliches Produkt hergestellt wird, das als Firnis Verwendung fand.

Kunstharze

1839: Erfindung des Polystyrols, für das es aber anfangs keine Verwendung gab, obwohl daraus durchsichtige Blöcke hergestellt werden konnten.

1845: Herstellung von Nitrozellulose aus Zellulose. Wegen der hohen Brennbarkeit anfangs keine Verwendung, bis 1893 die Denitrisierung der Zellulose gelang. Ab 1889 Herstellung von Kunstseide.

1845: Entdeckung der Herstellung von Zelluloid aus Zellulose. Zelluloid wird rasch als Material zur Herstellung von Gebrauchsartikeln und kunsthandwerklichen Objekten verwendet. Seit 1869 gibt es Fabriken zur Verarbeitung von Zellulose.

1900: Entdeckung der Herstellung von Kunsthorn und Galalith aus Kasein.

1908: Erfindung des Bakelits, das als Ersatz für Naturharze vor allem im technischen Bereich Einsatz findet.

Eine Reihe von Kunstharzen wurde bereits in der 2. Hälfte des 19. Jahrhunderts hergestellt, die eigentliche Verwendung setzt jedoch wesentlich später ein, da anfangs die Herstellungskosten noch sehr hoch waren. Polyvinylchlorid wurde z. B. bereits 1835 beschrieben, aber erst um 1920 fabrikmäßig hergestellt. Die Silikone und die Akrylharze wurden um 1900 entdeckt, kamen aber erst wesentlich später verarbeitet in Gebrauch.

Untersuchungen

Zur Identifizierung der Harze steht die ganze Breite der Analyseverfahren der organischen Chemie zur Verfügung. In vielen Fällen hilft schon die Infrarotspektrographie. Eindeutiger werden die Aussagen, wenn gaschromatographische Verfahren eingesetzt werden, vor allem, wenn sie mit Pyrolyseeinrichtungen oder der Massenspektrometrie gekoppelt werden sollen.

Ergebnisse von Harzanalysen

Die breite Verwendung von Harzen hatte eine recht umfangreiche analytische Arbeit zur Folge, wobei die Schwerpunkte die Erforschung von Bernstein, vor allem in Hinblick auf die Möglichkeit einer Lokalisierung sowie die Untersuchung von Bindemitteln der Malerei sind.

Neben dem Bernstein waren Harze, die in der Vorgeschichte und Archäologie zum Abdichten, Kleben oder zum Verschließen von Gefäßen verwendet wurden, häufig Gegenstand naturwissenschaftlicher Untersuchungen. Da dazu heute allgemein zugängliche Analyseeinrichtungen in der Art der HPLC, der verschiedenen gaschromatographischen Techniken und der Massenspektrometrie zur Verfügung stehen, ist eine recht genaue Identifizierung der sehr vielfältigen Naturharze ohne Schwierigkeit möglich.

Bereits auf das 17. Jahrhundert geht die Diskussion um die Art und den Zweck von Harzscheiben zurück, die in Nordeuropa im Bereich frühgeschichtlicher Siedlungen gefunden werden. Sie wurden anfangs als Räucherkuchen, dann aber auch als verfestigte antike Brote gedeutete. Bereits 1812 stellte Berzelius durch Analysen fest, daß es sich um Harze handelt, deren genauere Art wenig später aufgeklärt wurde. Durch Untersuchungen an Objekten fand man heraus, daß es sich um eine Mischung von pulverisierter Birkenrinde mit verschiedenen Harzen handelt, die in weiter Verbreitung zum Kleben und Abdichten verwendet wurden.

In einem ca. 5 m tiefen Schacht im Bereich einer Hallstatt-C-Siedlung (700–500 v. Chr.), in dem, wie Aschenreste und durch hohe Temperaturen veränderte Schachtwände zeigten, ein intensives Feuer gebrannt hatte, fanden sich isolierte harzartige Körner von honiggelb durchscheinender bis undurchsichtiger, seltener schwarzer Farbe, die mit Hilfe der Infrarotspektrographie als Kolophonium identifiziert wurde (Specht 1977). Diese Proben waren reich an biogenen Einschlüssen, vor allem an Pollen, Epidermisteilen von Gramineen, Koniferenborke, Pilzsporen und Algenkolonien, die Rückschlüsse auf die damalige Vegetation ermöglichten.

Mit harzartigen Massen wurde in der Antike auch Keramik repariert, wie z. B. an einem ca. 8 cm großen Scherben zu sehen war, der mit Birkenrindenpech wieder an dem Gefäß befestigt wurde (Charters et al. 1993). Derartige Reparaturen von Keramikgefäßen sind in der Literatur mehrfach beschrieben (Sauter 1967).

Durch Materialanalysen ist es eindeutig möglich, Bernstein von den vielfältigen Materialien zu unterscheiden, die zu seiner Imitation verwendet wurden. Mit Hilfe einer infrarotspektrographischen Untersuchung von »Bernsteinperlen«, die vor allem im nordafrikanischen und westasiatischen Raum zur Herstellung von Perlenketten verwendet wurden, konnte nachgewiesen werden, daß bereits kurz nach 1900 Kunstharze zur Imitation des Bernsteins verwendet wurden und daß bei den später hergestellten Ketten kaum mehr Bernstein vorkommt (Siewert 1984). Die zur Imitation des Bernsteins verwendeten Kunstharze konnten identifiziert werden und liefern, da die Herstellungszeit der Ketten aus den Unterlagen der Museen über den Ankauf recht gut bekannt ist, wichtige Hinweise zur Geschichte der Kunstharze.

Kunstharze sind immer häufiger Gegenstand von Materialanalysen historischer Gegenstände. Sie kamen in der Mitte des 19. Jahrhunderts in Gebrauch und boten sich durch eine immer größer werdende Vielfalt von Sorten rasch als Werkstoff zur Herstellung kunsthandwerklicher Objekte oder zum Ersatz natürlicher Werkstoffe an (Kölsch 1987; Riederer 1987; Müller-Straten 1988).

Ostasiatische Lacke

In Ostasien wird seit ca. 3500 Jahren Lack aus dem Saft des Rhusbaumes hergestellt, wobei sich die Techniken der Saftgewinnung und der Herstellung und Verarbeitung des Lacks bis in unsere Zeit kaum verändert haben (Riederer 1978).

Lackobjekte waren Gegenstand sehr eingehender naturwissenschaftlicher Untersuchungen mit dem Ziel, die Struktur des Endprodukts und die Umwandlung des Rohlacks im Laufe der Verarbeitung kennenzulernen. Die ersten Untersuchungen wurden in Japan mit Hilfe der Infrarotspektrographie durchgeführt (Kenjo 1978), ehe es mit Hilfe der Pyrolysemassenspektrometrie (Burmester 1983) und in jüngster Zeit mit Hilfe der Kernresonanzspektroskopie gelang (Lambert et al.1991), die Strukturen aufzuklären und auch Unterschiede der Zusammensetzung von japanischen und chinesischen Objekten sowie von verschieden gefärbten Lacken zu erkennen.

Bituminöse Materialien

Bitumen und Asphalt sind natürlich vorkommende organische Materialien, die es im Vorderen Orient reichlich gibt. Dort wurden sie vor allem im Bauwesen und als Dichtungsmaterial gebraucht.

Zu dieser Gruppe von Materialien sind auch Produkte zu zählen, die mit der Kohle verwandt sind, etwa *Gagat* oder *Jet*. Solche dunklen und verhältnismäßig weichen Materialien wurden seit prähistorischer Zeit in den Gebieten, wo sie gefunden wurden, zu kleineren Schmuckstücken verarbeitet. Erst in jüngster Zeit hat man sich intensiver um die Materialeigenschaften solcher Materialien gekümmert. Der sogenannte Jet, der in mesozoischen Sedimenten in Yorkshire, in Asturien und Aragonien vorkommt, wurde mit allen in Frage kommenden Verfahren der organischen und anorganischen Analytik untersucht, um seine Eigenschaften genau zu definieren, und somit ist eine Unterscheidung von verwandten dunklen Kohleverbindungen möglich (Hunter et al. 1993). Zur Voruntersuchung werden Röntgenaufnahmen empfohlen, da Jet im Gegensatz zu sehr ähnlich aussehenden Kohleschiefern die Röntgenstrahlen ungehindert durchläßt. Untersuchungen an Funden aus römischer Zeit von Stanwick in Northamptonshire haben ergeben, daß nur die Hälfte der betrachteten Objekte aus echtem Jet hergestellt war, während es sich bei den anderen Objekten um Erzeugnisse aus anderen Materialien handelte.

Neben den natürlich vorkommenden bituminösen Materialien sind auch die künstlich hergestellten Teere von historischem Interesse. Untersucht wurden Teerproben aus dem Rumpf der Bremer Kogge, einem um 1380 gebauten Schiff, das 1962 in der Weser gefunden und geborgen wurde (Lange 1983). Das offensichtlich noch unfertige Schiff, das wohl bei einer Sturmflut vom Werftgelände weggerissen wurde, enthielt im Rumpf neben anderen zum Schiffbau notwendigen Materialien ein Faß Teer. Es handelte sich hier um einen Nadelholzteer, der in seinen Eigenschaften dem noch zu Beginn des 20. Jahrhunderts hergestellten Meilerteer sehr ähnlich war. Solche Holzteere waren wohl seit dem Beginn der Herstellung von Holzkohle im 2. Jahrtausend v. Chr. bekannt. Theophrast, der im 3. Jh. v. Chr. in Griechenland lebte, erwähnt zum ersten Mal die Herstellung von Holzteer in Mazedonien. Strabo kennt bereits viele Gegenden, wo man Holzteer bereitet, und auch Plinius erwähnt die Verwendung des Holzteers zum Überziehen von Schiffen. Schon in der Antike erfolgte die Herstellung des Holzteers in Meilern durch Schwelen. Dieser Meilerteer besteht zum größten Teil aus Harzsäuren, die während des Schwelvorganges aus dem erhitzten Holz ausfließen. Laubholzteere wurden nicht gezielt hergestellt, da sie sich gegenüber dem Nadelholzteer durch eine höhere Wasserlöslichkeit auszeichneten und somit zum Abdichten von Holz nicht geeignet waren. Laubholzteere wurden als unbrauchbares Nebenprodukt bei der Gewinnung von Holzgeist und Holzessig erhalten.

Schildpatt

Aus den Rückenschilden von verschiedenen Arten von Meeresschildkröten, vor allem der Karettaschildkröte, wurde Schildpatt gewonnen. Aus der Literatur des 17./18.Jahrhunderts wissen wir, daß Schildpatt ein ausgesprochen begehrtes Material war und zu entsprechend aufwendigen Möbeln und kunsthandwerklichen Objekten verarbeitet wurde (Vuilleumier 1979). Da Schildpatt kostbar war, wurde es bereits sehr früh durch andere Materialien, wie Horn, gefärbtes Elfenbein oder Lacke nachgeahmt. Auch dazu finden sich in der historischen Literatur entsprechende Rezepte (Nett 1993).

Elfenbein

Elfenbein gilt als ein einheitliches und definiertes Material, das keinen Anlaß für naturwissenschaftliche Untersuchungen gibt. Die Frage, ob es sich um Elfenbein von Elefanten, vom fossilen Mammut, vom Narwal oder um Imitationen aus Kunstharz handelt, glauben Elfenbeinspezialisten aufgrund makroskopischer Merkmale beantworten zu können. Elfenbein vom Elefanten zeichnet sich durch ein sehr charakteristisches rhombenförmiges Muster im Querschnitt aus, so daß dieses Merkmal eine Unterscheidung von Elfenbein anderer Herkunft ermöglicht. Die Frage, ob das Elfenbein vom indischen oder afrikanischen Elefanten stammt, scheint nicht von einer besonderen Bedeutung zu sein, so daß darüber nur knappe Aussagen vorliegen. Zur Altersbestimmung ist die Radiokarbonmethode geeignet, die in den vergangenen Jahren weiterentwickelt wurde, so daß keine unvertretbar große Probemengen mehr benötigt werden.

Materialanalysen an Elfenbein gibt es kaum. Vergleiche der Kohlenstoff-, Stickstoff- und Aschegehalte von afrikanischem Elfenbein, von archäologischen Elfenbeinfunden aus dem Vorderen Orient und vom fossilen Mammut ergaben, daß in den archäologischen Proben die organische Substanz weitgehend abgebaut ist, der Aschegehalt also deutlich zunimmt (Baer et al. 1978).

Materialanalysen zur Unterscheidung von Elfenbein des indischen und des afrikanischen Elefanten weisen geringfügige Unterschiede im Kohlenstoffgehalt auf (Rao u. Subaiah 1983).

Auf dem Gebiet der Elfenbeinanalyse hat sich Newesely (1977) mit der Struktur von Elfenbein und den altersbedingten Veränderungen beschäftigt; zur naturwissenschaftlichen Untersuchung und Restaurierung s. Baer u. Majewski (1971).

2 Anthropologische Untersuchungen

Knochen

Knochen liefern in zunehmendem Maß Informationen, die Aussagen über die Lebensbedingungen früher Menschen zulassen. Deshalb wurden relativ viele chemische Analysen von Knochen ausgeführt, mit dem Ziel, aus den nachgewiesenen Spurenelementen Hinweise auf Lebensbedingungen, Ernährung und Todesursachen zu erhalten.

Grundsätzlich kann die Zusammensetzung der Knochen und deren Faktoren recht verschieden sein (Newesely u. Herrmann 1980). Die Zusammensetzung wird von den Lagerungsbedingungen im Boden bestimmt, wobei sich der pH-Wert, die Feuchtigkeit, die Temperatur, die Möglichkeit des Stofftransports in Lösung, der mechanische Druck des umgebenden Bodens und die Aktivität von Mikroorganismen besonders auswirken können. Von den Veränderungen der Knochensubstanz sind sowohl die organischen Anteile betroffen, die relativ rasch abgebaut werden, als auch die anorganischen Verbindungen, die Umwandlungen unterworfen sind. Diese Umwandlungen betreffen erstens die mineralische Substanz, also den Hydroxylapatit, der je nach den Umgebungsbedingungen in Oktakalziumphosphat oder in Brushit umgewandelt wird, oder die chemische Zusammensetzung, da das Kalzium durch Uran, Strontium oder Seltene Erden, der OH-Anteil durch Fluor oder Chlor und das Phosphat durch Silikat ersetzt werden kann.

Um die Zusammengehörigkeit von Knochen auf analytischem Weg festzustellen, bauten Brätter et al. (1980) auf dem Befund der Abhängigkeit der Zusammensetzung von Knochen, vom Ort der Lagerung und von den Lebens- und Umweltbedingungen des Menschen auf:

> Bei der Bergung der Skelette vorgeschichtlicher Menschen des Museums für Vor- und Frühgeschichte in Berlin nach einem Bombenangriff gegen Ende des Zweiten Weltkrieges war es nicht möglich, die Reste verschiedener Individuen zu trennen, so daß man versuchte, aufgrund spezifischer Elementkonzentrationen in den Knochen Hinweise auf die Zusammengehörigkeit der Knochen zu erhalten. Nachdem die Abhängigkeit der Elementkonzentrationen von den Entnahmestellen geklärt worden und dabei beträchtliche Unterschiede sowohl im Epiphysen- und im Diaphysenbereich als auch entlang der Längsachse des Knochens erkannt worden waren, konnte durch eine Probeentnahme von repräsentativen Stellen und durch eine Analyse mit Hilfe des Neutronenaktivierungsverfahrens die Zuordnung erfolgen. Da bei diesem Verfahren 16 chemische Elemente quantitativ bestimmt wurden, war die Zuordnung recht sicher. Chrom, Zink, Kobalt und Eisen erwiesen sich dabei als besonders aussagekräftig.

Mumien

Hierbei wurden in erster Linie Verfahren der Röntgendurchstrahlung eingesetzt, die grundlegende Informationen zum Geschlecht, zum Alter und zu Veränderungen des Knochenbaus, zu Verletzungen und zu medizinischen Eingriffen in der Art der Trepanation der mumifizierten Person sowie zu den unter der Mumienhülle verborgenen Beigaben lieferten (Abb. 22). Auch die Mumifizierungstechniken, unter anderem die Art der entfernten Organe und die zum Füllen des Körperhohlraumes verwendeten Stoffe, ließen sich auch bei bandagierten Mumien erkennen.

In den vergangenen Jahren wurde in verschiedenen Museen oder wie in Deutschland als landweites Forschungsprojekt eine Vielzahl von Mumien untersucht, wobei man sich auf ägyptische Mumien konzentrierte. Neben den röntgenographischen Aufnahmen haben die endoskopischen Untersuchungen wichtige Informationen geliefert. Mit starren und flexiblen Endoskopen wurde das Kopfinnere über den Mund, die Ohren, die Nasenöffnungen oder die Augenhöhlen untersucht. Der Brust- und Bauchraum konnte durch die Öffnungen betrachtet werden, die beim Einbalsamieren entstanden. Durch dieses Verfahren konnten ebenso krankhafte Veränderungen in der Art von Mittelohreiterungen durch die Ohrenendoskopie mit starren Endoskopen, Siebbeindefekte im Nasenbereich und bei peruanischen Mumien möglicherweise durch Kokaingenuß verursachte Veränderungen des Septumknorpels beobachtet werden (Pirsig et al. 1987).

Aus dem Museum für Völkerkunde der Staatlichen Museen zu Berlin wurde der gesamte Bestand an peruanischen Mumien untersucht (Herrmann 1980). Dabei ist interessant, daß einzelne Mumien dieser Gruppe bereits 1906 von Baessler für Röntgenaufnahmen zur Verfügung

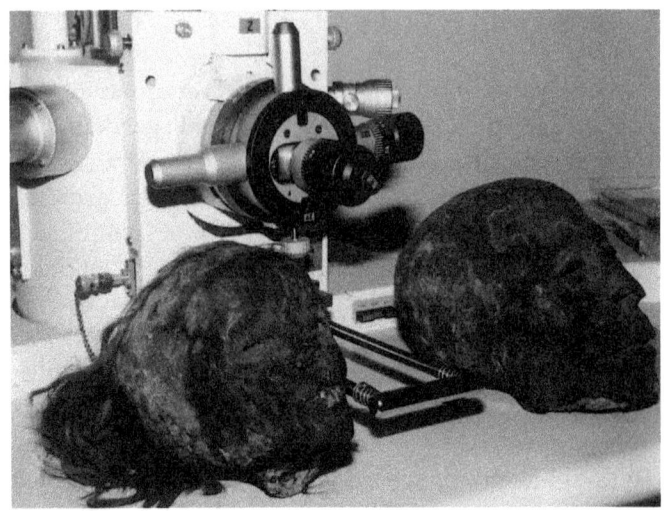

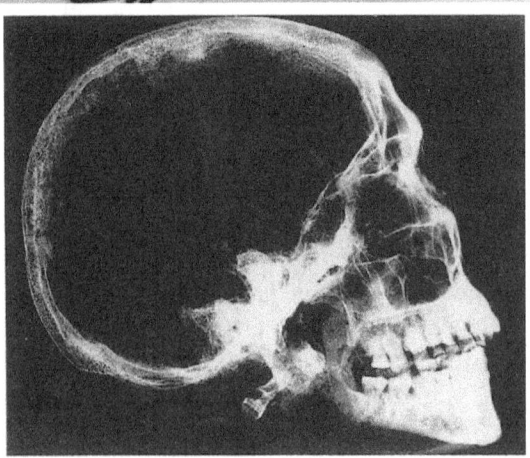

Abb. 22. a Äpyptische Mumienschädel, von denen die folgenden Röntgenaufnahmen stammen: **b** Röntgenaufnahme des Schädels eines älteren Mannes, die deutlich abgewetzte Zähne erkennen läßt. **c** Röntgenaufnahme des Schädels eines Kindes, dessen Alter sich aus der Anlage der zweiten Zähne ableiten läßt.

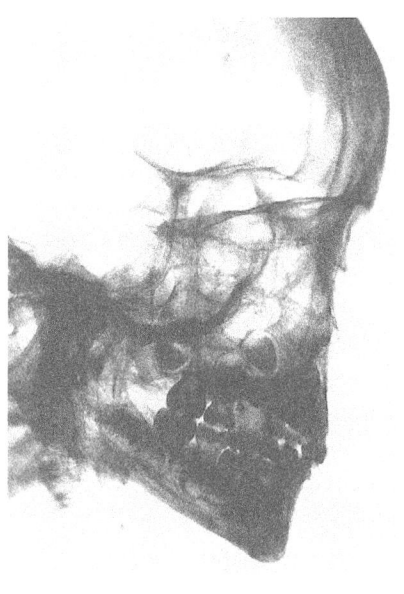

c

gestellt wurden. Auch hier gelang es, die anthropologischen Merkmale der Toten mit großer Sicherheit aus dem Röntgenbild abzulesen. Bei südamerikanischen Mumien ist aber von besonderem Interesse, daß die Säcke, in denen die Mumien in Hockstellung in Gräber gelegt wurden, sehr reiche und sehr unterschiedliche Beigaben enthielten, die sich genau bestimmen ließen. Die Ballen wurden zum Teil mit nicht entkernter Baumwolle ausgefüttert, in die Stoffbeutel, Maiskolben, Bohnen, Kalebassen und andere Pflanzenteile eingelegt waren. Erkennbar sind weiter Schmuckstücke aus Edelmetallen und Muscheln, die die Toten an den Hand- und Fußgelenken trugen. Schließlich zeigen die Röntgenaufnahmen einen Ast, der dem Bündel die notwendige Stabilität gab. Vielfältige Informationen wurden auch bei den peruanischen Mumien über krankhafte Veränderungen des Knochengerüstes erhalten.

Tierknochen

Durch die Ausrichtung einiger Institute in Richtung der Haustierforschung ist es heute im Bereich der Archäologie üblich, die Funde von Tierknochen durch Spezialisten bestimmen zu lassen. Darüber gibt es eine besonders umfangreiche Literatur, da jeder Grabungsbericht zu einem wichtigeren archäologischen Fundplatz eine Beschreibung der vorgefundenen Tierknochen enthält. Daraus hat sich eine sehr umfassende Darstellung über die Entwicklung der Haustiere und der als Nahrungstiere gejagten Wildtiere von den frühesten Kulturen bis in unsere Zeit entwickelt.

Kosmetische Produkte

Archäologische Gefäße, sowohl Gläser, kleine Steintöpfe und Keramikvasen enthalten vereinzelt Substanzen, die für kosmetische Zwecke verwendet wurden. Von einer Reihe von Gefäßinhalten liegen Analysen vor, die die sehr reichhaltigen Informationen aus der antiken Literatur ergänzen. Bei den durch Analysen nachgewiesenen kosmetischen Produkten handelt es sich entweder um Farbpulver, vor allem von Bleiglanz und Malachit, seltener von Bleiweiß, gelben und roten Ockern, gelbem Antimonoxid, rotem Hämatit, schwarzem Manganoxid oder Kupferoxid. Auch intensiv färbende pflanzliche und tierische Farbstoffe wurden zu Schminken verarbeitet. Die Farbpulver wurden entweder als Pulver oder mit organischen Verbindungen vermischt aufgetragen. An organischen Verbindungen wurden verschiedene Öle und Wachse nachgewiesen. Untersucht wurden auch Salben, die im Zusammenhang mit der Behandlung von Krankheiten stehen. Stokar (1941) berichtet z. B. von einem in Köln gefundenen Gefäß, das mit »*Des Gaius Cassius Doryphorus Vitriolsalbe zur Behebung von Augenleiden*« beschriftet war, wobei die Analyse tatsächlich ergab, daß es sich um eine Bleisalbe mit Vitriol und Arnika handelte.

In einem Gefäß des 6. Jh. v. Chr. wurden 19 Aminosäuren nachgewiesen, aus deren Art man ableitete, daß in dem Gefäß ein Parfüm mit dem Duftstoff der Zibetkatze enthalten war (von Endt 1977) .

Auch andere Produkte aus dem Bereich der Körperpflege waren Gegenstand eingehender Untersuchungen. So ist z. B. die Geschichte der Seife von den ersten Anfängen ihrer Verwendung in mesopotamischer Zeit bis in unsere Zeit durch Materialanalysen und durch Informationen aus der Literatur gut bekannt (Bossert 1955).

Nahrungsmittel

In den vergangenen Jahren hat die Analyse von Speiseresten in Gefäßen besondere Fortschritte gemacht, da Analyseverfahren zur Verfügung stehen, mit denen es gelingt, auch geringste organische Reste in Gefäßen zu identifizieren. Aus dem 19. Jahrhundert liegen bereits Analysen von Nahrungsmittel und Getränken aus antiken Gefäßen vor, wenn es sich um größere Substanzmengen oder bereits mit bloßem Auge identifizierbare Produkte, wie etwa um Getreidereste, handelte (Rottländer 1979). Untersuchungen an Speiseresten in archäologischen Gefäßen gehen bereits bis weit in das 19. Jahrhundert zurück, als Berthelot (1877) zum ersten Mal eingetrockneten Wein in römischen Gefäßen nachwies. Inzwischen ist es möglich, aus den aus archäologischen Scherben extrahierten Resten von Ölen und Fetten auf die Art des Inhalts zu schließen. In dieser Art wurden auch vorgeschichtliche Feuerstellen des Aurignacien untersucht, um aus dem beim Braten in den Boden eingedrungenen Fett zu ermitteln, welches Fleisch dort vor 34000 Jahren zubereitete wurde (Rottländer u. Schlichterle 1980).

Im einzelnen liegen aus der Antike zu folgenden Nahrungsmitteln und Getränken analytische Nachweise vor: *verschiedene Getreidesorten und Brot; Fleisch:* gesalzenes Fleisch, Fisch; *Fett:* Hasenfett, Schweineschmalz, Fischfett, Kokosfett; *Öl:* Olivenöl, Mohnöl, Kokosöl.

Umfassendere Untersuchungen gibt es zum Brot. Dabei wurde ein Zusammenhang zwischen einem zeitlich genau festzulegenden Beginn der Abschleifung menschlicher Zähne und dem Sandgehalt im Brot gesucht, der mit der Einführung von Mühlsteinen zum Mahlen des Getreides erklärt wird. Altägyptisches Brot, das reichlich als Grabbeigabe gefunden wurde, wurde auf einen Gehalt an Flechten untersucht, nachdem behauptet wurde, bei dem in der Bibel erwähnten Mannaregen handle es sich um angewehte Flechten. In den Broten fanden sich jedoch keine Reste derartiger Pflanzen (Leek 1973).

An Getränken wurden bisher vor allem Bier, Wein und Met aus antiken Gefäßen beschrieben, in denen eingetrocknete Reste von Getränken relativ häufig vorkommen.

> In einer Bronzeflasche aus einem Fürstengrab der Zeit um 400 v. Chr. vom Dürrnberg bei Halle fand man einen derartigen Rückstand (Specht 1977): aus der 17 l fassenden Flasche konnten 5,2 g eingetrocknetes Material geborgen werden, davon bestanden 4,26 g aus salzsäurelöslichen anorganischen Verunreinigungen, also von Patina und erdigen Bestandteilen. 10 % des geborgenen Materials waren in Tetrachlorkohlenstoff löslich, der verbliebene Rückstand von 0,45 g war etwa zur Hälfte in

Äthylalkohol löslich. Aus dem Fehlen von Pollenkörnern im Wachs- und Harzanteil der Probe wurde geschlossen, daß in der Flasche kein Honig oder Met enthalten war. Eindeutig nachweisbar war dagegen Tartrat, wodurch belegt war, daß die Flasche Wein enthielt. Da auch gerbstoffartige Substanzen gefunden wurden, mußte dem Wein eine bittere Gewürzdroge zur Geschmacksverbesserung oder zur Haltbarmachung zugesetzt worden sein.

Zu den bemerkenswerteren Nachweisen aus dem Bereich der Nahrungsmittel im weiteren Sinn gehört auch die Verwendung von Birkenrindenpech als Kaugummi, (Charters et al. 1993). Ebenso der Nachweis von *Rauschgiften* in antiken Gefäßen (Evans u. Car 1986): in Gefäßen aus Mykene, die die Form von Samenkapseln des Mohns haben, wies man Opium nach. Auch zur Verwendung von Haschisch in der Antike gibt es Hinweise.

Untersucht wurde auch die Kehrseite der Nahrungsaufnahme, vor allem die Inhalte von Latrinen, die sich, wie alle Arten von Abfallgruben, als wahre Fundgruben von Indizien zur Rekonstruktion des Lebens in früherer Zeit erwiesen. In der Latrine im römischen Grenzkastell Künzing fand man in der Sedimentaufschwemmung entnommener Proben tönnchen- bis zitronenförmige, eiartige Gebilde bräunlicher Färbung, die als Chitionhüllen der Eier eines Darmschmarotzers, und zwar des Peitschenwurmes Trichuris trichura, Syn. Trichocephalus dispar, identifiziert werden konnten, von dem die Legionäre befallen waren (Specht 1977).

3 Herkunft

Metall

Um die Herkunft von Metallobjekten zu bestimmen, gibt es zwei Ansatzpunkte, die sich als sehr aussagekräftig erwiesen haben: die Analyse der Spurenelemente und die Bestimmung der Bleiisotopen. In beiden Fällen ist ein ausreichendes Datenmaterial Voraussetzung für zuverlässige Aussagen zur Herkunft.

Der erste breiter angelegte Versuch, aus den Spurenelementen Hinweise zu ihrer Herkunft zu erhalten, waren die Untersuchungen an bronzezeitlichen Funden aus Mitteleuropa (Otto u. Witter 1952). Dabei wurden 6 Leitlegierungen (Reinkupfer, Rohkupfer, Arsenkupfer, Fahlerzkupfer, sonstige Kupfersorten, Bronzen) definiert und diese aufgrund spezifischer Spurenelementkonzentrationen unterteilt. Diese Gruppen wurden dann mit Lagerstätten, vor allem in Mitteldeutschland, verglichen, deren Erzführung bekannt war und man somit wußte, von welchen Lagerstätten nickelreiche Kupfererze oder arsen- und antimonreiches Fahlerzkupfer stammten.

Um eindeutige Informationen über die charakteristischen Spurenelemente der Erze historisch wichtiger Kupferlagerstätten zu erhalten, schlossen sich Arbeiten an, die nicht von den Objekten ausgingen, sondern Erze,

Schlacken und unmittelbar mit Kupferlagerstätten in Zusammenhang stehende Metallfunde untersuchten (Pittioni 1959, 1964) Nachgewiesen wurde, daß sich bestimmte Lagerstättentypen durch charakteristische Spurenelementgesellschaften auszeichnen. Da aber emissionsspektrographische Analysen gemacht wurden, ergaben sich nur halbquantitative Daten, die zwar die Grundtendenzen erkennen ließen, für die Interpretation quantitativer Daten aber wenig nützten. Wichtig war jedoch die Erweiterung der Betrachtung von Kupfererzen auf den als Rohstofflieferanten sicher wichtigen alpinen Raum mit den ostalpinen, Nordtiroler und südlichen Vorkommen sowie auf das Kupfer Siebenbürgens und der südlichen Lagerstätten.

Als nächstes wurden 22000 bronzezeitliche Objekte aus Europa mit Hilfe der Emissionsspektralanalyse quantitativ analysiert (Junghans et al. 1969). Die Daten wurden statistisch zuverlässig aufbereitet, wobei die Analysen den Materialgruppen zugeordnet wurden. Der Zeitraum, aus dem die Objekte stammten wurde in mehr als 20 Phasen von der Frühkupferzeit bis zur Hallstattzeit eingeteilt, so daß in Karten dargestellt werden konnte, welcher Metalltyp in einem bestimmten Raum zu einer bestimmten Zeit verwendet wurde.

Im Zusammenhang mit der Bearbeitung ostdeutscher Schwerter der Bronzezeit wurde am Rathgen-Forschungslabor erkannt, daß sich jeder Schwerttyp durch eine charakteristische Zusammensetzung auszeichnet, wobei sich Schwerter unterschiedlicher Herkunft in ihren Spurenelementen deutlich unterscheiden (s. S. 200).

Spurenelementanalysen spielen auch bei anderen Metallen eine Rolle.

5100 untersuchte Goldobjekte der europäischen Frühgeschichte konnten 17 Materialgruppen zugeordnet werden, die sich in den Gehalten an Silber, Kupfer, Zinn

Typ	Cu	Sn	Pb	Zn	Fe	Ni	Ag	Sb	As	Bi	Co
D	89,11	10,28	0,13	0,017	0,09	0,14	0,06	0,04	0,12	<0,25	0,04
SIII	88,49	10,44	0,17	0,074	0,13	0,27	0,06	0,04	0,16	<0,25	0,03
VIII	88,75	10,16	0,15	0,007	0,09	0,36	0,05	0,09	0,36	<0,25	0,04
VII	86,29	11,73	0,14	0,110	0,11	0,47	0,03	0,05	0,35	<0,25	0,03
A	89,81	9,25	0,04	0,004	0,18	0,29	0,02	0,04	0,23	<0,25	0,03
B	87,06	8,00	2,96	0,010	0,13	0,20	0,15	0,27	0,39	0,03	0,09
K	89,58	8,84	0,32	0,023	0,08	0,45	0,17	0,32	0,49	0,03	0,07
Z	88,52	6,87	1,65	0,004	0,01	0,58	0,22	0,54	0,54	<0,25	0,06
N	90,66	5,74	2,85	0,004	0,06	0,40	0,23	0,58	0,61	0,03	0,04
M	87,98	8,98	1,14	0,008	0,07	0,18	0,24	0,58	0,84	0,03	0,09
C	87,26	8,42	0,97	0,004	0,09	0,37	0,17	0,51	0,82	0,03	0,14

A   Achtkantschwerter
B   Antennenschwerter
C   Auvernierschwerter
D   Dreiwulstschwerter
M   Mörigenschwerter
N   Nierenknaufschwerter
VII   Nordische Vollgriffschwerter, Periode II
VIII   Nordische Vollgriffschwerter, Periode III mit Griffaussparung
SIII   Nordische Scheibengriffschwerter, Periode III
Z   Zungenschwerter
K   Schalenknaufschwerter

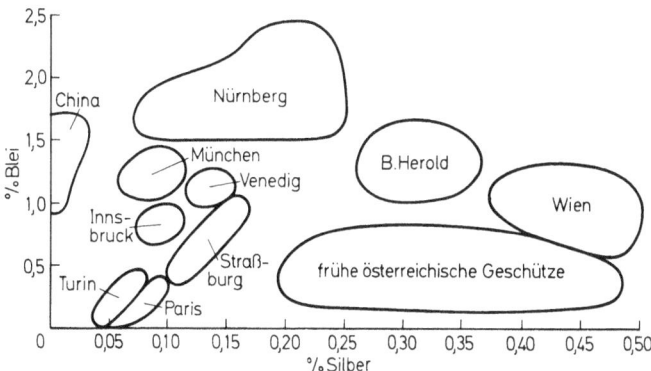

Abb. 23. Abhängigkeit des Silbergehaltes von Geschützen vom Herkunftsort.

und Platin unterscheiden (Hartmann 1970, 1982). Diese Materialgruppen ließen sich mit verschiedenen zeitlich und regional unterschiedlichen Produktionszentren in Beziehung setzen.

Auf einige andere Beispiele wurde bei der Beschreibung der Materialeigenschaften der Bronzen bereits hingewiesen, da man generell davon ausgehen kann, daß gleichalte Erzeugnisse aus verschiedenen Herkunftsgebieten auch unterschiedliche Materialmerkmale haben. Bei den Analysen von Geschützen des Heeresgeschichtlichen Museumsarsenals in Wien ergab sich eindeutig ein Zusammenhang zwischen der Herkunft und dem Blei-Silber-Verhältnis der Bronzen (Riederer 1977), da die frühen österreichischen Geschütze und davon vor allem die Wiener Erzeugnisse mit Silbergehalten von über 0,25 % mehr Silber enthalten als alle anderen Geschütze (Abb. 23). Die Nürnberger Geschütze zeichneten sich dagegen durch besonders hohe Bleigehalte von über 1,5 % aus, was für Geschütze sehr ungewöhnlich ist, da erhöhte Bleigehalte deren Qualität beträchtlich mindern bzw. die Gebrauchsfähigkeit einschränken. Geschütze aus Turin und Pavia

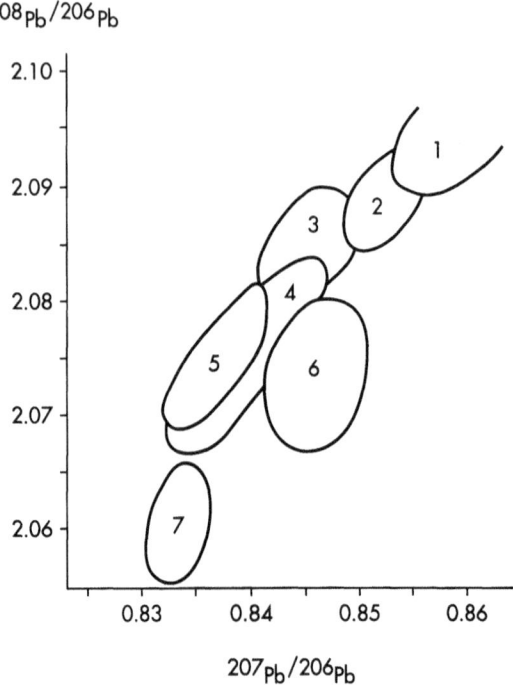

Abb. 24. Zusammenhang zwischen Bleiisotopen und Erzlagerstätten. *1* Spanien, *2* Harz, *3* Erzgebirge, *4* Zypern, *5* griechische Inseln, *6* England, *7* Laurion.

erwiesen sich dagegen als besonders arm an Blei und Silber.

Der zweite Ansatzpunkt, die Herkunft von Metallobjekten festzustellen, ist die Analyse der Bleiisotopen ^{204}Pb, ^{206}Pb, ^{207}Pb und ^{208}Pb (Abb. 24). Diese Möglichkeit der Feststellung der Bleiherkunft wurde in ihrer Bedeutung für die Archäologie zuerst erkannt, als man beobachtete, daß sich die Isotopenverhältnisse des Bleis von England, Spanien und Griechenland, also der wichtigen antiken Bleilagerstätten, deutlich und eindeutig unterscheiden (Grögler et al. 1966). An diesem Befund hat sich bis heute nichts geändert, auch wenn sich durch sehr viele neue Analysen die Isotopenverhältnisse zahlreicher Lagerstätten überschneiden. Dennoch ist dieses Verfahren die geeignetste Möglichkeit der Herkunftsbestimmung von Blei, da bei Überschneidungen der Isotopendaten zusätzlich Spurenelementanalysen herangezogen werden können und einzelne Lagerstätten aufgrund der archäologischen Kenntnis der Betriebsperioden von vornherein ausgeschlossen werden können.

Stein

Obwohl es zur Lokalisierung von Steinobjekten verschiedene Ansätze gibt, ist der wohl zuverlässigste die mikroskopische Untersuchung von Dünnschliffen. Da die meisten Gesteine aus einer großen Anzahl verschiedener Mineralien zusammengesetzt sind, die so zahlreiche Daten liefern, ist eine eindeutige Bestimmung des Herkunftsgebietes möglich. Weiter bietet sich auch bei Gesteinen die Spurenelementanalyse als Möglichkeit der Herkunftsbestimmung an. Bei Marmoren, bei denen die mikroskopische Untersuchung Schwierigkeiten bereitete, weil dieses Gestein fast nur aus Kalkspat besteht, hat sich die Isotopenanalyse als geeigneter Weg zur Ermittlung der Marmorlagerstätte erwiesen.

Die Untersuchung von Dünnschliffen ist das klassische Verfahren der vor- und frühgeschichtlichen Forschung. Hier wurde schon sehr früh und mit Erfolg versucht, die Herkunft der Gesteine von Steinbeilen zu ermitteln.

> Mikroskopisch untersucht wurden auch die Gesteine der riesigen Säulen und Steinblöcke, aus denen das *Stonehenge* bei Salisbury erbaut wurde. Anlaß dieser Untersuchungen war die Feststellung, daß es

in der näheren und weiteren Umgebung des Stonehenge keine Gesteinsvorkommen gab, die das dort verbaute Material hätten liefern können. Die mikroskopische Untersuchung ergab, daß die Gesteine aus einem Gebiet stammen, das 240 km Luftlinie, aber mindestens 390 km Landweg von Salisbury entfernt ist, wobei zwischen dem Vorkommen und dem Verwendungsort der Steine ein zur Erbauungszeit völlig unwegsames, sumpfiges und hügeliges Gelände lag. Da es noch keine einleuchtende Erklärung gibt, wie im 3. Jahrtausend v. Chr. Steinmassen dieser Dimensionen in der Menge über eine derart weite Strecke transportiert werden konnten, verwarf man die noch vor wenigen Jahren vertretene Auffassung, die Säulen seien von Menschen über diese weite Strecke transportiert worden. Auch für die Auffassung, die Steinblöcke seien durch Gletscher in das Gebiet des Stonehenge transportiert worden, gibt es keine sicheren Hinweise. Zur Zeit vertritt man die Auffassung (Bartenstein u. Fletcher 1987), daß es sich um Reste einer im Laufe der Zeit abgetragenen tertiären Überdeckung handelt. Dabei wird auf Reiseberichte aus dem 18. Jahrhundert hingewiesen, die auch in der Umgebung des Stonehenge noch solche Gesteinsblöcke erwähnen, die aber im Laufe der Zeit verschwunden sind.

Ein überzeugendes Beispiel eines Herkunftsnachweises durch petrographische Untersuchungen lieferte das Material von ca. 2500 *Steingeräten* aus dem Gebiet von Braunschweig (Schwarz-Mackensen u. Schneider 1983). Ein großer Teil der Beile war typologisch sehr einheitlich und bestand aus einem Material, das von zahlreichen Fundstellen zwischen der Tschechoslowakei und den Niederlanden häufig und eindeutig beschrieben worden war. Bei diesem Gestein handelt es sich um einen aufgrund seiner mikroskopischen Merkmale eindeutig zu definierenden Aktinolith-Hornblende-Schiefer, der aufgrund der makroskopischen Merkmale als Grünstein oder Amphibolit beschrieben worden war. Die mikroskopische Untersuchung zeigte, daß es sich bei dem in Mitteleuropa so weit verbreiteten Gesteinstyp von Steinbeilen nicht um Material aus Skandinavien, dem Harz oder Ostbayern handelt. Als auch durch vertiefte Untersuchungen die Vorkommen verwandter Gesteine in der Tschechoslowakei und in Polen nicht als Rohmaterial der Steinbeile in Frage kamen, konzentrierte sich die Suche nach der Lagerstätte auf den Balkan, wo schließlich im Hohen Balkan und in den Westkarpaten Vorkommen gefunden wurden, deren Gesteine sowohl in der chemischen Zusammensetzung als auch bei den mikroskopischen Merkmalen mit denen der Steinbeile übereinstimmten. Offensichtlich sind die Steinbeile aus diesem Material, die sich in weiten Teilen Mitteleuropas finden, von aus dem Donauraum nach Nordwesten vordringenden Bevölkerungsgruppen mitgebracht und an ihren neuen Siedlungsorten verwendet wurden. Diese Wanderungsbewegung erfolgte vor dem mittleren Neolithikum. Ab dem Spätneolithikum überwiegen in Mitteleuropa eindeutig Steinbeile aus lokalen Materialien, wodurch ein Ende des Zustroms aus dem Balkan markiert wird.

Auch bei den *Memnons-Kolossen* in Mittelägypten, die im 14. Jh. v. Chr. auf der Westseite des Nils bei Theben errichtet wurden, entbrannte eine heftige Diskussion über die erstaunlichen Fähigkeiten der Ägypter, gewaltige Steinmassen über große Entfernungen zu transportieren, als entdeckt wurde (Heizer et al. 1973), daß der Quarzit, aus dem die beiden Skulpturen herausgemeißelt wurden, aus

Abb. 25. Das Grabmal des Theoderich in Ravenna.

dem Gebel el Ahmar bei Kairo stammte. Die beiden Steinkolosse hätten also 680 km nilaufwärts transportiert werden müssen, was zu dieser Zeit mit einem geradezu unerklärlichen technischen Aufwand verbunden gewesen wäre. Der Quarzit der Memnons-Kolosse stammt jedoch nicht aus dem Gebel el Ahmar, sondern aus den näher, und was den Transportaufwand betrifft, viel bequemer gelegenen Quarzitbrüchen bei Assuan (Klemm et al. 1984). Durch eine weitere Serie von Neutronenaktivierungsanalysen und petrographischen Untersuchungen wurde diese Auffassung weiter untermauert (Stross et al. 1988).

Auch aus dem Mittelalter kennt man Beispiele solch erstaunlicher Transportleistungen. Die Untersuchung der *Kuppel des Grabmals des Theoderich* in Ravenna (Abb. 25), das 520 n.Chr. errichtet wurde, ergab, daß sie aus einem einzigen ca. 250 t schweren Block aus istrischem Kalkstein aus dem Bereich der nordöstlichen Adriaküste stammt und auf dem Meer, dann aber auch noch ein beträchtliches Stück auf dem Landweg zu Theoderichs Grabmal bewegt wurde.

Aus dem Bereich der mittelalterlichen Archäologie hat die Untersuchung von *Wetz- und Schleifsteinen* aufsehenerregende Ergebnisse geliefert. Aus der Grabung am Burgwall in Berlin-Spandau wurden ca. 150 Geräte dieser Art untersucht und festgestellt, daß der größte Teil aus Schiefern, Quarziten und Grauwacken aus Thüringen bestanden. Dadurch war geklärt, daß der Berliner Raum im Mittelalter intensive Handelsbeziehungen mit dem Süden hatte, und weitergehende Untersuchungen ergaben, daß noch andere Waren, wie Perlen aus Mineralien, aus Thüringen stammten. Überraschend war die Beobachtung, daß auch ein beachtlicher Teil der mehr als 10000 Wetz- und Schleifsteine, die in Haithabu bei Schleswig ebenfalls in einer mittelalterlichen Siedlung gefunden worden waren, aus Thüringen stammten. Die mikroskopische Untersuchung der Dünnschliffe ergab, daß 90 % des Materials aus Skandinavien stammte, während 10 % nicht eindeutig zugeordnet werden konnten. Bei diesen 10 % handelt es sich weitgehend um Wetz- und Schleifsteine aus Thüringen.

Bei Gesteinen, die sich nicht durch charakteristische mikroskopische Merkmale auszeichnen, weil sie z. B. wie Marmor, Obsidian oder Feuerstein, nur aus einem einzigen Mineral bestehen, spielt die Spurenelementanalyse eine besondere Rolle. Auch bei Gesteinen, die aus verschiedenen Mineralien zusammengesetzt sind oder die, wie Kalksteine, durch ihren Fossilgehalt schon Ansatzpunkte zur Lokalisierung liefern, wird häufig die Spurenelementanalyse eingesetzt, da sie mit kleineren Proben auskommt, zusätzliche, den mikroskopischen Befund erweiternde Kriterien zur Herkunftsbestimmung liefert, zur Auswertung der Daten statistische Verfahren einzusetzen sind, anschaulichere Möglichkeiten der Bildung von Materialgruppen bietet und an an relativ großen Serien durchzuführen ist.

Besonders intensiv wurden *ägyptische Kalksteine* in Hinblick auf ihre chemische Zusammensetzung untersucht, da die Ägyptologie aus solchen Analysen wichtige Hinweise zur Herkunft der zahllosen Kalksteinskulpturen aus altägyptischer Zeit erhält. Proben von 23 der inzwischen bekannten 48 Kalksteinbrüche entlang des Niltales wurden analysiert (Harrell 1992). Da die Kalksteinbrüche in Gesteinsserien aus 6 verschiedenen geologischen Formationen angelagert waren, ergab schon die röntgenfluoreszenzanalytische Bestimmung von Kalzium, Magnesium, Silizium und Aluminium und die Auswertung mit Hilfe eines $CaO/CaO+MgO$ zu SiO_2/Al_2O_3-Diagramms sichere Hinweise zur Herkunft der Proben. In Kombination mit den Befunden von Dünnschliffuntersuchungen liefert diese Art der Herkunftsbestimmung eindeutige Ergebnisse.

Bei *Obsidianen* aus 15 Vorkommen aus dem regional relativ engen Bereich zwischen den vulkanischen Inseln Italiens und der mittleren Türkei unterschieden sich die Strontium-/Rubidiumverhältnisse so eindeutig voneinander, daß jedes Obsidianobjekt seinem Herkunftsort zugeordnet werden kann (Gale 1981; Abb. 26).

Mit Hilfe der Neutronenaktivierungsanalyse und dem PIGE (particle-induced gamma ray emission) wurden Obsidianobjekte von 22 prähistorischen Fundorten in der Türkei und dem Vorderen Orient aus der Zeit zwischen

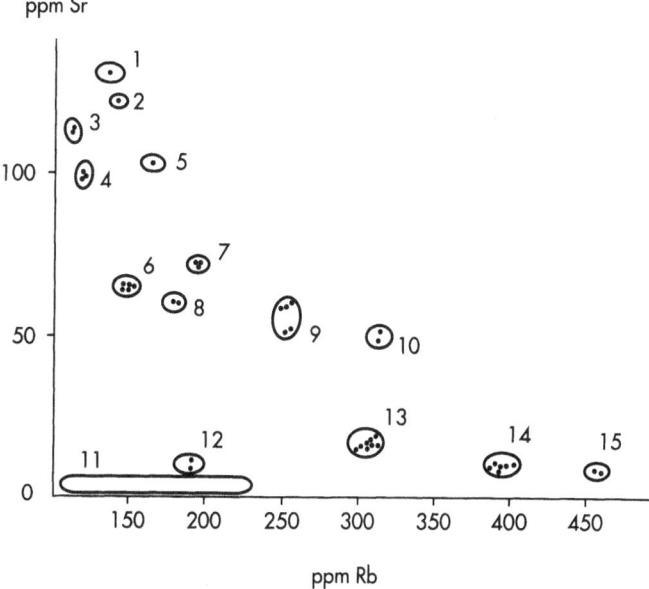

Abb. 26. Unterschiedliche Rubidium-/Strontiumverhältnisse bei Obsidianen aus dem Mittelmeerraum.
1 Kars, *2* Norditalien, *3* Melos D, *4* Melos A, *5* Acigöl 1, *6* Giali, *7* Erdöbenye, *8* Acigöl 3, *9* Sardinien, *10* Vulcano, *11* Pantelleria, *12* Çiftlik, *13* Lipari, *14* Antiparos, *15* Palmarola.

dem 2. und dem 9. Jahrtausend v. Chr. untersucht (Gratuze et al. 1993). Von den Proben wurden 13 Elemente, vorwiegend Spurenelemente, quantitativ bestimmt. Die Proben ließen sich 7 Hauptmaterialgruppen und einer größeren Anzahl von Untergruppen zuordnen, die bestimmten Obsidianvorkommen zugeordnet werden konnten.

Neben der Bestimmung des Rubidium-/Strontiumverhältnisses eignet sich auch das $^{87}Sr/^{86}Sr$-Verhältnis zur Bestimmung der Herkunft von Obsidian (Gale 1981). Somit stehen zur Lokalisierung von Obsidianen mehrere Möglichkeiten zur Verfügung, die zuverlässige Aussagen liefern.

Bei *Marmoren*, bei denen die herkömmliche Dünnschliffanalyse lediglich durch die Bestimmung der bei den einzelnen Sorten stark variierenden Korngrößen zur Herkunftsbestimmung beiträgt, vermittelt die Kathodolumineszenz, die entsteht, wenn die Marmoroberfläche von einem Elektronenstrahl getroffen wird, zusätzliche nützliche Informationen. Über 1000 untersuchte Marmorproben aus der Türkei, Griechenland und Italien zeigen deutliche Unterschiede zwischen den Sorten verschiedener Herkunft. Es lassen sich 3 Hauptgruppen unterscheiden: mit einer orangen, mit einer bläulichen und einer roten Lumineszenz. Orange und bläulich erscheinen kalzitische Marmore, während die dolomitischen Marmore eine rötliche Lumineszenz erkennen lassen. Somit ist dieses Verfahren zur Vorklassifikation gut geeignet.

Bei den Marmoren hat sich die Isotopenanalyse zu einem wichtigen Instrument zur Herkunftsbestimmung erwiesen (Abb. 27), da sich das Verhältnis des Sauerstoffisotops ^{18}O und des Kohlenstoffisotops ^{13}C bei den wichtigsten Marmorvorkommen sehr deutlich unterscheidet (Craig u. Craig 1972). Die Schwankung der Isotopenverhältnisse einer bestimmten Marmorsorte ist jedoch größer, als nach den ersten Untersuchungen an rezentem Steinbruchmaterial angenommen wurde, und man stellte fest, daß als Material der antiken Marmorverarbeitung weit mehr Marmorvorkommen in Betracht kamen, als vermutet wurde. So wird heute die Lokalisierung von Marmoren aufgrund ihrer Isotopendaten durch ein in einigen Fällen mehrfaches Überlappen von Daten verschiedener Marmorsorten erschwert. Dennoch erlaubt die Isotopenanalyse eine Vorauswahl der in Frage kommenden Vorkommen und die Anwendung weiterer Verfahren, etwa der Spurenelementanalyse oder der Bestimmung der Korngröße, so daß dann in der Regel einwandfreie Aussagen zur Herkunft des Marmors möglich sind.

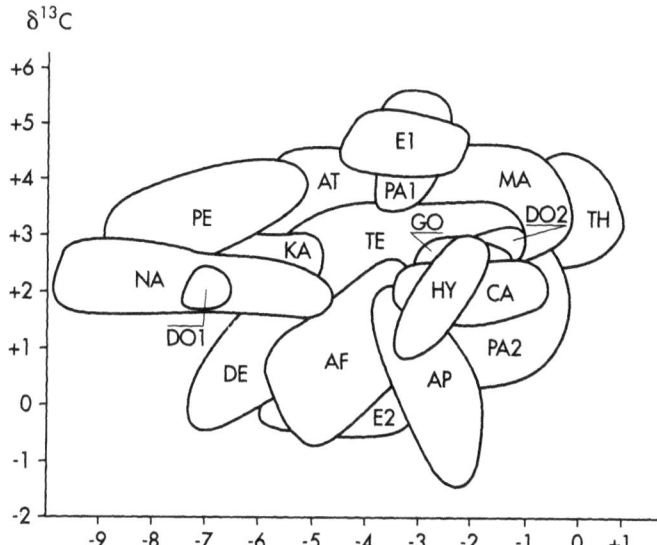

Abb. 27. Unterschiedliche Verhältnisse der Kohlenstoff- und Sauerstoffisotope in Abhängigkeit von der Lagerstätte.
AF Afyon, *AP* Aphrodisias, *AT* Atrax, *CA* Carrara, *DE* Denizli, *DO* Doliana, *EP* Ephesus, *GO* Gonnos, *HY* Hymettoss, *KA* Kastrion, *MA* Marmara, *NA* Naxos, *PA* Paros, *PE* Penteli, *TE* Tempi, *TH* Thasos.

Obwohl die Möglichkeit, die Herkunft von Marmoren aus der Isotopenanalyse abzuleiten, bereits bekannt ist, konzentrierten sich die analytischen Arbeiten in erster Linie auf die Untersuchung von Proben aus antiken Steinbrüchen und geologisch interessanten Vorkommen, während Anwendungen an kulturgeschichtlichen Objekten relativ selten geblieben sind. Eine umfassendere Untersuchung in dieser Richtung wurde 1980 an Marmorportraits aus dem Antiquarium der Münchener Residenz durchgeführt (Riederer u. Hoefs 1980). Auch wenn aufgrund des damals erst recht geringen Vergleichsmaterials einzelne Angaben zur Lokalisierung revisionsbedürftig sind, gelang es doch, die wichtigsten Herkunftsgebiete der Marmore für die antiken Stücke, die Arbeiten der Renaissance und die Kopien des 19. Jahrhunderts zu erkennen, wobei sich bei der Diskussion der Ergebnisse mit dem Historiker wichtige Befunde zur geschichtlichen Situation zur Zeit der Herstellung der Marmorportraits ergaben.

Eine weitere Möglichkeit der Herkunftsbestimmung von Gesteinen ist die Messung magnetischer Suszeptibilität nach einem Verfahren, das sich durch die einfache Durchführung, geringe Kosten und sichere Angaben zur Herkunft der Gesteine auszeichnet (Williams-Thorpe u. Thorpe 1993). Die Messung läßt sich direkt am Objekt durchführen. Die untersuchten *römischen Granitsäulen* ließen sich Steinbrüchen auf Sardinien, Korsika, in Bulgarien, mehreren nordwesttürkischen Vorkommen und dem Granitgebiet in Südägypten zuordnen. Nach den Erfolgen mit der Lokalisierung von Graniten soll das Verfahren nun zur Bestimmung der Herkunft neolithischer Steingeräte eingesetzt werden.

Keramik

Keramische Erzeugnisse wurden entweder als Behältnis für Waren oder aufgrund ihrer hohen künstlerischen Qualität über weite Entfernungen transportiert. Dies gilt für das in Europa geschätzte chinesische Porzellan in gleicher Weise wie für antike Keramikgruppen in der Art der griechischen Vasen oder der römischen Terra Sigillata. Die Herkunftsbestimmung und die Unterscheidung originaler Erzeugnisse von Nachahmungen ist deshalb eine wichtige Aufgabe der Materialanalyse. Zwei Techniken bieten sich für die Keramikanalyse an, nämlich die mikroskopische Untersuchung, die Erfolg verspricht, weil Keramiken aus einer Vielzahl von Mineralien zusammengesetzt sind, und die chemische Analyse, die zur Lokalisierung besondere Vorteile verspricht, weil zur Keramikherstellung Tone unterschiedlichster Art verwendet wurden.

Einen besonders günstigen Ansatzpunkt für die Gewinnung von Daten für die Herkunftsableitung keramischer Objekte aus ihren Materialdaten boten die Arbeiten über *griechische Spitzamphoren* (Börker 1983), die als ebenso vielseitige, wie billige Transportbehälter für flüssige und andere leicht verschüttbare Waren in weiten Gebieten der griechischen Welt hergestellt worden waren. Dabei können die verschiedenen Herstellungszentren nicht nur durch für sie charakteristische Amphorengrößen und -formen unterschieden werden, sondern meist auch durch einen in den oberen Henkelrand eingedrückten Stempel. Da sich im Antikenmuseum der Staatlichen Museen zu Berlin der größte Teil eines rund 600 Henkel umfassenden Fundkomplexes, der 1886 auf der Burg von Pergamon geborgen werden konnte, befindet, war es möglich, dieses Material chemisch zu analysieren (Slusalleket al. 1983). Es ergab sich, daß Henkel aus Rhodos und die Henkel aus Kos eindeutige Gruppen mit identischer Zusammensetzung bilden. Auch die Henkel von Knidos bilden eine sehr präzise Gruppe, die sich aber mit den relativ stark streuenden Proben aus Thasos überlagert. Zusammen mit den Ergebnissen von Dünnschliffuntersuchungen war aber in allen Fällen eine sichere Zuordnung möglich. Diese Untersuchung war von besonderem archäologischem Interesse, da in Kos Amphoren hergestellt wurden, deren Henkel nicht die übliche Form der Gefäße dieser Insel hatten, sondern Henkel rhodischer Amphoren nachahmten. Auch mit dem Stempel von Smyrna (Izmir) versehene Henkel hatten nicht selten eine rhodische Form.

Am eindrucksvollsten ist nach wie vor die Möglichkeit, die Herkunft der Terra Sigillata aus ihrer chemischen

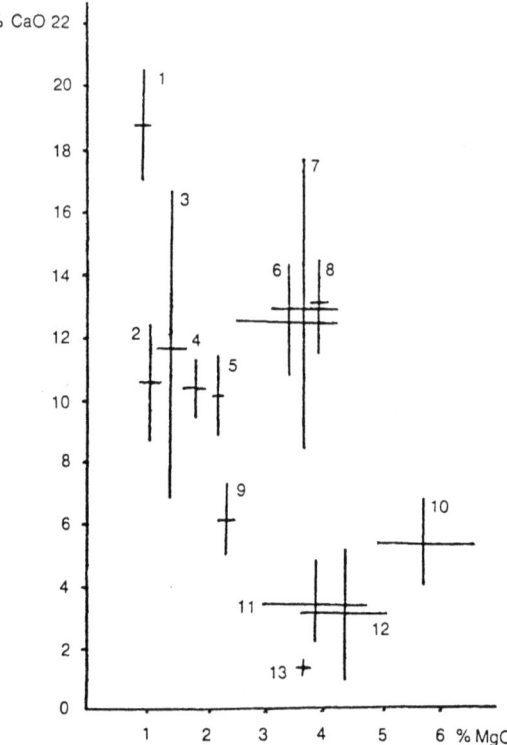

Abb. 28. Der Zusammenhang zwischen Kalzium-/Magnesiumverhältnis von Terra sigillata und dem Herkunftsort.

Zusammensetzung zu ermitteln, da allein schon das Kalzium-/Magnesium-Verhältnis wichtige Hinweise zur Herkunft geben kann (Abb. 28; Magetti u. Küpfer 1978).

Wo immer von einer homogen erscheinenden, aber an verschiedenen Stellen produzierten Keramik ausreichend Analysedaten vorliegen, ist es möglich, die Tonlagerstätten zu ermitteln. In der Regel sind die Tonlagerstätten mit dem Herstellungsort der Keramik identisch, da sich erstens die Töpfer dort ansiedelten, wo es geeignete Tone gab, und da es zweitens überall Tonlagerstätten in ausreichender Anzahl gab, so daß es nicht notwendig war, den Ton über weitere Entfernungen zum Verarbeitungsort zu transportieren.

Nur in Einzelfällen kam es vor, daß Tone mit besonderen Eigenschaften nicht allein an ihrem Ursprungsort verarbeitet wurden. Dies gilt z. B. für *graphithaltige Tone*, die im Gebiet von Passau gewonnen, aber im weiten Umfeld im Alpenraum und im westlichen Bayern verarbeitet wurden.

Zur Erkennung der Graphitkeramik bietet sich die Mikroskopie an, da im Dünnschliff die opaken Graphitschuppen leicht zu erkennen sind.

Es gibt noch eine Reihe anderer Mineralien, die ausgesprochen herkunftstypisch sind. Im Ton relativ großer römischer Amphoren, die in Manching gefunden wurden, fanden sich z. B. Mineralien vulkanischer Gesteine, wie Leuzite sowie spezielle Feldspäte und Hornblenden, die es in der Umgebung of Manching in dieser Ausbildung nicht gibt, jedoch für die vulkanischen Gesteine aus der Gegend zwischen Rom und Neapel ausgesprochen typisch sind. Hier waren offensichtlich Gefäße, die im südlichen Mittelitalien hergestellt wurden, als Transportbehälter für Wein, Öl oder ähnliche Nahrungsmittel nach Süddeutschland transportiert worden.

Malerei

Bei der Untersuchung von Gemälden ist man heute in der Lage, viele Pigmente durch ihre Materialeigenschaften so zu charakterisieren, daß man Sorten verschiedener Herkunft unterscheiden kann.

Dies gelingt in erster Linie durch eine Spurenelementanalyse, weil man davon ausgehen kann, daß Pigmente, die in verschiedenen Gebieten hergestellt wurden, unterschiedliche Spurenelementgesellschaften aufweisen, da lokale Ausgangsmaterialien verwendet wurden. Dies konnte z. B. bei Bleiweiß sehr überzeugend nachgewiesen werden (Lux et al. 1980). Niederländisches Bleiweiß zeichnet sich durch deutlich höhere Silber- und Antimongehalte aus als das italienisches Bleiweiß. Ursache dieser Unterschiede ist die Verwendung von Bleierzen geologisch unterschiedlicher Entstehung, und zwar der sedimentären Bleierze alpiner Lagerstätten, mit denen Italien versorgt wurde, und der Bleierze aus magmatischen Ganglagerstätten, die nördlich der Alpen abgebaut und in Holland verarbeitet wurden. Die Zuverlässigkeit dieser Methode wird durch Untersuchungen am Bleiweiß von *Rubens-Gemälden* bestätigt, die in der Regel mit niederländischem Bleiweiß gemalt sind, während zu dem 1608 in Mantua entstandenen »Selbstbildnis im Kreis Mantuaner Freunde« italienisches Bleiweiß verwendet wurde. Auch bei *Tiepolo* läßt sich durch Bleiweißanalysen unterscheiden, welche Gemälde in Italien und welche nördlich der Alpen in Würzburg entstanden.

Auch andere Pigmente lassen sich aufgrund ihrer Eigenschaften differenzieren, wie die große Gruppe der natürlichen Eisenoxidfarben in der Art von Ocker oder Umbra, jedoch wurde noch nie versucht, Beziehungen zu den einzelnen bekannten Lagerstätten dieser Erdfarben herzustellen.

Holz

Zur Herkunftsbestimmung von Holz gibt es einen zwar etwas ausgefallenen, aber für die kulturgeschichtliche Forschung doch recht aussagekräftigen Ansatzpunkt, die Dendrochronologie. Dieses Untersuchungsverfahren ist eigentlich eine Methode der Altersbestimmung. Holzbotaniker wenden dieses Verfahren aber schon lange an, um für einen bestimmten Standort die klimatischen Bedingungen vergangener Jahrhunderte zu erforschen, da die Breite eines Jahresrings wiedergibt, ob das Jahr, in dem er sich bildete, feucht oder trocken war. Die Abfolge der Jahresringe kann somit zu historischen Ereignissen an einem bestimmten Ort in Beziehung gesetzt werden, etwa zu lange anhaltenden Dürreperioden oder einer Folge von völlig verregneten Jahren mit den entsprechenden Auswirkungen auf das Leben zu dieser Zeit. Da die Abfolge der Jahresringbreiten so präzis die klimatische Situation am Standort des Baumes wiedergibt, kann daraus die regionale Herkunft des Holzes bestimmt werden.

Die Untersuchung von Bauholz, das im Mittelalter in Trier verarbeitet wurde, ergab eindeutig, daß es sich um Holz aus dem Schwarzwald handelte, das offensichtlich rheinabwärts und dann moselaufwärts nach Trier transportiert worden war.

Bei der Untersuchung der Holztafeln von Gemälden aus dem niederländischen und flämischen Bereich zeigte sich, daß sich die Jahresringfolgen der Eichentafeln nicht mit der regionalen Eichenchronologie, die vor allem an Bauholz erstellt worden war, in Einklang bringen ließ. Es ergab sich schließlich, daß die Abfolge der Jahresringe der Gemälde aus diesem Bereich weitgehend identisch war mit denen aus dem baltischen Bereich. Nach eingehenden und vergleichenden Untersuchungen mit Hölzern aus Polen ergab sich mit Sicherheit, daß Eichenholzplanken aus Polen über Danzig nach den Niederlanden und nach Belgien verschifft wurden und dort zur Tafelmalerei verwendet wurden. Nach 1630 finden sich keine niederländischen und flämischen Tafelbilder mehr auf polnischem Eichenholz, da durch den 30jährigen Krieg die Handelswege unterbrochen wurden.

Bernstein

Ein schon klassisches Beispiel der Herkunftsbestimmung ist die Lokalisierung von Bernsteinvorkommen. Schon um 1870/80 hatte der Danziger Apotheker Helm behauptet, daß er mit Hilfe der Succinanalyse des Bernsteins nachweisen könnte, daß es sich bei den Bernsteinfunden Schliemanns in Mykene um baltischen Bernstein handelt. Obwohl sich später seine Beweisführung als unzulässig herausstellte, erkannte er die Chance, die Herkunft des Bernsteins aus der Bestimmung seiner organischen Komponenten ableiten zu können. Tatsächlich gelingt es mit Hilfe der Infrarotspektralanalyse, die Herkunft von Bernstein zu bestimmen (Beck et. al. 1967); heute bereitet die Lokalisierung von Bernstein keine Schwierigkeiten mehr (Rottländer 1985).

Inzwischen bieten aufwendigere analytische Techniken wie die Pyrolysegaschromatographie noch bessere Möglichkeiten, um die Herkunft von Bernstein zu bestimmen. Da Bernstein nur in wenigen Gebieten gefunden wird, kann mit Hilfe dieser Analyse der Historiker frühe Handelsbeziehungen ableiten (daraus entwickelte sich auch der Begriff »Bernsteinstraße«, die von den Vorkommen an der Ostsee Richtung Süden führte).

Zur Bernsteinanalyse wurde auch die C-13-NMR-Spektroskopie eingesetzt (Lambert et al. 1988). Dabei steht der hohe Probenverbrauch von ca. 100 mg einer verbreiteteren Anwendung dieses Verfahrens zur Lösung kulturgeschichtlicher Probleme noch im Wege, dennoch konnte die Struktur von Bernstein noch präziser aufgeklärt werden, so daß sich weitere Ansatzpunkte zur Lokalisierung dieses Harzes ergeben.

4 Alter

Zur Altersbestimmung gibt es die Möglichkeit, Methoden der absoluten Altersbestimmung einzusetzen oder das Alter aus bestimmten Merkmalen abzuleiten, die für die Zeit der Herstellung kennzeichnend sind. Es hängt in erster Linie vom Material ab, welchen Weg man einschlägt. Für Metallobjekte gibt es keine brauchbaren Verfahren der absoluten Altersbestimmung, dafür aber ein sehr umfangreiches Datenmaterial, so daß man versuchen wird, aus dem Vergleich der Gehalte an Haupt- und Spurenelementen mit den Analysen genau datierter Objekte auf das Alter zu schließen. Bei Keramiken andererseits bietet die absolute Altersbestimmung nach dem Thermolumineszenzverfahren so brauchbare Möglichkeiten der Datierung, daß man kaum einen anderen Weg gehen wird, um das Alter herauszufinden.

Metall

Bei *Goldobjekten* wird die Schwierigkeit der Altersbestimmung mit naturwissenschaftlichen Methoden besonders deutlich. Ein Verfahren der absoluten Altersbestimmung von Gold gibt es nicht, da sich die Materialeigenschaften vom Zeitpunkt der Verarbeitung an nicht verändern. Beispiele, daß aus der chemischen Zusammensetzung auf das Herstellungsalter eines Goldobjekts geschlossen werden kann, gibt es lediglich bei Goldmünzen, die der üblichen Münzentwertung unterworfen sind. Sonst läßt sich beim gegenwärtigen Stand der Kenntnisse aber nicht einmal feststellen, ob ein Objekt in griechischer, etruskischer oder römischer Zeit entstand, da Goldobjekte keine vom Herstellungsalter abhängigen Merkmale der Zusammensetzung aufweisen. Denkbar wäre ein Ansatz, das Herstellungsalter aufgrund technologischer Merkmale abzuleiten, da sich die Herstellungstechniken von Golddraht oder der Granulation in der Antike aufgrund einer rasch fortschreitenden technologischen Entwicklung kurzzeitig veränderten.

Das gleiche gilt für das *Silber,* für das es weder Datierungsverfahren noch Anhaltspunkte aus der Zusammensetzung gibt, die Rückschlüsse auf das Alter ermöglichen.

Bei den *Kupferlegierungen* gibt es ebenfalls keine direkte Möglichkeit, ein Verfahren der absoluten Altersbestimmung einzusetzen. Bei hohl gegossenen Statuetten, deren Gußkern noch erhalten ist, kann die Thermolumineszenzanalyse eingesetzt werden, da sich der Kern wie ein keramisches Material verhält, dessen Brennzeitpunkt ermittelt werden kann. Bei den Kupferlegierungen kann aber die Zusammensetzung Hinweise auf die Entstehungszeit geben, wobei derartige Aussagen um so zuverlässiger sind, je umfangreicher das Datenmaterial ist. Generell gibt es bei den Kupferlegierungen eine zeitliche Entwicklung, die zur Einführung neuer Legierungen zu bestimmten Zeiten führte (s. S. 30 ff). Die Zusammensetzung gibt also einen ersten Hinweis über die Herstellungszeit, wobei es jedoch nur möglich ist, eine frühe Entstehungszeit für ein Objekt auszuschließen, das aus einem später entwickelten Metalltyp besteht. Ein Objekt mit über 30 % Zink kann nicht im Mittelalter oder in der Antike oder eine stark bleireiche Bronze sollte nicht vor dem 1. Jahrtausend v. Chr. entstanden sein.

Geht man mehr in die Einzelheiten der analytischen Merkmale der Kupferlegierungen, so kann man auch innerhalb engerer Zeiträume Veränderungen der Zusammensetzung erkennen, die dann eine Alterszuordnung ermöglichen. Ein Beispiel dafür sind die für bestimmte Bereiche Mitteleuropas in zeitlich engen Schritten festgelegten Legierungstypen (Junghans et al. 1968). Die Veränderungen der Zusammensetzungen der Metalle sind zu dieser Zeit in erster Linie auf die Herkunft der Kupfererze aus verschiedenen Lagerstätten zurückzuführen.

Bei *Münzen* ist fast ausnahmslos eine kontinuierliche Veränderung im Laufe der Zeit festzustellen. In der Regel hängt dies mit einer Verschlechterung des Münzmetalls im Rahmen einer allmählich fortschreitenden Geldentwertung zusammen (s. S. 249). In vielen Fällen hat die beobachtete Veränderung der Zusammensetzung von Münzen andere Gründe, wie z. B. eine andere Herkunft des Münzmetalles oder Veränderungen der Legierungsherstellung. Ein derartiges Beispiel sind untersuchte römische Kupfermünzen aus Nikopolis (Epirus) und Thessaloniki (Mazedonien) (Kallithrakos-Kontos et al. 1993). Die Analysen wurden nach dem PIXE-Verfahren an den Münzen selbst durchgeführt, nachdem die Patina entfernt worden war. Damit konnten 11 Elemente quantitativ erfaßt werden, so daß eine aussagekräftige statistische Behandlung der Daten möglich war. Sowohl in Nikopolis als auch in Thessaloniki ist um das Jahr 200 n. Chr. eine markante Veränderung der Zusammensetzung erkennbar: der Zinngehalt fällt deutlich ab, während die Gehalte an Zink und Antimon deutlich zunehmen. Dabei ist der Anstieg der Zinkgehalte für Thessaloniki charakteristisch, während in Nikopolis vor allem der

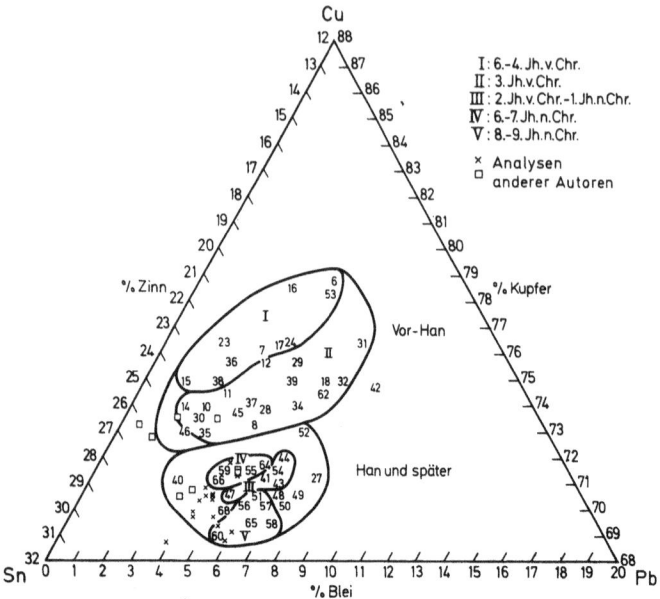

Abb. 29. Abhängigkeit der Zusammensetzung ostasiatischer Spiegel von der Herstellungszeit.

Antimongehalt deutlich höher wird. Während in Thessaloniki der Zinngehalt nach 200 n. Chr. der Münzen gering bleibt, steigt er in Nikopolis rasch wieder an. Auch hier können wirtschaftliche Faktoren, in erster Linie ein Ausbleiben der Zinnversorgung, eine Ursache der Veränderung der Zusammensetzung sein.

Dies ist jedoch nicht nur auf Münzen beschränkt, sondern wurde auch bei chinesischen Spiegeln beobachtet (s. S. 40). Untersuchungen an chinesischen Bronzespiegeln (Riederer 1977) aus der Zeit vom 6./5.Jh. v. Chr. bis zum 10./9.Jh. n. Chr. zeigen, daß im Laufe der Zeit der Kupfergehalt abnimmt und der Blei- vor allem aber der Zinngehalt kontinuierlich zunimmt. Die Ursache dieser Veränderung kann in der technologischen Erfahrung liegen, daß sich zinnreichere Spiegel besser polieren lassen und einen besonders guten Spiegeleffekt ergeben (Abb. 29).

Derartige Zusammenhänge gibt es nicht nur im Bereich der bronzezeitlichen und antiken Objekte, wo sie vor allem deshalb so deutlich hervortreten, weil große Mengen an Objekten untersucht wurden, sondern auch im Bereich der kunsthandwerklichen Objekte aus neuerer Zeit. Aus Nürnberg wurden am Rathgen-Forschungslabor Erzeugnisse der Renaissancewerkstätten aus der Zeit von 1450 bis 1620 untersucht und festgestellt, daß zu verschiedenen Zeiten Kupfererze aus verschiedenen Gebieten verarbeitet wurden (Abb. 30). Dies hat zur Folge, daß sich 6 chemische Elemente der in Nürnberg zu dieser Zeit verarbeiteten Messinge kontinuierlich verändern.

Auf diesen Ergebnissen aufbauend konnte unter anderem geklärt werden, daß Messingleuchter aus einem vor der jugoslawischen Küste versunkenen Schiff um 1580–1620 hergestellt sein mußten, da ihre Zusammensetzung in den Haupt- und in den Spurenelementen sehr genau mit datierten Objekten aus Nürnberg übereinstimmten.

Auch konnten in der Auseinandersetzung um das Alter der Christusstatue am Chor der St. Sebalduskirche in Nürnberg wichtige Hinweise gegeben werden. Die Statue war aufgrund einer Inschrift als eine Arbeit der Wurzelbauer-Werkstatt aus dem Jahr 1625 datiert. Diese Zuschreibung wurde aufgrund stilistischer Merkmale in Zweifel gezogen, die durch die Materialanalyse bestätigt wurde, da ein Legierungstyp vorlag, der 100 Jahre eher verwendet wurde. Eine Herstellung um 1514, die von Historikern auch begründet wurde, ist daher für diese Skulptur eher anzunehmen.

Beim *Blei* gibt es eine bescheidene, in der Praxis kaum eingesetzte Möglichkeit der absoluten Altersbestimmung: die Blei-210-Methode (Keisch 1967, 1968).

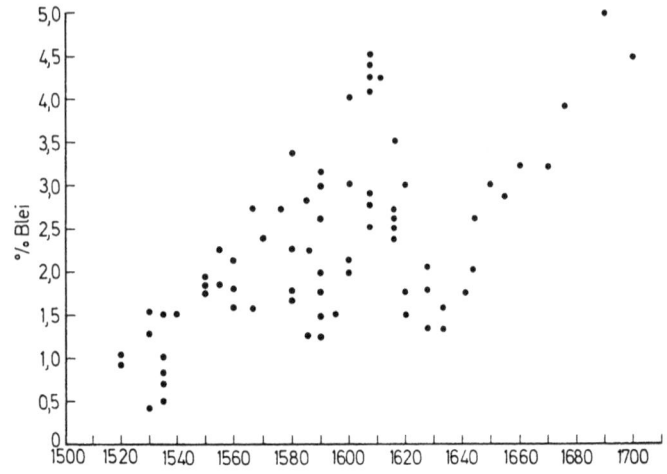

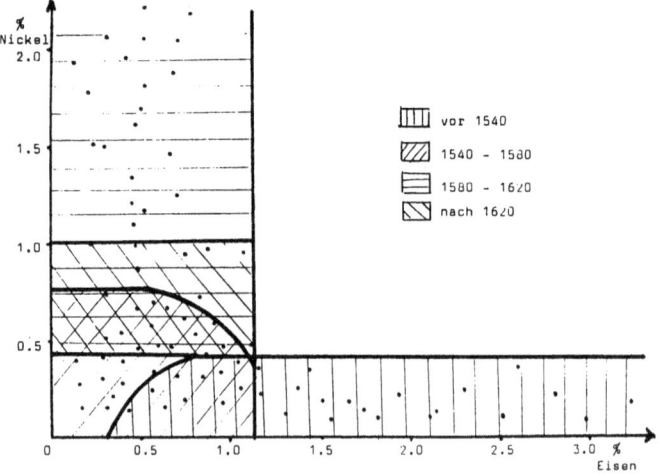

Abb. 30. a–c Veränderung der Zusammensetzung von Nürnberger Messingerzeugnissen der Renaissance zwischen 1500 und 1620.

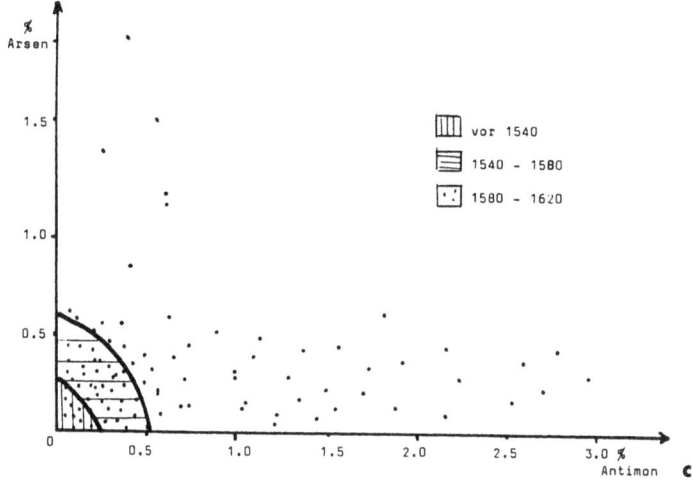

Sie ermöglicht theoretisch die Unterscheidung von Bleiobjekten, die in jüngster Zeit entstanden sind von älteren Erzeugnissen aus Blei. Da jedoch seit diesen Veröffentlichungen keine neuen Erkenntnisse mehr vorgelegt wurden, scheint diese Methode nur von geringem Nutzen zu sein.

Die Altersbestimmung von *Eisen* mit Hilfe der Radiokarbonmethode hat sich dagegen in den vergangenen Jahren besser entwickelt. Sie beruht auf der Tatsache, daß Eisen durch den Verhüttungsprozeß einen deutlichen Kohlenstoffanteil enthält, der eine Radiokarbondatierung zuläßt. Seit durch neue Entwicklungen der Meßtechniken wesentlich kleinere Probemengen für die Datierung erforderlich sind als für das traditionelle Verfahren, gibt es beim Eisen recht brauchbare Ansatzpunkte für eine zuverlässige Datierung.

Stein

Neben den Metallen läßt auch der Werkstoff Stein keine zuverlässigen Altersbestimmungen zu. Wie beim Metall scheitern auch beim Stein die Versuche einer absoluten Altersbestimmung an der Tatsache, daß sich ein Stein vom Augenblick seiner Bearbeitung an in keiner Weise verändert. Eine im 3. Jahrtausend v. Chr. in Ägypten entstandene Granitskulptur weist somit die gleichen Materialmerkmale auf wie ein gleichartiges Erzeugnis aus jüngster Zeit. Versuche das Alter aus dem Verwitterungszustand abzuleiten, beschränken sich auf Obsidian und Feuerstein.

Das Alter von *Obsidian* kann aus der Dicke der Verwitterungsrinde bestimmt werden, da man davon ausgehen kann, daß diese um so stärker ist, je länger das Objekt im Boden der Einwirkung von Verwitterungslösungen ausgesetzt war. Das bedeutet aber auch, daß nur Chronologien für einen einzelnen Fundplatz erstellt werden können, die nicht mit anderen Fundstellen vergleichbar sind, da die Intensität der Verwitterung sehr stark von den lokalen Bedingungen, etwa von der Bodenfeuchtigkeit, der Zusammensetzung der Bodenwässer und der Umgebungstemperatur abhängen. Deshalb wurde versucht, dem Bildungsmechanismus der Hydratrinden durch Laborversuche und durch genauere Überlegungen zur Temperatur des Bodens in verschiedenen Gebieten auf die Spur zu kommen. Nach solchen Vorarbeiten gelang es durch Untersuchungen an Obsidianen aus einer Siedlung des 14. Jh n. Chr. in New Mexico, Alterswerte zu erhalten, die recht genau den Ergebnissen der Radiokarbon- und der Thermolumineszenzanalyse von Funden aus diesem Ort entsprachen (Stevenson et al.1989). Die praktische Brauchbarkeit dieses Verfahrens ist somit erwiesen.

Zur Altersbestimmung von *Felszeichnungen* geht man davon aus, daß sie im Laufe der Zeit durch eine so kontinuierlich verlaufende Abwitterung der Oberfläche an Tiefe und Scharfkantigkeit verlieren, so daß eine Kalibrierung möglich und der Verwitterungsfortschritt ein Maß für das Alter ist. Die Faktoren, die den Verwitterungsfortschritt regeln, vor allem die Art und die Eigenschaften des Gesteins werden dabei berücksichtigt. Diese Untersuchungsmethodik wird am Beispiel von Felszeichnungen in einem granitischen Gneis vom Onega-See in Rußland vorgestellt. Dabei gelang es auch, Argumente gegen die Vermutung einer längerdauernden Überflutung der Zeichnungen aus dem Erosionsverhalten der Quarze und Feldspäte zu gewinnen.

Mörtel

Mörtel lassen sich mit der Radiokarbonmethode datieren, da bei der Reaktion des Kalkhydrats zum verfestigenden Kalziumkarbonat Kohlendioxid aus der Luft aufgenommen wird. Eine Voraussetzung für diese Datierung ist, daß bei der Herstellung des Kalkhydrats durch das Kalkbrennen der gesamte Karbonatanteil als Kohlendioxid in die Luft entwich und daß der Zuschlag zur Mörtelbereitung keinen Kalzit enthält. Mit Hilfe der Bestimmung der Kohlenstoff- und Sauerstoffisotope ist es möglich zu erkennen, ob die Karbonate allein durch die Karbonatisierung des Mörtels entstanden oder ob anderes karbonathaltiges Material vorhanden ist. Nach diesem Verfahren wurden Mörtel antiker griechischer Paläste untersucht und Daten erhalten, die mit den archäologischen Daten weitgehend übereinstimmen (Zouridakis et al. 1987).

Keramik

Zur Altersbestimmung von Keramik hat sich in den vergangenen Jahren die Thermolumineszenzanalyse durchgesetzt, die vielfältige Anwendungsgebiete gefunden hat.

Obwohl dieses Verfahren erst um 1960 entwickelt wurde, hat es sich zu einer der wichtigsten Techniken der physikalischen Altersbestimmung entwickelt. Das Verfahren beruht darauf, daß Elektronen in Mineralien, die in der Keramik vorhanden sind, durch Kernstrahlen, die von radioaktiven Komponenten der Keramik selbst oder des Bodens ausgehen, der archäologische Objekte umgibt, aus ihren normalen Umlaufbahnen um den Atomkern auf höhere Energieniveaus angehoben werden. Da durch die Energiezufuhr beim Brand der Keramik alle Elektronen auf ihre stabilen Bahnen zurückfallen, ist nach der Abkühlung der Keramik ein definierter Ausgangszustand erreicht. Die Menge der von diesem Zeitpunkt an auf höhere Energieniveaus angehobenen Elektronen ist somit ein Maß für das Alter der Keramik. Die Menge der Elektronen, die sich auf höheren Energieniveaus befinden, bestimmt man durch die Thermolumineszenzanalyse, bei der kleine Proben von weniger als 1 g von der Raumtemperatur auf 500 °C erwärmt werden. Dadurch fallen die angehobenen Elektronen wieder auf ihre ursprünglichen Energieniveaus zurück, wobei Energie in Form von sichtbarem Licht frei wird, dessen Menge gemessen werden kann. Aus der gemessenen Lumineszenz der Keramikprobe und der Intensität der Umgebungsstrahlung kann das Alter der Keramik berechnet werden. Die Genauigkeit der Altersbestimmung hängt in erster Linie von der Genauigkeit der Umgebungsdosis ab. Bei der Datierung von archäologischen Keramiken, die direkt aus der Ausgrabung kommen, in der die Strahlungsdosis des Bodens gemessen werden kann, oder bei der Datierung von Ziegeln aus Bauwerken, bei der Meßeinrichtungen in das Mauerwerk eingebracht werden können, läßt sich der Datierungsfehler auf ca. 5 % des absoluten Alters senken. Bei Keramiken aus Sammlungen, deren Fundumstände nicht bekannt sind, werden ein Mittelwert bzw. die theoretisch anzunehmenden Höchst- und Tiefstwerte für die Keramik eingesetzt, wobei Fehler um 30 % des absoluten Alters in Kauf genommen werden müssen.

Die Thermolumineszenzanalyse erfährt eine weitere Einschränkung durch die Tatsache, daß bisher zuverlässige Ergebnisse nur an Terrakotta erzielt wurden. Majolika, Fayence, Steingut, Steinzeug und Porzellan lassen sich mit diesem Verfahren noch nicht datieren, obwohl an einer Erweiterung dieses Verfahrens auf die höher gebrannten Keramiken schon seit einiger Zeit gearbeitet wird. Nicht datieren lassen sich auch Objekte, die zu nieder gebrannt sind, da in ihren Materialien noch Thermolumineszenz der geologischen Vergangenheit gespeichert ist, die durch die zu geringen Brenntemperaturen nicht vollständig ausgetrieben wurde. Vereinzelt kann auch die Zusammensetzung der Keramik, z. B. ein zu hoher Anteil an Kalkspat, an vulkanischen, verglasten Partikeln oder an organischer Magerung Schwierigkeiten bereiten. Dennoch hat die Thermolumineszenzanalyse vielfältige Einsatzgebiete. Neben der Datierung und der recht zuverlässigen Echtheitsprüfung archäologischer, völkerkundlicher und kunstgeschichtlicher Terrakotten hat sie sich zu einem wichtigen Datierungsverfahren für die Baugeschichtsforschung entwickelt.

Besonders umfangreiche Arbeiten auf dem Gebiet der Baugeschichtsforschung wurden in Norditalien ausgeführt, wo es um die Datierung von Bauten

Palladios ging (Goedicke et al. 1985). Dabei standen zwei Fragestellungen im Vordergrund: 1. die Datierung von Bauwerken, zu denen es keine Archivunterlagen gab, und 2. die Untersuchung von Bauphasen von Bauwerken bekannten Alters. Insgesamt wurden 9 Villen Paladios eingehender untersucht, von denen die Villa Almerico, genannt La Rotonda bei Vicenza, das bedeutendste der bearbeiteten Bauwerke darstellt. Durch die thermolumineszenzanalytischen Untersuchungen konnte das Baudatum der Rotonda präzisiert werden. Als höchster Alterswert der Ziegel wurde eine Herstellungszeit von 1575 ermittelt, woraus sich ein frühestmögliches Brenndatum von 1563 ergibt, so daß der in der Literatur als möglich angenommene Baubeginn in den frühen 1550er Jahren nicht in Frage kommt. Als nächst jüngere Ziegel wurden Steine mit einem Herstellungsalter um 1616 gefunden. Diese Ziegel stammen aus einer Bauphase unter Leitung des Architekten Scamozzi, der, wie aus Archivunterlagen bekannt ist, die Villa um diese Zeit vollendete. Als baugeschichtlich wichtiger Befund ergab sich, daß Bausteine von 1616 bereits in den unteren Bauteilen verwendet wurden, der Bau also weitgehend unter der Leitung von Scamozzi erstellt wurde. Auch dieser Befund war überraschend, da aus späterer Zeit Zeichnungen der Villa bekannt sind, bei denen die Treppenanlagen in unterschiedlicher Art dargestellt sind, wie z. B. in Palladios Architekturwerk, den Quattro Libri, und so wie wir sie heute vorfinden. Deshalb nahm man an, daß in der Mitte des 17. Jahrhunderts ein Umbau der von Palladio entworfenen Treppen in die heutige Form erfolgte. Aus den Thermolumineszenzdaten geht aber hervor, daß die Treppen schon zu Beginn des

17. Jahrhunderts in der heutigen Form errichtet wurden. Die Tatsache, daß noch in diesem Jahrhundert Architekturwerke mit Zeichnungen erschienen, die den ursprünglich vorgesehenen Zustand zeigen, erklärt sich einfach daraus, daß ihre Verfasser sich nicht nach dem tatsächlichen Zustand des Bauwerkes richteten, sondern ihre Informationen dem viel früher erschienenen Werk Palladios entnahmen. Die Zuverlässigkeit von Aussagen zu einem Bauzustand zu einem bestimmten Zeitpunkt aufgrund publizierter Zustandszeichnungen wurde somit in diesem Fall erschüttert.

Ein weiteres Beispiel aus dem Bereich der Anwendung der Thermolumineszenzanalyse in der Baugeschichtsforschung ist die Untersuchung früher norddeutscher Backsteinbauten im Lübecker Raum.

Weiter hat sich die Altersbestimmung von *Bronzestatuetten* durch die Datierung des Gußkernes zu einer brauchbaren Methode entwickelt, obwohl hier mit Ungenauigkeiten zu rechnen ist, da die die Thermolumineszenz bewirkende Umgebungsstrahlung durch die Metallwandung in einem schwer zu kalkulierendem Maß abgeschirmt wird. Dennoch erhielt das Rathgen-Forschungslabor recht brauchbare Ergebnisse bei der Altersbestimmung von Benin-Bronzen aus Westafrika.

Auf dem Prinzip der Thermolumineszenzanalyse aufbauend entwickelte sich in den vergangenen 10 Jahren die Datierung mit Hilfe der optisch stimulierten Lumineszenz (OSL, Abb. 31). Dazu wird die Probe mit dem Licht einer bestimmten Wellenlänge bestrahlt, das entweder mit Hilfe von Lasern oder für den ultravioletten und infraroten Bereich mit Xenon-Lampen erzeugt wird. Die verwendung verschiedener anregender Wellenlängen ist notwendig, weil die verschiedenen Mineralien unter-

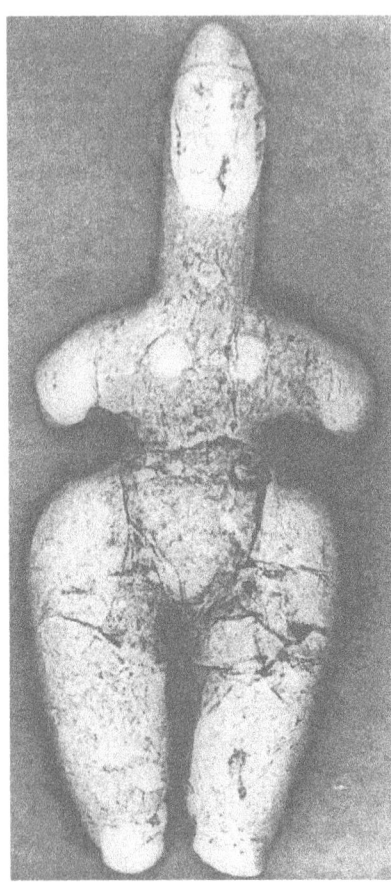

Abb. 31. Xeroradiographie einer antiken Keramikstatuette.

schiedlich auf die Einwirkung verschiedener Wellenlängen reagieren. Feldspäte zeigen z. B. im infraroten Bereich eine sehr starke Lumineszenz, während der Quarz in diesem Wellenlängenbereich völlig unempfindlich ist. Die OSL-Technik wurde bisher vor allem zur Datierung von Sedimenten eingesetzt (Smith et al.1990), neuere Untersuchungen lassen aber ein sehr breites Anwendungsgebiet gerade bei solchen Fällen erkennnen, bei denen die traditionelle Thermolumineszenzanalyse Probleme hatte, etwa bei der Datierung von Fayencen und der höher gebrannten Keramiken.

Bei einem zweiten denkbaren Einsatzgebiet, wo sich geologische und archäologische Interessen berühren, nämlich bei der Datierung von *Lavaströmen,* scheint die Thermolumineszenzanalyse dagegen weniger erfolgreich zu sein.

Im Zusammenhang mit der Echtheitsprüfung von Keramiken durch die Thermolumineszenzanalyse wird mitunter befürchtet, Fälschungen könnten in irgendeiner Weise, z. B. durch Bestrahlung so manipuliert werden, daß sich Daten ergeben, aus denen sich die Echtheit ableiten läßt. Bisher gibt es jedoch kein Objekt, das aufgrund der Thermolumineszenzanalyse antik, von den Archäologen aber eindeutig als Fälschung erkannt ist. Es gibt auch ziemlich umfangreiche Überlegungen von naturwissenschaftlicher Seite, die eine Möglichkeit der Manipulation ausschließen. Es ist lediglich denkbar, daß durch besondere Behandlungen der Einsatz der Thermolumineszenzanalyse nicht möglich ist.

Wenn eine Thermolumineszenzanalyse etwa aufgrund der Vorgeschichte eines Objektes nicht möglich ist, kann die Spaltspurenmethode eingesetzt werden, da sich dieses Verfahren auch zur Untersuchung uranreicher Mineralien eignet. Da die Spaltspuren bei erhöhten Temperaturen ausheilen, etwa beim Brennen von Keramik, kann aus der Anzahl der Spaltspuren wieder auf das Alter geschlossen werden. Diese Methode war z. B. bei der Klärung der Echtheit eines chinesischen Bronzepferdes, das das Metropolitan Museum in New York erworben hatte, von entscheidender Bedeutung, weil die einzige Möglichkeit des Einsatzes physikalischer Methoden zur Altersbestimmung in der Datierung des Gußkernes lagen. Das Pferd war jedoch im Rahmen der Echtheitsprüfung mehrfach geröntgt worden, und somit konnte die Thermolumineszenzanalyse nicht eingesetzt werden, weil die Strahlung eine künstliche Thermolumineszenz bewirkt. Die Spaltspurendatierung wird dagegen durch keine derartigen Einwirkungen gestört, so daß die Echtheit des Pferdes mit dieser Methode eindeutig bestätigt wurde.

Die Altersbestimmung von Keramik aufgrund ihrer archäomagnetischen Merkmale steht deutlich im Schatten der genaueren und uneingeschränkter einsetzbaren Thermolumineszenzanalyse. Die Ableitung des Alters einer gebrannten Keramik aufgrund ihrer archäomagnetischen Eigenschaften beruht auf der Möglichkeit, durch physikalische Messungen die Lage des erdmagnetischen Feldes zur Zeit des Brandes der Keramik abzuleiten. Bei der Abkühlung der Keramik richten sich die magnetischen Eigenschaften der Eisenteilchen in der Keramik in der Richtung des Magnetfeldes aus und bleiben, wenn die Keramik nicht erneut erhitzt wird, unverändert erhalten. Da die Lage des magnetischen Feldes der Erde bis zurück in die Antike bekannt ist, können archäologische Objekte auf diese Art datiert werden. Dieses Verfahren setzt jedoch voraus, daß man die Fundlage des Objekts kennt, was nur sehr selten der Fall ist; ansonsten gibt es relativ wenige Anwendungsmöglichkeiten dieses Verfahrens.

Lediglich Untersuchungen an Brennöfen, deren Ziegel noch in ihrer unveränderten Position liegen, wurden häufiger datiert, wobei das wissenschaftliche Interesse oft weniger das Alter der Keramik betraf, das sich aus den Fundumständen und anderen Datierungsverfahren genauer ermitteln ließ, sondern eher die Bestimmung der Lage des Magnetfeldes der Erde in der Vergangenheit.

Im Zusammenhang mit der Wanderung des magnetischen Nordpols sind Untersuchungen über die Orientierung schwedischer Kirchen interessant, deren Chor nach Westen ausgerichtet sein soll. Offensichtlich wurde die

Ausrichtung der Längswände mit dem Kompaß bestimmt, der zu verschiedenen Zeiten unterschiedliche Nordrichtungen angab, so daß die Kirchenschiffe deutlich um die Ost-West-Achse schwanken.

Die vor einigen Jahren in der Literatur noch von einer Reihe von Autoren (Price u. Walker 1963; Huang u. Walker 1967, Garrison et al. 1978; Wolfram u. Rolniak 1978) diskutierte Alpha-Recoil-Technik, bei der durch Anätzen von Glimmern, die aus der Keramik isoliert wurden, die Spuren gezählt werden, die auf die Aussendung von Alphastrahlen zurückzuführen sind, hat angesichts der Vorteile der Thermolumineszenzanalyse jede Bedeutung verloren.

Glas

Brauchbare Verfahren zur Altersbestimmung von Glas gibt es nicht. Es wurden zwar zwei Verfahren, die Spaltspurendatierung und die Glasschichtenzählung, als Möglichkeit zur absoluten Datierung von Gläsern diskutiert, ihrer praktischen Anwendung stehen aber zu viele Einschränkungen entgegen. So gibt es bis heute kein überzeugendes Beispiel, mit dem die Altersbestimmung mit naturwissenschaftlichen Methoden vorteilhafter oder genauer ist als die zeitliche Zurordnung aufgrund von Formmerkmalen.

In jedem Glas ist in mehr oder weniger starker Konzentration Uran enthalten. Das radioaktive Uranisotop ^{238}U zerfällt entsprechend der Zerfallsreihe in Isotope anderer Elemente unter Aussendung von Kernstrahlen. Die bei diesem radioaktiven Zerfall freiwerdenden Alphastrahlen lassen im Glas Spuren entstehen, die durch Anätzen sichtbar gemacht werden können. Die Anzahl der Spaltspuren hängt also von der Konzentration des

Urans im Glas und vom Alter ab. Da die Urankonzentration im Glas analytisch sehr genau bestimmt werden kann, erhält man auch einigermaßen zuverlässige Alterswerte. Das Verfahren erfährt eine Einschränkung durch die Notwendigkeit, das Glas zum Anätzen und zum Zählen der Spuren anschleifen zu müssen. Da die üblichen Gläser uranarm sind, müssen relativ große Flächen angeschiffen werden, was in vielen Fällen nicht möglich ist.

Es wurde eine Beobachtung gemacht, aus der sich eine Möglichkeit zur Altersbestimmung von Bodenfunden aus Glas abzeichnete (Brill u. Hood 1961): die Anzahl der Irisschichten, also jener dünnen, blättchenartigen Lagen auf verwitterten Glasflächen, die Interferenzfarben bewirken und für das charakteristische Irisieren alter Gläser verantwortlich sind, entsprachen recht genau dem Alter des Glases in Jahren. Diese Erscheinung ließ sich bei Bodenfunden durch jahreszeitliche Schwankungen des Umgebungsklimas erklären. Um so erstaunlicher war es aber, daß auch Funde aus dem Wasser diese bemerkenswerte Eigenschaft zeigen. Obwohl einige Beispiele vorgestellt wurden, bei denen die Anzahl der Verwitterungsschichten recht genau mit der Anzahl von Jahren, die seit der Herstellung des Glases vergangen sind, übereinstimmten, hat diese Methode dennoch weder zu weiteren Datierungen noch zu einer intensiveren Auseinandersetzung mit dem Phänomen der Glasschichtenbildung durch Verwitterungseinwirkungen im Boden und im Wasser geführt.

Eine Datierung von Gläsern nach dem Thermolumineszenzverfahren ist noch nicht möglich, da Glas als nichtkristallines Material ausgesprochen unempfindlich gegenüber der Einwirkung von Kernstrahlen ist, was dazu führt, daß kein Hochtemperatursignal, das man bei der Keramik zur Altersbestimmung verwendet, ausgebildet wird. In jüngerer Zeit hat man sich sehr eingehend mit dem Thermolumineszenzverhalten von Gläsern auseinandergesetzt, um die Grundlagen für ein geeignetes Datierungsverfahren zu schaffen (Müller u. Schvoerer 1990, 1993).

Pigmente

Bei den Pigmenten ist die Situation der Datierung bemalter Objekte ähnlich wie bei den Metallen, bei denen es keine Möglichkeiten der absoluten Altersbestimmung gibt, wo aber ein so reiches Analysematerial vorliegt, so daß die Art des Materials Hinweise auf die Entstehungszeit geben kann. Bei den Pigmenten der Malerei gibt es ebenfalls kaum realistische Möglichkeiten, zur Altersbestimmung ein physikalisches Datierungsverfahren einzusetzen, wenn man von der für die Praxis fast bedeutungslosen Alterszuordnung bleihaltiger Pigmente mit Hilfe der Blei-210-Methode absieht. Andererseits kennt man den Verwendungszeitraum der verschiedenen Pigmente so genau, daß die Art der Pigmente Hinweise zur Entstehung des bemalten Objekts geben kann. Besonders die Neueinführung von Pigmenten bzw. die Ablösung einer Pigmentart durch eine andere bietet die Möglichkeit, das Herstellungsalter einzugrenzen.

Holz

Holz ist der Werkstoff, der sich mit Hilfe der Materialanalyse am sichersten datieren läßt. Es gibt zwei Verfahren, die Radiokarbonmethode und die Dendrochronologie, die sich durch eine besondere Genauigkeit auszeichnen.

Bei der Radiokarbonmethode wandelt die kosmische Strahlung Stickstoff der Luft in das radioaktive Kohlenstoffisotop ^{14}C um, das von lebenden Organismen aufgenommen wird. Nach dem Tod des Lebewesens erfolgt keine ^{14}C-Aufnahme mehr und dieses Isotop zerfällt mit einer Halbwertszeit von 5730 Jahren. Aus dem Vergleich des beim lebenden Organismus bestehenden Verhältnisses des nichtradioaktiven Kohlenstoffs ^{12}C zum Isotop ^{14}C mit dem Vergleich in einem archäologischen Objekt, in dem das ^{14}C teilweise zerfallen ist, kann das Alter berechnet werden. Die Radiokarbonmethode eignet sich für jedes kohlenstoffhaltige Material wie Holz, Holzkohle, Papier, Textilien, Leder, Knochen, Elfenbein, aber auch für Eisen, das bei der Verhüttung geringe Mengen an Kohlenstoff aus dem Brennmaterial aufgenommen hat. Früher waren für diese Methode bei einzelnen kohlenstoffärmeren Materialien relativ große Probemengen notwendig; inzwischen sind neue Methoden der Kohlenstoffisotopenmessung mit Hilfe von Beschleunigern entwickelt worden, die mit wesentlich geringeren Probemengen auskommen. Die Genauigkeit der Radiokarbonmethode wurde in den vergangenen Jahren erheblich verbessert, indem man Holzproben, die man mit Hilfe der Dendrochronologie sehr genau datieren konnte, untersuchte und so den Einfluß der nichtkontinuierlichen Produktion von ^{14}C in der Natur korrigieren konnte.

Das eindeutig genaueste Verfahren zur Altersbestimmung ist die Dendrochronologie. Obwohl sie sich nur auf den Werkstoff Holz und auch hier nur auf wenige Holzarten anwenden läßt, gibt es so vielfältige Anwendungsgebiete, so daß auf diesem Gebiet heute an vielen Stellen damit mit erheblichem Aufwand gearbeitet wird. Das Verfahren beruht auf der Beobachtung, daß die Dikke eines Jahresrings abgesehen von den Standortbedingungen in erster Linie vom Klima abhängt. In feuchten

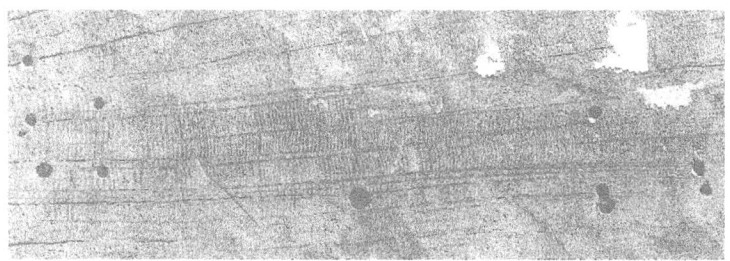

Abb. 32. Querschnitt durch eine Eichenholzskulptur mit mehr als 200 Jahresringen, die eine sichere dendrochronologische Datierung ermöglichen.

Jahren bilden sich breite, in trockenen Jahren dünne Jahresringe aus. Die Abfolge der Jahresringe spiegelt somit den Klimaverlauf während der gesamten Wachstumszeit eines Baumes wider. Gleiche Baumarten zeigen in einem klimatisch einheitlichen Gebiet deshalb auch identische Abfolgen von Jahresringen. Dadurch gelingt es, mit Hilfe von Bäumen, deren Alter sich überlappt, Chronologien aufzustellen, die so weit zurückreichen, wie es Holzobjekte oder Baumstämme gibt (dies ist inzwischen in einigen Regionen bis in das 8. Jahrtausend v. Chr. der Fall). Wenn bei einem prähistorischen Pfahlbaudorf die Baumstämme mit der Rinde verarbeitet wurden, der jüngste Jahresring also noch vorhanden ist, so ist eine Datierung des Baumstammes auf das Jahr genau möglich.

Dendrochronologische Datierungen wurden zuerst an Eichen und einigen Nadelhölzern durchgeführt. Inzwischen sind aber Chronologien für weitere Laubhölzer dazugekommen. Haupteinsatzgebiet der Dendrochronologie ist die Datierung von größeren Holzobjekten mit den entsprechenden Stammquerschnitten bzw. Jahresringzahlen, also Bauhölzer, größere Holzgeräte, Skulpturen, Holztafeln von Gemälden und Musikinstrumente (Abb. 32).

Im Bereich der Gemälde wurden bisher niederländische Arbeiten auf Eichenholztafeln besonders eingehend bearbeitet (Klein et al. 1986). Dadurch war es möglich, auch undatierte Gemälde recht genau zu datieren. Bei der dendrochronologischen Festlegung des Alters spielt die Lagerzeit eine Rolle, da man davon ausgehen kann, daß ein Brett von einem frisch gefällten Baum nicht sofort verarbeitet wurde. Untersuchungen an datierten Gemälden ergaben bei 90 % aller untersuchten Tafeln des 16./17. Jahrhunderts eine Lagerzeit von 5 ± 3 Jahren, während bei Tafeln des 15.Jahrhunderts eine Lagerzeit von 10–15 Jahren üblich war.

In den vergangenen Jahren wurde auch die Datierung von Buchenholztafeln weiter entwickelt. Sie wurde möglich, als sich bei vergleichenden Untersuchungen der Jahresringfolgen von Buchen und Eichen ein weitgehend übereinstimmendes Verhalten herausgestellt hatte. Bei den Gemälden auf Buchenholztafeln fiel wieder auf, daß zwischen dem Fällen des Baumes und der Verwendung der Holztafel nur wenige Jahre vergangen waren. In den meisten Fällen war der letzte gemessene Jahresring mit dem Fälldatum identisch, wodurch belegt ist, daß der Baum in vollem Umfang genutzt und lediglich die Rinde entfernt wurde.

Aufschlußreich für die kunstgeschichtliche Forschung war der Vergleich der Dendrochronologiekurven verschiedener Gemälde: Am Beispiel verschiedener Gemälde von Lucas Cranach dem Älteren aus den Galerien in Berlin, München und Paris wurde nachgewiesen, daß die Holztafeln von einem einzigen Baum stammten.

Die dendrochronologische Zuordnung von Gemälden auf Linden- und Pappelholztafeln bereitete anfangs Schwierigkeiten, da Stämme dieser Holzarten oft tangential und nicht wie die Eichen und Nadelhölzer radial geschnitten wurden, so daß nur wenige Jahresringe ausgezählt werden können. Pappeln sind auch sehr schnellwüchsig, was ebenfalls dazu führt, daß ein Brett nur eine relativ geringe Anzahl sehr breiter Jahresringe aufweist. Inzwischen sind an italienischen Gemälden des 15./16. Jahrhunderts systematische Untersuchungen durchgeführt und in einigen Fällen die Zusammengehörigkeit verschiedener Einzeltafeln nachgewiesen worden; bei 7 analysierten Gemälden von Raffael war aber keine relative Einordnung möglich.

Im gleichen Maß wie Gemälde wurden auch Skulpturen untersucht, wobei die Eichenholzskulpturen des 15. Jahrhunderts einen besonderen Schwerpunkt darstellen. Auch hier ergaben sich mehrfach so übereinstimmende Jahresringkurven, daß die Herkunft des Holzes aus demselben Gebiet gesichert ist.

Ein weiters wichtiges Anwendungsgebiet der Dendrochronologie ist die Datierung von *Streich- und Zupfinstrumenten*, bei denen Fichte als Resonanzholz verwendet wurde. Inzwischen wurden über 100 Instrumente aus deutschen Museen untersucht (Klein et al. 1986). Die Datierung von Instrumenten wird durch die relative lange Lagerzeit der Bretter von 10–30 Jahren und die Entfernung einer größeren Anzahl von Jahresringen erschwert. In einer Reihe von Fällen konnte aber mit Sicherheit nachgewiesen werden, daß Instrumente nicht von den Meistern stammen, denen sie zugeschrieben wurden. Weiter läßt sich recht genau erkennen, wann und auch wo Kopien der berühmten italienischen Geigenbauer entstanden.

Textilien

Bei den Textilien können neben der Radiokarbonmethode auch die Textilfarben einen Hinweis zur Altersstellung geben. Im Gegensatz zu den Pigmenten der Malerei ist man aber über die Verwendungszeiten der verschiedenen Farbstoffe noch nicht so umfassend informiert. Textilfarben wurden auch über viel längere Zeiträume in unveränderter Art verwendet, so daß oft nur der Nachweis synthetischer oder natürlicher Farbstoffe einen Hinweis auf eine Entstehung vor oder nach dem 19./20. Jahrhundert geben kann. Wenn es aber um präzise Informationen oder um kulturgeschichtlich wesentliche Objekte geht, dann bleibt als zuverlässiges Datierungsverfahren nur die Radiokarbonmethode.

Knochen

Zur Datierung von Knochen eignet sich die Radiokarbonmethode, die früher auf Schwierigkeiten stieß, da aufgrund des geringen Kohlenstoffgehaltes der Knochen beträchtliche Probemengen eforderlich waren. Weiter wurde die Stickstoff-Uran-Methode und die Bestimmung der Racemisierung der Aminosäuren zur Altersbestimmung von Knochen eingesetzt. Schließlich lassen sich Knochen indirekt durch die Altersbestimmung von Kalkablagerungen nach der Uran-Thorium-Methode bestimmen.

Zur Datierung von Knochen wurde vereinzelt die Fluor-Stickstoff-Methode eingesetzt, die jedoch nur recht ungenaue zeitliche Einordnungen oder Entscheidungen erlaubt, ob es sich um einen älteren oder einen rezenten Knochen handelt. Diese Methode beruht auf der Erfahrung, daß durch die Lagerung im Boden die stickstoffhaltigen Verbindungen des Knochens abgebaut werden, während gleichzeitig Fluor und Uran in den Knochen eingebaut wird. Die spektakulärste Anwendung dieser Methode erfolgte bei der Echtheitsprüfung des Piltown-Schädels, die ergab, daß es sich nicht, wie anfangs angenommen, um einen 500000 Jahre alten Urmenschen handelt, sondern um eine Fälschung, die aus Teilen eines Affenschädels und des Schädels eines rezenten Menschen zusammengebaut war.

Erfolgreiche Datierungen in dieser Art, bei denen das Alter von Austernschalen aus dem Abbau der organischen Substanz bestimmt wurde, gelang durch die Untersuchungen von Schalen der Ostküste der USA (Powell et al. 1991). Da Austern frühen Bevölkerungsgruppen als Nahrung dienten, gibt die Datierung der Nahrungsmittelüberreste Hinweise auf die Zeit der Bevölkerung von Siedlungen. Aus der Abnahme der Proteine und der relativen Anreicherung der freien Aminosäuren konnte berechnet werden, welche Zeit seit dem Tod der Austern vergangen war. Die untersuchten Schalen stammten aus verschiedenen Siedlungen aus den vergangenen 1500 Jahren, für die sich dieses Datierungsverfahren als zuverlässig erwies.

Die Uran-Thorium-Datierung, mit der beachtliche Ergebnisse bei der Altersbestimmung von sehr frühen Knochen gemacht wurden, ist eigentlich ein Datierungsverfahren für die Kalkablagerungen in denen sich die Knochen finden: Uran wird in das Kristallgitter von Kalkspat eingebaut, der sich aus kalkhaltigen Wässern abscheidet, während die radioaktiven Spaltprodukte des Urans von Tonmineralien gebunden und somit nicht im Wasser transportiert werden. Im neugebildeten Kalk setzt ein Zerfall des Urans mit einer kontinuierlichen Abnahme des ^{234}Uran-/^{230}Thorium-Verhältnisses ein bis das radioaktive Gleichgewicht erreicht und somit die Möglichkeit der Datierung der Kalkablagerungen gegeben ist (Harmon et al. 1980; Henning et al. 1980; Schwarcz et al. 1980). Wie aktuell dieses Verfahren ist, zeigen neuere Untersuchungen an Knochenfunden aus Bilzingsleben in Sachsen-Anhalt, wo in Sedimenten des mittleren Pleistozäns Knochenreste, unter anderem ein Schädelfragment zusammen mit palaeolithischen Werkzeugen gefunden wurden (Schwarcz et al. 1988). Die Knochen und Steinwerkzeuge waren durch Travertin verbacken, so daß sich die Uran-Thorium-Datierung anbot. Dabei ergab sich ein Alter von 350000 Jahren. Diese Daten wurden durch Altersbestimmungen an Zahnschmelz nach der ESR-Methode bestätigt.

Mit Hilfe der Uran-Thorium-Methode wurde die Petralona-Höhle in Griechenland untersucht, in der ein Schädel gefunden wurde, der einen Übergang zwischen dem Neandertaler und dem Homo sapiens darstellt. Für den Schädel wurde aus der Analyse der umgebenden Kalkablagerungen ein Alter von 160000–200000 Jahren ermittelt, das auch hier mit ESR-Datierungen übereinstimmt.

Während sich die ersten Altersbestimmungen nach der Uranium-Thorium-Methode auf die Untersuchung der die Knochen umgebenden Kalkablagerungen konzentrierten, erkannte man später, daß auch der Knochen selbst in einer relativ kurzen Zeit nach dem Tod des Lebewesens Uran aufnimmt, während der die organische Substanz abgebaut wird. Untersuchte Knochen von Höhlenbären aus alpinen Höhlen ergaben für verschiedene Höhlen Alterswerte im Bereich von 25000–45000 Jahren (Leitner-Wild u. Steffan 1993), die sehr gut mit den von diesen Fundstätten schon bekannten Radiokarbondaten übereinstimmten.

Die Elektronenspinresonanzmethode ist ein weiteres wichtiges Verfahren zur Altersbestimmung von Zähnen, Knochen und verwandten Materialien. Die ESR-Methode wurde 1975 zum ersten Mal zur Datierung im Bereich der Kulturgeschichte eingesetzt (Ikeya 1978), um Höhlenablagerungen nach diesem Verfahren zu datieren. Aus der Erfahrung, daß sich die ESR-Analyse erfolgversprechend zur Altersbestimmung junger karbonatischer Materialien wie Höhlenkalke oder Quellsinter einsetzen läßt, ging man rasch zur Datierung biogener kalkiger Substanz, also von Korallen, Muschelschalen und schließlich zu anderen anorganischen Materialien biogener Herkunft wie Knochen oder Zahnschmelz über. Während die Datierung von Knochen Schwierigkeiten bereitet, ist die ESR-Datierung ein ausgesprochen zuverlässiges Verfahren, das zur frühen Geschichte des Menschen wichtige Altersdaten geliefert hat. Die Altersbestimmung von Kalk und verwandten Verbindungen mit Hilfe des ESR-Verfahrens beruht, ähnlich wie die Thermolumineszenzdatierung von Keramik, darauf, daß die zu datierenden Materialien vom Augenblick ihrer Entstehung an, also vom Zeitpunkt der Ablagerung eines Kalksinters oder dem Wachsen eines Zahnes, Elektronen infolge der Einwirkung von Kernstrahlen aus der Umgebung in diesen Materialien von ihrem Grundzustand in ein höheres Energieniveau angehoben und dort festgehalten werden können. Die Anzahl der angeregten Elektronen hängt somit in erster Linie von der Zeit ab, die seit der Entstehung des zu untersuchenden Materials vergangen ist und von der Intensität der Einwirkung radioaktiver Strahlung aus der Umgebung. Da sich die Intensität der Umgebungsstrahlung durch die Bestimmung des Gehaltes der Probe an Uran, Thorium und Kalium ermitteln und die im Laufe der Zeit angesammelte Gesamtdosis analytisch ebenfalls bestimmen läßt, ergibt sich das Alter einer Probe als Quotient aus der Gesamtdosis durch die Dosisrate. Die Messung der Gesamtdosis erfolgt mit einem ESR-

Spektrometer, in dem die Probe in einem Magnetfeld Mikrowellen ausgesetzt wird. Dabei kommt es in Abhängigkeit von der Gesamtdosis der Probe zu einem Resonanzeffekt, der sich durch eine Absorption der Mikrowellen ändert. Aus der Intensität dieses Effekts, der die Anzahl der aus der stabilen Grundposition entfernten Elektronen widerspiegelt, leitete sich das Alter der Probe ab. Der besondere Vorzug der ESR-Datierung liegt in ihrer Anwendbarkeit in einem Altersbereich von 5000 bis über 100000 Jahren, also in dem Zeitraum, in dem sich die Entwicklung des Menschen vollzog und aus dem es noch relativ viele Funde von Menschen gibt, die sich bisher mit anderen Verfahren nicht oder nicht so gut wie mit dem ESR-Verfahren datieren ließen. Der ESR-Datierung menschlicher Zähne ist es zu verdanken, daß zur zeitlichen Evolution des Menschen heute recht konkrete Altersdaten vorliegen.

Bis vor kurzem wurde noch angenommen, daß sich der Mensch in Europa oder im Vorderen Orient aus einer dem Neandertaler verwandten Art entwickelt hatte, wobei man von einer linearen Entwicklung der Arten ausging. Als Zeitindikatoren sah man Merkmale der begleitenden Fauna und Flora an, die jedoch, wie aus neueren Untersuchungen über das Auftreten von Warm- und Kaltzeiten hervorgeht, nicht zuverlässig sind. Ein bezeichnendes Beispiel dafür sind Funde menschlicher Knochen aus Ehringsdorf, die einer Art des frühen Neandertalers zugerechnet wurden, und dessen Existenz aufgrund der Fauna und Flora in die letzte Zwischeneiszeit eingeordnet wurde. Die Uran-Thorium-Datierung, die durch die ESR-Datierung bestätigt wird, ergab jedoch, daß die Knochen doppelt so alt sind, wie bisher angenommen wurde: nicht 100000 sondern 230000 Jahre. Inzwischen wurden mit Hilfe des ESR-Verfahrens alle wichtigen Funde früher Menschen in Europa und Afrika datiert. Dabei wurde deutlich, daß der Neandertaler in Europa sicher bis vor 40000 Jahren existierte, während die Anfänge des entwickelteren Menschen teilweise bis vor 100000 Jahren nachweisbar sind. Bereits vor 130000 Jahren gab es in Nordafrika den Menschen.

Als weitere Möglichkeit der Altersbestimmung von Knochen ist die Untersuchung der Racemisierung der Aminosäuren. Unter Racemisierung versteht man die Umwandlung optisch aktiver Substanzen in solche Verbindungen, die optisch links- und rechtsdrehende Anteile in gleichen Anteilen enthalten, wodurch der Drehwert allmählich Null wird. Diese Racemisierung der Aminosäuren setzt mit dem Tod eines Lebewesens ein und geht so langsam vor sich, daß aus dem Grad der Abnahme der optischen Aktivität auf das Alter geschlossen werden kann. Der Zeitraum der optimalen Anwendung dieses Verfahrens liegt zwischen 1000 und 100000 Jahren.

Knochen werden bei archäologischen Ausgrabungen nicht selten als Leichenbrand gefunden. Da der Knochen mineralische Komponenten enthält, erfüllt das gebrannte Material die Voraussetzungen für eine absolute Altersbestimmung nach der Thermolumineszenzanalyse. Bisher liegen aber nur Ansätze einer Entwicklung geeigneter Datierungstechniken vor, deren Ergebnisse aber erfolgversprechend sind.

5 Wirtschaftliche und gesellschaftliche Situation zur Zeit der Herstellung

Die Art des zur Herstellung verwendeten Materials und häufig auch die Techniken seiner Verarbeitung spiegeln nicht selten die politische Situation zur Zeit der Herstellung oder die soziale Stellung des Auftraggebers wider, da in Zeiten der Not sicher mit anderen Materialien gearbeitet wurde, als in Zeiten des Wohlstands. So stellt sich bei der Interpretation der Ergebnisse von Materialanalysen an kulturgeschichtlichen Gegenständen immer die Frage, was wir aus diesen Daten über das Leben zur Zeit ihrer Herstellung ableiten können.

Metall

Bei der Analyse von Metallobjekten wird besonders deutlich, daß die Zusammensetzung einer Legierung Hinweise auf die wirtschaftliche Entwicklung eines Landes geben kann. Die Münzentwertung ist ein Beispiel, das diesen Zusammenhang ganz offensichtlich widerspiegelt, da es kaum eine Sorte von Metallmünzen gibt, deren Zusammensetzung sich im Laufe der Zeit nicht verschlechtert hätte.

Gold (Oddy 1980): Fatimidische Vierteldenare aus Sizilien

Regent	Datierung A. H.	n. Chr.	Goldgehalt
al-Mansur	341	963	95,8
al-Hakim	393	1015	94,9
al-Zahir	420	1042	89,2
al-Zahir	423	1045	88,5
al-Mustansir	431	1053	84,0
al-Mustansir	436	1058	82,4
al-Mustansir	463	1095	73,4

Silber (Meyers 1969)

	n. Chr.	Ag	Cu	Au	Pb
Tetradrachme des Vespasian, Antiochia	69/70	69,69	29,5	0,38	0,43
Tetradrachme des Trajan, Antiochia	109/110	57,90	41,0	0,35	0,75
Tetradrachme des Trajan, Antiochia	112/113	49,78	49,2	0,42	0,60

Silber (Cope 1972)

	Ort	Zeit	Ag	Cu	Au	Pb
Denar des Vespasian	Rom	70/72 n. Chr.	95,20	3,81	0,70	0,25
Denar des Domitian	Rom	78 n. Chr.	85,40	13,20	0,37	0,95
Denar des Trajan	Rom	112/117 n. Chr.	81,00	17,90	0,35	0,64
Denar des Hadrian	Rom	132/134 n. Chr.	82,80	16,48	0,27	0,39
Denar der Faustina II.	Rom	150 n. Chr.	79,55	18,60	0,03	1,74
Denar des Lucius Verus	Rom	161 n. Chr.	68,36	25,30	0,16	6,08
Antonianus des Gordian III	Rom	240 n. Chr.	34,08	65,10	0,13	0,58
Antonianus des Philip I	Rom	244 n. Chr.	37,82	61,50	0,19	0,38
Antonianus des Volusian	Rom	253 n. Chr.	21,80	76,92	0,14	1,03

Messing : römische Sesterzen (Riederer 1974)

	Zeit	Cu	Sn	Pb	Zn
Augustus	27 v. Chr.–14 n. Chr.	74,0	0,7	0,2	25,0
Claudius	41–54 n. Chr.	7,5		0,1	21,6
Galba	69–69 n. Chr.	80,0		0,1	19,6
Vespasian	69–79 n. Chr.	81,5		0,1	17,4
Domitian	81–96 n. Chr.	84,5		0,1	15,8
Traian	98–117 n. Chr.	80,5	1,3	1,8	14,2
Hadrian	117–138 n. Chr.	85,0	0,6	0,2	12,4
AntoninusPius	138–61 n. Chr.	88,5	0,5	0,1	10,2
Marc Aurel	161–180 n. Chr.	83,0	2,5	5,9	7,2
Commodus	177–192 n. Chr.	85,5	2,0	7,5	3,4
Gordian III.	238–244 n. Chr.	78,5	6,9	14,5	0,3

Überzeugend ist auch die Erklärung für die unterschiedliche Qualität von ostgotischen Silberfibeln, deren Analyse ergab, daß einzelne Stücke aus einem fast reinen Silber, andere aber aus Silber-Kupfer-Zink-Legierungen mit nur noch weniger als 10 % Silber und über 90 % billigeren Beimengungen bestehen. Den Schriften des Mönches Theophilus, der im frühen 12. Jahrhundert die kunsthandwerklichen Techniken seiner Zeit beschrieb, entnehmen wir den Hinweis, daß der Auftraggeber von Schmuckstücken dem Gold- oder Silberschmied das Rohmaterial zur Verfügung zu stellen hatte, wobei es üblich war, dafür Münzen zu verwenden. Somit ist denkbar, daß ein reicher Auftraggeber ausreichend Silbermünzen zur Verfügung hatte, während ein anderer, weniger wohlhabender Auftraggeber billigere Messingmünzen mit einschmelzen lassen mußte. Das Kupfer-Zink-Verhältnis in den Silberfibeln schlechterer Qualität entspricht tatsächlich dem spätantiker Messingmünzen.

Auch die Analyse von Geschützen hat Daten geliefert, die darauf hindeuten, daß Rohre, die in politisch stabilen Zeiten gegossen wurden, der optimalen Legierung mit 90 % Kupfer und 10 % Zinn besonders nahe kommen, während Rohre, die zur Zeit kriegerischer Auseinandersetzungen entstanden, nicht unbedingt dieser Norm entsprachen. Früher Literatur zum Geschützguß können wir entnehmen, daß im Krieg Beutegut, Gebrauchsgegenstände und Buntmetallschrott eingeschmolzen wurden, die sicher Beimengungen enthielten, die sich negativ auf die Qualität der Geschütze auswirkten.

Keramik

Die intensive Auseinandersetzung mit kulturgeschichtlicher Keramik hat wichtige Hinweise zum Alltagsleben in der Antike geliefert.

Im Rahmen der großen Analyseserien zur Erforschung der *Terra Sigillata* mit dem Ziel, aus der Zusammensetzung der Keramik den Herkunftsort abzuleiten, stieß man auf eine ungewöhnlich große, in der Nähe von Straßburg gefundene Gruppe von Scherben, die den Stempel ATEIVS trugen. Mit dieser Marke waren Erzeugnisse einer Sigillatenwerkstatt in Arezzo gekennzeichnet, die sich in römischer Zeit einer besonders hohen Wertschätzung erfreute. Da es vom Standpunkt des Archäologen schwer verständlich war, daß sich derartige Keramiken in so großer Anzahl bei Straßburg fanden, analysierte man die Scherben und fand, daß sie in ihrer Zusammensetzung nicht denen aus der Toskana entsprachen. Dagegen ließ sich eindeutig nachweisen, daß der Ton aus einem Vorkommen bei La Muette in Frankreich stammte, wo man Sigillaten herstellte, die man offensichtlich zur Wertsteigerung mit dem Namen der geschätzten Werkstatt des Ateivus versah.

Ein ähnliches Beispiel eines Etikettenschwindels in der Antike wurde bei den schon erwähnten Untersuchungen *griechischer Spitzamphoren* bekannt. Durch chemische Analysen des Tons gelang es, die Tonlagerstätten zu lokalisieren. Dabei fiel auf, daß Henkel von Amphoren, die den Stempel der Insel Kos trugen, eindeutig aus einem Ton von Rhodos hergestellt waren. Da kaum anzunehmen ist, daß man von Rhodos Ton nach Kos brachte, um dort Gebrauchskeramiken herzustellen, liegt die Vermutung nahe, daß man auf Rhodos Amphoren in betrügerischer Absicht mit dem Stempel von Kos versah, deren Wein besonders geschätzt und wohl auch teurer bezahlt wurde als der von Rhodos.

Auch vom Porzellan kennt man spätere Nachahmungen originaler Erzeugnisse. Als im 17. Jahrhundert große Mengen von *chinesischem Porzellan* nach Europa gebracht und teuer verkauft wurden, lag es nahe, an Ort und Stelle Nachahmungen zu produzieren, wozu die europäische Porzellanindustrie durchaus in der Lage war. Besonders begehrt waren rote Teetöpfe aus Yixing, die sehr bald nach ihrem Bekanntwerden in den Niederlanden in Delft, wenig später in England in Staffordshire und zu Beginn des 18.Jahrhunderts auch in Meissen nachgeahmt wurden. Originale Teetöpfe und die verschiedenen europäischen Nachahmungen wurden mit Hilfe der energiedispersiven Röntgenfluoreszenzmethode untersucht (Anders et al. 1992), wobei es gelang, die verschiedenen Erzeugnisse vor allem aufgrund der Konzentrationen von Kalzium, Mangan und Blei zu unterscheiden. Deutliche Unterschiede gab es auch bei der Dichte der Töpfe verschiedenen Ursprungs.

Pigmente

Auch aus dem Bereich der Malerei ist es möglich, Zusammenhänge zwischen der Art oder der Qualität der Pigmente und den Verhältnissen zur Zeit ihrer Verwendung zu erkennen, wie z. B. bei der Bemalung des Aphaiatempels auf Ägina oder bei der Pigmentuntersuchung des Apollontempels von Didyma in der Türkei.

Als die reiche Sammlung zentralasiatischer Wandmalereien des Museums für indische Kunst in Berlin untersucht wurde, ergab sich ebenfalls ein Nebeneinander von zwei Pigmenten bei den östlicheren Malereien. Dort kamen auf zu unterschiedlichen Zeiten entstandenen Wandmalereien sowohl die für die indische Malerei charakteristischen Pigmente Ultramarin und Paratacamit als auch die in der chinesischen Malerei üblichen Pigmente Azurit und Malachit vor. Ein Vergleich der Entstehungszeiten der Malereien mit den historischen Daten des östlichen Zentralasiens ergab, daß dieses eher mit dem Westen verbundene Gebiet mehrmals unter den Einfluß Chinas kam, so daß in diesen Zeiten offensichtlich auch Materialien aus China verwendet wurden.

Papier

Beim Papier gibt es ein sehr bezeichnendes Betrugsbeispiel im wirtschaftlichen Bereich, dem man mit Hilfe der Materialanalyse auf die Spuren kam. Französische und niederländische Papiere wurden mit Hilfe der Neutronenaktivierungsanalyse untersucht (Barrandon u. Irigoin 1979) und dabei fiel auf, daß es zu Beginn des 18.Jahrhunderts von dem als besonders qualitätvoll angesehenen niederländischen Papier mit dem Amsterdamer Wasserzeichen zwei recht unterschiedliche Sorten gab, die sich in der Qualität deutlich unterschieden. Die bessere Sorte, die alle Merkmale einer technologisch entwickelten Herstellung erkennen ließ, zeigte bei der chemischen Analyse erhöhte Anteile an Kobalt, Zink und Arsen, da man dem Papier blaue Kobaltpigmente als Weißmacher zusetzte. Diese Papiersorte wurde offensichtlich in Amsterdam hergestellt. Die schlechtere Sorte, die durch geringe Konzentrationen an Kobalt und den verwandten Spurenelementen auffiel, war offensichtlich in Frankreich hergestellt und zur Verbesserung der Verkaufschancen mit dem Amsterdamer Wasserzeichen versehen worden.

Wachs

Beim Wachs kann das Beispiel der Büste einer Flora in der Skulpturensammlung der Staaatlichen Museen herangezogen werden. Hier haben Materialanalysen ergeben, daß diese Büste vorwiegend aus Walrat besteht. Aus Walrat wurden im 18. Jahrhundert Kerzen hergestellt. Die Hausangestellten durften die Kerzenreste sammeln und an wachsverarbeitende Betriebe zum Einschmelzen verkaufen. Bei der Untersuchung der Flora fanden sich auch Dochtreste, die belegen, daß das Ausgangsmaterial tatsächlich aus Kerzenresten bestand (s. S. 290).

Knochen

Ein Punkt, der die besondere Aufmerksamkeit der Anthropologen erregte, waren die Gehalte an toxischen Stoffen in den Knochen früher Menschen, um Vergleiche mit der Zusammensetzung der Knochen von Menschen unserer Zeit, die als besonders umweltbelastet gilt, anzustellen. Diese Untersuchungen konzentrierten sich vor allem auf die Bleigehalte, da man dadurch auch dem »Aussterben der Römer aufgrund einer allgemeinen Bleivergiftung« nachgehen konnte.

Dazu wurden alle verfügbaren Daten über Bleigehalte in Knochen von Menschen verschiedenster Zeiten zusammengestellt, und es zeigten sich bei den Römern tatsächlich extrem hohe Werte (Waldron et al. 1976). Während in prähistorischen Skeletten stets weniger als 1 ppm Blei enthalten ist, mittelalterliche Knochen aus verschiedenen Ländern einen Bleigehalt von 1–3 ppm zeigen und der offensichtlich schon deutlich bleibelastete rezente Mensch immerhin schon 16–40 ppm Blei in seinen Knochen hat, ergaben sich in Knochen von Römern 65–115 ppm Blei. Die extremsten Bleigehalte wurden in den Knochen vom Friedhof eines polnischen Klosters des 11.–14. Jahrhunderts mit über 300 ppm Blei gefunden. Die Ergebnisse von Serienanalysen an Knochen aus römischen Gräbern in England ergaben, daß die mittlere Bleikonzentration in den Knochen von Bewohnern verschiedener Orte unterschiedlich ist. Stets enthielten die Knochen der Männer mehr Blei als die der Frauen. Ein Zusammenhang zwischen Lebensalter und Bleigehalt war nicht deutlich, da auch Kinder schon stark belastet waren. Dennoch waren die Bleigehalte in den Knochen älterer Menschen gegenüber den Knochen jüngerer Menschen erhöht. Auffallend war, daß im Knochen eines ungeborenen Kindes bereits 77 ppm Blei und im Knochen der Mutter 88 ppm Blei nachgewiesen wurde, da in unserer Zeit die Knochen neugeborener Kinder nur 1–2 ppm Blei enthalten, während der Bleigehalt der Mütter deutlich höher liegt.

Weiter wurden Untersuchungen über die Arsengehalte in Haaren angestellt, nachdem sich in den Haaren Napoleons erhöhte Arsenkonzentrationen fanden, die entweder durch eine beabsichtigte Vergiftung oder durch eine unbeabsichtigte Aufnahme aus den mit arsenhaltigen Farben gestrichenen Tapeten seiner Behausung auf St. Helena erklärt werden.

Erhöhte Quecksilbergehalte wurden in den Knochen vorgeschichtlicher Menschen gefunden, die möglicherweise ihren Körper mit Zinnober bemalten.

Starke Schwankungen bei den Kadmium-, Zink- und Bleigehalten in Zähnen von Römern waren zum Teil auf unterschiedliche Lebensalter, zum Teil auf Auslaugungsvorgänge im Boden zurückzuführen (Whittacker u. Stack 1984).

Umfangreiche anthropologische Untersuchungen an Skeletten wurden auch zum Nachweis von Krankheiten in früheren Zeiten durchgeführt. Durch Untersuchungen an vorgeschichtlichen Skeletten aus Ostdeutschland konnten angeborene Mißbildungen, Veränderungen des Knochens durch Krankheiten und verheilte Frakturen, Spuren medizinischer Eingriffe und Zeichen gewaltsamer Einwirkungen festgestellt werden (Grimm 1982).

Ähnliche Befunde gibt es auch durch Untersuchungen von ägyptischen Mumien.

Was die Erkennung von Verletzungen betrifft, so ist der Befund der Untersuchung des Schädels von Thutmosis IV. interessant, der eine Reihe von Löchern erkennen ließ, von denen die meisten verknöcherte Ränder hatten, also einige Zeit vor dem Tod zugefügt worden waren und wieder verheilten. Die letzte Schädelwunde des Pharaos hatte dagegen nicht mehr die Zeit, um auszuheilen.

Die Auseinandersetzung mit den Spurenelementen führte zu sehr bemerkenswerten Ergebnissen in Hinblick auf die Ernährungsgewohnheiten der frühen Menschen. So ergaben sich bei einzelnen Kulturen deutliche Unterschiede der Spurenelementgehalte in den Knochen von Männern und Frauen. Dies war dann der Fall, wenn sich die Frauen vor allem im häuslichen Bereich um Landwirtschaft und Gartenbau kümmerten und die Männer auf die Jagd gingen.

Man stellte außerdem fest, daß wohlhabendere Menschen eine qualitätvollere Nahrung zu sich nahmen als die ärmeren, da man in den Knochen der Reichen Spurenelemente angereichert fand, die auf den Verzehr von Nüssen hindeuteten. (Der Grad des Wohlstandes wurde aus der Größe der Gräber bzw. der Art der Grabbeigaben abgeleitet.)

Aufschlußreich sind auch Untersuchungen der Strontiumgehalte in den Knochen (van Wijngaarden-Bakker 1986). Strontium kommt in geringen Mengen in der Lithosphäre vor und gelangt im Zuge der Gesteinsverwitterung gelöst in das Grundwasser. Aus dem Grundwasser wird das Strontium von Pflanzen aufgenommen, in denen es sich anreichert. Der Strontiumgehalt bietet somit eine Möglichkeit, aus der Analyse von Tierknochen fleisch- oder pflanzenfressende Arten zu unterscheiden. Genauso kann aber auch bei der Analyse menschlicher Skelette erkannt werden, ob eine Bevölkerungsgruppe vom Ackerbau oder von der Jagd lebte. Interessante Möglichkeiten, die verdeutlichen, welche Einblicke Strontiumanalysen an Knochen in das Leben unserer Vorfahren vermitteln, sind z. B. Aussagen über die Stillzeit (Grupe 1986). Festgestellt wurde, daß sich die Strontiumgehalte in Knochen von Kindern drastisch verändern, wenn der Übergang von der Ernährung mit Muttermilch zur Verwendung anderer Nahrungsmittel erfolgt. Da bei stillenden Frauen der Kalziumgehalt in den Knochen deutlich zurückgeht, Strontium also relativ angereichert ist, läßt sich aus systematischen Knochenanalysen einer Bevölkerungsgruppe feststellen, in welchem Altersabschnitt Frauen Kinder bekamen. Für solche Analysen werden im allgemeinen die Strontiumgehalte bzw. die Kalzium-Strontium-Verhältnisse ausgewertet, obwohl auch andere Elemente, etwa das Zink, wenn auch mit Einschränkungen, für solche Aussagen geeignet sind. Da das Lebensalter von Skeletten mit anthropologischen Methoden recht genau bestimmt werden kann, läßt sich ermitteln, in welchem Alter sich die Spurenelementkonzentration einer Bevölkerungsgruppe veränderte.

In diesem Zusammenhang sind Fütterungsexperimente an Ratten aufschlußreich (Lambert u. Weydert-Hohmeyer 1993), da sich sehr deutliche Zusammenhänge zwischen der Art des aufgenommenen Futters und den Gehalten Phosphor, Kalzium, Magnesium, Strontium, Barium, Kalium, Natrium, Zink, Eisen und Aluminium erkennen ließen. Aus diesen Versuchen ist recht genau erkennbar, in welcher Weise sich die Elementkonzentrationen ändern, wenn ein bestimmtes Nahrungsmittel bevorzugt verfüttert wird.

Neben den Spurenelementgehalten spielen auch die Gehalte an stabilen Isotopen eine Rolle bei Aussagen zu den Lebensverhältnissen (Tauber 1986). Da viele Nahrungsmittel charakteristische Isotopenwerte vor allem des ^{13}C und das ^{15}N haben, läßt sich aus der Knochenanalyse ermitteln, ob eine bestimmte Art eines Nahrungsmittels, etwa Wild oder Fisch, bevorzugt aufgenommen wurde.

Eindeutig läßt sich durch solche Untersuchungen auch eine Veränderung der Ernährungsgewohnheiten erkennen. So liegt z. B. im Mesolithikum der ^{13}C-Wert menschlicher Knochen aus Dänemark zwischen −10 und −15, ab dem Neolithikum aber zwischen −18 und −28, woraus abgeleitet werden kann, daß sich die Bevölkerung in diesem Raum in mesolithischer Zeit vor allem von Fisch und Muscheln, seit dem Beginn des Neolithikums bevorzugt vom Fleisch von Landtieren ernährten.

Um nachzuweisen, zu welcher Jahreszeit vorgeschichtliche Siedlungen bewohnt waren, wurde der Anteil des Sauerstoffisotops ^{18}O in der jüngsten Zuwachsschicht von Muschelschalen in Siedlungsabfällen bestimmt (Shackleton 1973). Die ^{18}O-Konzentration des Seewassers schwankt nämlich in Abhängigkeit von der Wassertemperatur und da Sauerstoff zum Aufbau der Muschelschale verwendet wird, kann aus dem ^{18}O-Gehalt der jüngsten Schicht abgeleitet werden, ob sie sich im erwärmten oder im abgekühlten Wasser bildete.

In den vergangenen Jahren hat sich ein weiterer Zweig der Analytik an Überresten von Menschen vergangener Kulturen entwickelt: die Untersuchung der Desoxyribonucleinsäure (DNS), die die Erbanlagen, die Blut- und die Kollagengruppen ermitteln. Seit diese Möglichkeiten erkannt wurden, hat sich ein sehr umfassendes Datenmaterial angesammelt, das wichtige Informationen über Verwandtschaftsverhältnisse, etwa die Geschwisterehe im antiken Ägypten oder über die Beziehungen von Bevölkerungsgruppen, etwa von verschiedenen Dorfgemeinschaften einer Region lieferten.

Die Bestimmung des Lebensalters am Skelett

Von Skelettfunden wird als wichtige Information neben der Feststellung des Geschlechts eine Aussage zum Alter des Toten erwartet. Dazu hat der Anthropologe eine Reihe sehr präziser Anhaltspunkte, etwa die Ausbildung der Fontanellen des Schädels, die Entwicklung des Gebisses oder Merkmale des Knochenbaus. Trotzdem sind Methoden interessant, durch Materialanalysen das Lebensalter abzuleiten. Dies gelingt besonders gut durch Aminosäureanalysen im Kollagen von Zähnen, wobei neuere Arbeiten von Gillard et al. (1990) erheblich zur Verbesserung der Genauigkeit dieses Verfahrens beigetragen haben.

6 Echt oder falsch?

Koptische Goldobjekte

Kratz (1972) machte auf eine relativ große Serie verwandter Goldschmiedearbeiten aus dem frühchristlich-byzantinischen Bereich aufmerksam, die um 1960 im Kunsthandel auftauchten und von denen die Skulpturengalerie der Staatlichen Museen zu Berlin eine Reihe von Objekten erworben hatte. Bei der technologischen Untersuchung der Objekte des Berliner Museums stellte Kratz Merkmale fest, die mit mehreren hundert früher von ihm untersuchten Stücken gesicherter Provenienz nicht in Einklang zu bringen waren. Vor allem beobachtete er, daß zur Herstellung der neu erworbenen Stücke ein Golddraht verwendet wurde, der durch Ziehen mit dem Zieheisen hergestellt worden war, während bei der großen Serie der schon untersuchten Objekte des 10./11. Jahrhunderts ausschließlich handgerollter und geschmiedeter Draht benutzt worden war. Die Bleche der neu aufgetauchten Objekte erwiesen sich als gewalzt und nicht als gehämmert, wie es im Mittelalter üblich war. Auch die Löttechnik entsprach nicht der von byzantinischen Goldobjekten bekannten Art. Schließlich ließen die sakralen Gebrauchsgegenstände nicht eine Spur einer Abnutzung erkennen. Vereinzelt waren Abnutzungsspuren auch an solchen Stellen künstlich erzeugt, an denen sie beim Gebrauch kaum hätten entstehen können. Durch diese gründliche und sehr kompetente technologische Untersuchung war ein relativ großer Komplex an Fälschungen byzantinischer Goldschmiedearbeiten erkannt worden. Obwohl darauf hingewiesen wurde, daß auch aus der Zeit vor dem 11./12. Jahrhundert gezogener Draht bekannt war, konnte Kratz belegen, daß bei vergleichbaren Objekten gesicherter Herkunft immer gerollter oder geschmiedeter Draht vorkommt.

Von den von Kratz als Fälschungen erkannten Objekten wurden noch chemische Analysen ausgeführt, die hohe Kadmiumanteile im Gold ergaben. Der Nachweis von Kadmium im Gold gilt als recht sicherer Hinweis für ein Gold moderner Herkunft, da seit dem 19. Jahrhundert Kadmium zum Löten von Gold verwendet wird. Beim Einschmelzen von Altgold gelangt Kadmium in deutlichen Anteilen in das Gold, wodurch dieses als ein in jüngster Zeit hergestelltes Metall erkennbar wird.

Der Nachweis von Kadmium im Gold gilt nach wie vor als ein überzeugendes Argument gegen die Echtheit von Goldobjekten, die vor dem 19. Jahrhundert entstanden sein sollen. Dennoch sind inzwischen eine Reihe von Goldobjekten aus früher Zeit bekannt geworden, die Kadmium enthalten (Meeks u. Craddock 1991). Danach wird vermutet, daß in der Antike das intensiv gelbe, pulverige Mineral Greenockit, ein Kadmiumsulfid, das in der Verwitterungszone von Erzlagerstätten vorkommt, ähnlich dem Chrysokolla, zum Löten verwendet wurde.

Mesopotamische Bronzeköpfe

Um 1970 wurden im Kunsthandel in Deutschland drei Bronzeköpfe angeblich mesopotamischer Herkunft angeboten: zwei ähnliche Köpfe des Puzur-Ishtar und ein Kopf eines Sumerers im Stil der Gudea-Zeit (Abb. 33). Sie ähnelten auffallend Vorbildern in Berliner Sammlungen, die im Katalog der Berliner Gipsformerei nebeneinander abgebildet waren, wiesen jedoch stilistische Mängel auf,

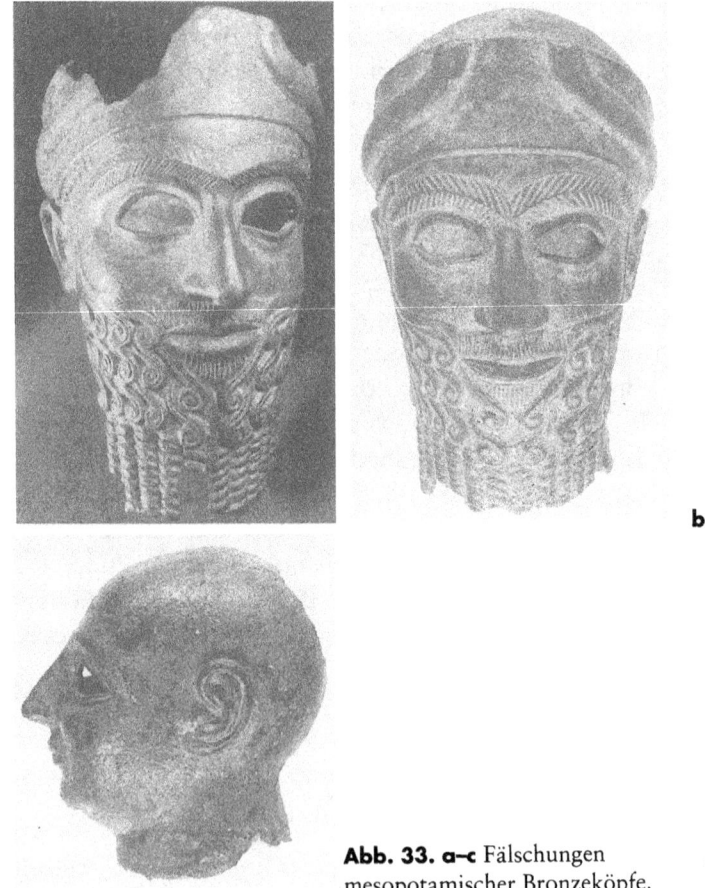

Abb. 33. a–c Fälschungen mesopotamischer Bronzeköpfe.

die darauf hindeuteten, daß den Fälschern nur eine Vorderansicht zur Verfügung stand. Bei der naturwissenschaftlichen Untersuchung der Köpfe fielen ebenfalls gemeinsame Merkmale auf. Sie bestanden alle aus einer fast identischen Bleibronze, waren künstlich in derselben Art patiniert, hatten alle drei ein Loch im Kopf, das möglicherweise eine mechanische Beschädigung vortäuschen sollte.

Als erstes sprach gegen die Echtheit der Köpfe, daß zur Zeit der angeblichen Entstehung im späten 3. Jahrtausend Bleibronzen noch nicht bewußt hergestellt wurden. Wohl gibt es einige Einzelstücke aus dieser Zeit mit deutlich geringeren Bleigehalten, es gibt jedoch keine Objekte mit Bleigehalten über 20 %. Zweitens waren auch die Konzentrationen der Spurenelemente aller drei Objekte nicht in dem Bereich, der für frühe Metallobjekte aus Mesopotamien üblich ist. Drittens war die Patina künstlich erzeugt, da das grüne Material auf der Objektoberfläche aus einem Kupfersulfat-Nitrat bestand, das unter natürlichen Bedingungen nicht vorkommt. Dem Gegenargument, die drei Köpfe könnten durch den Kunsthandel gereinigt und dann künstlich patiniert worden sein, konnte entgegengehalten werden, daß man zur Zeit des Auftauchens der Köpfe längst wußte, daß aus der Patinaanalyse die Echtheit bewiesen werden kann, so daß man sie nicht leichtfertig entfernt hätte. Außerdem schien die Patina auf den Köpfen in fälscherischer Absicht aufgetragen zu sein, da ihr Sandkörner beigemengt waren, die einen Bodenfund vortäuschen sollten (Abb. 34). Viertens konnte nachgewiesen werden, daß die Löcher im Kopf während des Gußvorganges und nicht durch einen nachträglichen Eingriff entstanden waren. In der Antike hätten Fehlgüsse dieser Art sicher keinen Abnehmer gefunden und wären eingeschmolzen worden. Als fünftes Indiz wurden die Bleiisotopenwerte der 3

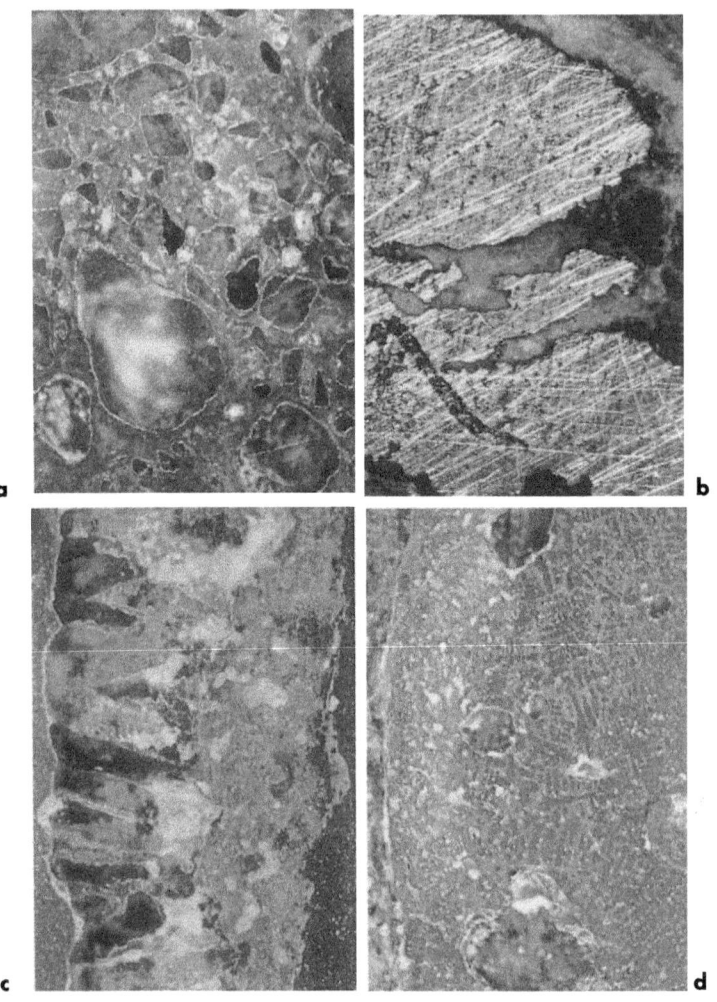

Abb. 34. Große Malachitkristalle (**a**), von der Patina umwachsene Sandkörner (**b**) und ein völlig in Kupferoxid umgewandeltes Bronzegefüge (**c**) sind sichere Zeichen für die antike Herkunft von Bronzeobjekten. Bei Fälschungen (**d**) ist das Metall (hell) durch die zur künstlichen Patinierung verwendeten Säuren zerfressen, das rote Kupferoxid fehlt und das grüne Korrosionsprodukt ist sehr feinkörnig.

Köpfe angeführt, die sich ebenfalls von den bei mesopotamischen Bleiobjekten üblichen Werten deutlich unterschieden. Am ehesten ließen sie sich mit Werten von Bleierzen aus Lagerstätten in Kasachstan in Verbindung bringen, die erst seit der Neuzeit abgebaut werden. Da diese Erze durch den Metallhandel in regional sehr weiter Verbreitung verarbeitet wurden, konnte der Gußort der Fälschungen nicht ermittelt werden. Als Herkunftsort der Fälschungen würde man am ehesten den Vorderen Orient annehmen, es hielten sich jedoch nach dem Auftauchen und der Publikation dieser Objekte als Fälschungen einige Zeit Gerüchte, daß im Rhein-Main-Gebiet um 1970 zum Studium antiker Metalltechniken freie Kopien nach antiken Vorbildern angefertigt und in einer Mainzer Gießerei gegossen wurden. Keines der Objekte hatte eine Provenienz, die sich weiter zurückverfolgen ließ.

Fälschungen frühgeschichtlicher Bronzen

Ein sehr ausgedehnter Fälschungsfall wurde 1952 in Halle aufgedeckt (Otto 1957). Otto, der sich zu dieser Zeit mit der Analyse von Serien frühgeschichtlicher Bronzen befaßte, um aus den Materialmerkmalen die Herkunft der Erze abzuleiten, erhielt in Halle Tüllenbeile zur Analyse vorgelegt, von denen er schon eine Reihe identischer Stücke aus den Museen in Leipzig und Jena kannte. Es gelang ihm, zu sechs identischen und offensichtlich aus einer Form gegossenen Beilen vom Lausitzer Typ im Museum von Zeitz das Beil aufzuspüren, von dem die Abgüsse hergestellt worden waren. Durch den Vergleich des möglichen Originals mit den übrigen Stücken wurde rasch deutlich, daß es sich nicht um eine Serie von Beilen handelte, die schon in der Bronzezeit aus einer Form gegossen wurden, sondern um das Original aus Zeitz und sechs Fälschungen aus jüngerer Zeit. Als Beweis führt Otto an, daß bei den Kopien Oberflächenmerkmale abgegossen wurden, die auf dem Original durch den Gebrauch oder die Alterung entstanden waren. Unter anderem wurde auch ein Riß im originalen Beil mit abgegossen. Die Patina erwies sich als künstlich aufgebracht. Außerdem wurden auf den 6 Kopien gleichartige Beschädigungen der Oberfläche erkannt, die künstlich hervorgerufen worden waren. Der endgültige Beweis, daß Fälschungen vorlagen, brachte die chemische Analyse, da das Original aus Zeitz aus einer Bronze gegossen ist, die in allen Elementen mit der Zusammensetzung vergleichbarer Objekte gesicherter Herkunft übereinstimmt, während die Fälschungen aus einer zinkhaltigen Legierung hergestellt waren, die es zur Bronzezeit noch nicht gab. Nachdem die Tüllenbeile als Fälschungen erkannt waren, suchte man nach weiteren Fälschungen dieser Gruppe und tatsächlich fanden sich in verschiedenen Museen auch insgesamt 6 böhmische Absatzbeile, 6 schmale Randleistenbeile, 11 Randleistenbeile vom Typ Bennewitz, 5 Stabdolchklingen, sowie Sicheln, Armringe, Speerspitzen und eine Reihe weiterer Stücke, die sich aufgrund der Metallanalyse und der übrigen Merkmale einer Werkstatt zuweisen ließen. Aus den Daten, nach denen diese Objekte in die verschiedenen Museen gelangten, ließ sich ermitteln, daß die Fälschungen von dem Kunstschlosser K. Sioli aus Halle bereits im 19. Jahrhundert hergestellt worden waren. Sioli hatte seine Fälschungen an Privatsammler verkauft und über diese gelangten sie im Laufe der Zeit in die öffentlichen Sammlungen, wo sie mehr als 50 Jahre lang unentdeckt blieben. Im 20. Jahrhundert sind Fälschungen bronzezeitlicher Objekte aus Kupferlegierungen kaum mehr bekannt geworden, da sie von Sammlern nicht mehr beachtet wurden.

Der Jüngling vom Magdalensberg

Die Statue galt bis vor kurzem als der bedeutendste Fund einer römischen Großplastik aus Bronze nördlich der Alpen. Die lebensgroße Statue wurde 1502 von einem Bauern am Magdalensberg, einer großen römischen Siedlung in Österreich gefunden. Die Statue gelangte mit seinem Käufer, dem Erzbischof von Salzburg auf die Feste Hohensalzburg, wo sie im Laufe der Zeit in Vergessenheit geriet. 1806 kam sie wieder nach Wien, wo sie seit 1891 in der Antikensammlung als römisches Original ausgestellt war. Naturwissenschaftliche Untersuchungen haben 1986 ergeben, daß es sich bei der in Wien ausgestellten Skulptur nicht um eine Arbeit aus römischer Zeit, sondern um eine Arbeit der Renaissance handelt. Möglicherweise ist die Wiener Skulptur eine Kopie nach einem tatsächlich auf dem Magdalensberg gefundenen Original, das im 16. Jahrhundert kopiert wurde.

Der Nachweis, daß es sich beim Jüngling vom Magdalensberg nicht um ein römisches Original handelt, gelang erstens mit Hilfe der chemischen Analyse des Metalls. Die Analysen waren von 4 verschiedenen Laboratorien an insgesamt 11 Proben ausgeführt worden. Zwei Analysen des Rathgen-Forschungslabors aus dieser Serie (Craddock et al. 1987/88) beschreiben den sehr charakteristischen Metalltyp:

	Cu	Sn	Pb	Zn	Fe	Ni
1	93,86	3,85	< 0,025	< 0,001	0,02	1,75
2	92,28	5,44	< 0,025	0,002	0,02	1,69

	Ag	Sb	As	Bi	Co
1	0,01	0,15	0,36	< 0,025	< 0,005
2	0,01	0,15	0,41	< 0,025	< 0,005

1 Probe von der linken Schulter
2 Probe vom linken Bein

Gegen die römische Herkunft dieses Metalles spricht der fehlende Bleianteil, da römische Bronzen ausgesprochen bleireich sind, der extrem hohe Nickelgehalt, der bei römischen Bronzen nie vorkommt, für Renaissancebronzen aber typisch ist und der hohe Arsengehalt, der für römische Bronzen ungewöhnlich, bei Renaissancebronzen aber ausgesprochen üblich ist. Weiter wurden mehrere Thermolumineszenzanalysen des Gußkernes ausgeführt, die Alterswerte im Bereich von durchschnittlich 450 Jahren ergaben. Schließlich wurden noch eine Reihe technologischer Merkmale festgestellt, die mit römischen Bronzen nicht in Einklang zu bringen waren. Eine im Boden gewachsene Patina, die auf einer Bronze, die 1500 Jahre im Boden lag, zu erwarten gewesen wäre, wurde nicht gefunden.

Koptische Bronzekruzifixe

Etwa zur selben Zeit als die gefälschten koptischen Goldobjekte auf den Kunstmarkt kamen, tauchten in relativ großer Anzahl koptische Klappkreuze auf, die in verschiedene Sammlungen gelangten. Da am Rathgen-Forschungslabor Erfahrungen mit koptischen Bronzen vorlagen, wurden dort Kreuze aus verschiedenen Sammlungen vorgezeigt. Dabei fiel auf, daß mehrere Kreuze an genau den gleichen Stellen identische Beschädigungen aufwiesen. Hier handelte es sich offensichtlich um mehrere Abgüsse von einem beschädigten Original. Der Befund, daß hier in fälscherischer Absicht erzeugte Abgüsse vorlagen, bestätigte sich auch bei anderen Kreuzen, bei denen z. B. angelötete Bleche oder Ösen mit abgeformt und mitgegossen wurden.

Der Löwe von Agnani

Ein zweites Beispiel für den Nachweis einer Fälschung eines angeblich mittelalterlichen Objekts ist der Löwe von Agnani, der 1965 von der Skulpturengalerie der Staatlichen Museen zu Berlin erworben wurde (Abb. 35). Der Löwe ließ sich aufgrund einer Inschrift auf einer Brustplatte als eine Arbeit aus dem Jahr 1230 datieren und mit einem geschichtlich sehr bemerkenswerten Ereignis in Zusammenhang bringen. Auf einer Brustplatte war in lateinischer Schrift angegeben: »*Ich Papst Gregor IX. schenke Euch Friedrich II. hier zu Agnani dieses Bild des Löwen dem Befreier von Jerusalem*«. Papst Gregor IX. hatte Kaiser Friedrich II. 1227 exkommuniziert. Daraufhin unternahm Friedrich II. einen sehr erfolgreichen Kreuzzug, worauf sich im August 1230 der Papst und der Kaiser, der vom Bann gelöst worden war, in Agnani trafen. Auf dieses Treffen bezieht sich die Inschrift des Lö-

Abb. 35. Fälschung eines mittelalterlichen Gußlöwen.

wen. Jedoch ergab hier die Metallanalyse, daß es sich um ein Erzeugnis aus einem sehr zinkreichen Messing handelte. Messing war im Mittelalter zwar bekannt, jedoch konnten zu dieser Zeit aus technologischen Gründen nur Messinge mit einem Zinkgehalt bis zu 28 % erzeugt werden. Der Löwe von Agnani enthielt jedoch 30–35 % Zink und somit war sichergestellt, daß es sich um eine Fälschung handelte. Um ganz sicher zu sein, wurden auch die in die Beine eingelassenen Eisenzapfen untersucht und festgestellt, daß ein sog. Puddelstahl verwendet worden war, der ebenfalls im Mittelalter noch nicht hergestellt, sondern erst im 19. Jahrhundert verarbeitet wurde. Auch bei diesem Objekt wurden keine Hinweise gefunden, wann und wo dieses Objekt entstanden war.

Der Nachweis hoher Zinkgehalte im Messing hat sich in vielen Fällen als eine sehr wirksame Möglichkeit erwiesen, als Originale ausgegebene Kopien mittelalterlicher Objekte als neuzeitlich zu entlarven, da die Gießerei Hegemann in Hannover, die im 19. Jahrhundert in großen Serien Kopien mittelalterlicher Geräte herstellte, stets ein sehr zinkreiches Messing verarbeitete. Werner (1980), der viele mittelalterliche Objekte aus Kupferlegierungen untersuchte, hat eine größere Anzahl weiterer angeblich mittelalterlicher Objekte aus deutschen Museen zusammengestellt, die sich aufgrund der Materialanalysen als Kopien des 19. Jahrhunderts erwiesen. Die folgende Tabelle führt neben der Analyse des Löwen von Agnani eine Auswahl von vier weiteren Analysen solcher Erzeugnisse auf. Bei diesen Analysen fällt die Ähnlichkeit der Zusammensetzung auf, die darauf zurückzuführen ist, daß die Stücke wohl alle von der Gießerei Hegemann in Hannover stammen.

	Cu	Sn	Pb	Zn	Ni	Sb	As
1	65,07	0,3	1,3	33,13	0,05	0,05	0,10
2	70,39	0,7	1,6	27,0	0,06	0,14	0,11
3	74,40	0,7	1,6	23,0	0,15	0,05	0,10
4	73,62	0,5	1,6	24,0	0,10	0,04	0,14
5	69,40	0,1	0,6	29,5	0,12	0,15	0,13

1 Löwe von Agnani (Analyse: Rathgen-Forschungslabor, Berlin)
2 Leuchter, angeblich 12. Jh
3 Rauchfaß, angeblich 12. Jh
4 Aquamanile, angeblich 13. Jh
5 Aquamanile, angeblich 15. Jh

Barlach-Fälschungen

Vor einigen Jahren häuften sich plötzlich Skulpturen von Barlach, deren Echtheit von der Gießerei Noack in Berlin, die allein zum Guß dieser Statuetten berechtigt ist und ihre Erzeugnisse auch mit einem Stempel versieht, als Fälschungen erkannt wurden. Dennoch gab es Auseinandersetzungen um die Echtheit, so daß schließlich das Rathgen-Forschungslabor um eine Stellungnahme gebeten wurde. Die Schwierigkeit bestand darin, zu entscheiden, ob die in Zweifel gezogenen Stücke Originale aus der Zeit um 1930 oder Fälschungen aus der Zeit um 1975 waren, so daß in Material und Technik kaum Unterschiede zu erwarten waren. Dennoch gelang es nachzuweisen, daß die Löcher, die die Kernhalte hinterließen, durch elektrisches Schweißen geschlossen worden waren. Da dieses Verfahren und die Art des nachgewiesenen Elektrodenmaterials in Gießereien erst um 1950 in Gebrauch kam, war klar, daß es sich hier um Fälschungen handelte.

Gefälschte Kykladenidole

1968 wurden vom französischen Kunsthandel Kykladenidole in ungewöhnlicher Zahl und mit ausgefallenen Merkmalen angeboten (Abb. 36). Während die üblichen Kykladenidole stilisierte weibliche Figuren darstellen, die kaum größer als 30 cm sind, handelte es sich bei den neu erschienenen Stücken um extrem große Stücke von teilweise über 1 m Höhe und um eine extrem seltene und daher besonders teure Variante, wie musizierende Idole, Doppelidole und männliche Statuetten, die schon aufgrund ihrer Ausgefallenheit den Argwohn der Archäologen erregten. Mit stilistischen Argumenten ließ sich jedoch wenig ausrichten, da sich auch Originale durch eine gewisse Formenvielfalt auszeichneten, in der die ange-

Abb. 36. Fälschung eines Idols der Kykladenkultur.

zweifelten Stücke, wenn auch mit Stirnrunzeln, hätten untergebracht werden können. Durch Materialanalysen konnte aber eindeutig nachgewiesen werden, daß es sich hier um Fälschungen handelte (Thimme u. Riederer 1969; Riederer 1976). Als erstes fiel eine ungewöhnliche Oberflächenfärbung und -verkrustung auf. Die Krusten bestanden aus Gips und es ließ sich nachweisen, daß auf den Kykladen unter natürlichen Bedingungen aus Marmor kein Gips entstehen konnte, da es keine sulfathaltigen Bodenwässer gibt. Dies war durch zahlreiche Wasseranalysen bekannt, die im Rahmen eines Projekts zur Wasserversorgung der kykladischen Inseln ausgeführt worden waren. Weiter fielen an der Oberfläche der Idole Pyritkristalle auf, also Einschlüsse aus Eisensulfid, die längst hätten verwittert sein müssen, wenn die Idole in einem derart feuchten Boden gelegen hätten, der in der Lage gewesen wäre, die dicken Gipskrusten abzulagern. Als drittes Merkmal konnte noch das Verhalten im ultravioletten Licht angeführt werden. Frische Marmoroberflächen reflektieren das ultraviolette Licht mit einer dunkelrotvioletten Färbung, während über lange Zeit im Boden gealterte Marmore im ultravioletten Licht eine hell bläulich-gelbe Färbung zeigen. Alle in Zweifel gezogenen Idole erschienen einheitlich violett, als sie mit ultraviolettem Licht bestrahlt wurden.

Kuros des Ghetty-Museums

In jüngerer Zeit hat der vom Ghetty-Museum erworbene Kuros Fragen nach seiner Echtheit aufgeworfen, die von vielen namhaften Archäologen stark bezweifelt wurde. Das Ghetty-Museum versuchte nun, die antike Herkunft des Kuros durch naturwissenschaftliche Untersuchungen beweisen zu lassen, was in der Regel möglich ist, da die Lagerung im Boden die Marmoroberfläche in einer charakteristischen Weise, etwa durch eine Versinterung oder durch Lösungserscheinungen, verändert. Die üblichen Verwitterungsmerkmale eines Marmors fehlten zwar bei diesem Kuros, dennoch wurde eine Beobachtung gemacht, die für eine antike Herkunft sprach: eine Dedolomitisierung der Oberfläche. Analysen hatten nämlich gezeigt, daß der Kuros aus einem sehr ungewöhnlichen dolomitischen, also magnesiumreichen Marmor von Thasos hergestellt und dessen Oberfläche an Magnesium deutlich verarmt war. Da es in den Labors der Ghetty-Foundation nicht gelang, diese Dedolomitisierung, also die Auslaugung von Magnesium aus der Gesteinsoberfläche, künstlich nachzuahmen, wurde dies als Beweis für eine langdauernde Lagerung im Boden verkündet. Den Forschern des Ghetty-Labors war aber entgangen, daß die Dedolomitisierung eine längst bekannte und künstlich ohne Schwierigkeit nachzuahmende Erscheinung ist, die bei einem magnesiumreichen Marmor allein schon dann auftreten kann, wenn der Fälscher die Marmoroberfläche mit Lösungen künstlich altert. Der Fall schien sich zu erledigen, als ein Torso auftauchte, der stilistisch dem Kuros sehr ähnlich sah, aber als eindeutige Fälschung galt. Doch das Ghetty-Labor gab noch nicht auf und versuchte durch weitere Materialanalysen, an denen noch gearbeitet wird, Argumente für die Echtheit zu finden, ohne einzugestehen, daß sowohl die üblichen Merkmale eines Bodenfundes fehlen als auch die ursprünglich als Echtheitsmerkmale angeführte, aber eher für eine fälscherische Behandlung der Oberfläche sprechende Dedolomitisierung eindeutige Hinweise gegen die antike Herkunft dieses Kuros sind, der wieder ohne jede Provenienz und noch dazu aus einem Marmor ist, aus dem andere Skulpturen vergleichbarer Art nicht bestehen.

Antike und völkerkundliche Terrakottaobjekte

Seit die Thermolumineszenzanalyse als Möglichkeit der Altersbestimmung von Keramik eingeführt wurde, hat sich die Anzahl der als Fälschung erkannten Keramikobjekte aus allen kulturgeschichtlichen Bereichen gewaltig erhöht. Hier kann, einfach um die Fülle der Fälschungen darzustellen, nur eine kurze Übersicht gegeben werden, welche Objektgruppen in den vergangenen Jahren als besonders stark von Fälschungen durchsetzt erkannt wurden.

Frühe Kulturen des Vorderen Orients

Hacilar: Aitken et al. (1971) untersuchten eine relativ große Gruppe von Fälschungen von Idolen und idolartig geformten Doppelgefäßen in der Art von originalen Stücken des 6. Jahrtausends v. Chr, die in Hacilar in Anatolien gefunden worden waren. Von dieser Objektserie, die auch in Deutschland angeboten wurde, gelangten auch einige Stücke in deutsche Museen. Das Museum für Vor- und Frühgeschichte erwarb zwei dieser aus Ton gebrannten Idole und deklarierte sie in der Ausstellung als Specksteinidole, so daß sie sich bis heute der klärenden Thermolumineszenzanalyse entziehen konnten. In Oxford wurden von dieser Gruppe 26 Idole, 3 Tierfiguren, 6 Gefäße mit einem Kopf und 8 doppelköpfige Gefäße mit Hilfe der Thermolumineszenz als Fälschungen erkannt. Seitdem sind diese Fälschungen wieder vom Markt verschwunden.

Dem Museum für Vor- und Frühgeschichte waren anatolische Tierfiguren zum Kauf angeboten worden, von denen jedoch nur Photos vorgelegt wurden, da sich die Originale noch in der Türkei befanden. Das Museum ließ diese Figuren nach Berlin bringen und erwarb sie. Die Thermolumineszenzanalyse ergab jedoch, daß es sich um Fälschungen handelte.

Griechenland

Tanagrafiguren: Im Zusammenhang mit einer Ausstellung über Tanagrastatuetten wurde am Rathgen-Forschungslabor der gesamte Bestand des Antikenmuseums dieser Objektgruppe untersucht und festgestellt, daß ca. 20 % der vorhandenen Statuetten gefälscht war. Dabei handelte es sich ausschließlich um Fälschungen des 19. Jahrhunderts. Zu dieser Zeit wurden Tanagrafiguren in großer Menge als Kopien hergestellt und zum Teil auch mit den Signaturen von Tonwarenfirmen versehen. Im Laufe der Zeit war es bei vielen Stücken nicht mehr möglich, allein aufgrund des Aussehens ihre Herkunft zu erkennen.

Griechische Vasen (Abb. 37): Bei den griechischen rot- und schwarzfigurigen Vasen ist es heute möglich, sie in antiker Technik herzustellen. Da diese Technik offensichtlich in italienischen Keramikfachschulen schon zum Ausbildungsprogramm gehört, werden in der Toskana und in Süditalien technisch perfekte Kopien hergestellt und lediglich durch einen leicht ablösbaren Aufkleber als Kopien antiker Vasen gekennzeichnet. Entsprechend häufig werden auch außerhalb Italiens solche Kopien griechischer Vasen, aber auch Vasen mit frei erfundenen Motiven, als antik angeboten.

Etruskische Keramiken: Neben den spektakulären Fälschungen aus etruskischer Zeit, etwa den vom Metropolitan Museum in New York schon 1915 und 1921 gekauften und in Orvieto gefälschten Kriegern, wird auch aus diesem Bereich alles an Keramik gefälscht, was sam-

Abb. 37 a,b. Fälschung einer griechischen Vase (**a**) mit ihrem Vorbild (**b**).

melnswert ist. Zu den ausgefalleneren Objekten, die in jüngerer Zeit als Fälschungen entlarvt wurden, gehören Wandmalereien auf Terrakottaplatten mit Darstellungen der Taten des Herkules, die angeblich aus etruskischen Gräbern stammen. Sowohl die Untersuchung der Pigmente am Rathgen-Forschungslabor, als auch die Pigmentanalyse ergab, daß es sich um Fälschungen handelt.

Südamerikanische Keramik: In einem besonderen Maß werden Fälschungen von südamerikanischen Keramiken hergestellt. Da die Herstellungstechnik der originalen Objekte bekannt ist bzw. sich die Herstellung auf ein einfaches Formen und Brennen beschränkt, ist klar, daß sich auch hier ein entsprechender Fälschungsmarkt entwickelte. Auch hier gibt es kaum eine Keramikgruppe, die nicht gefälscht wird, obwohl festzustellen ist, daß sich das Angebot ganz stark nach den Wünschen der Sammler richtet. Dies zeigte sich in den vergangenen Jahren besonders deutlich, als z. B. große Mengen an Idolen der Valdivia-Kultur oder peruanische Keramiken mit erotischen Darstellungen auf den Markt kamen.

Mexikanische Keramik: Wie früh in Mexiko bereits Fälschungen hergestellt wurden, zeigen Untersuchungen des Rathgen-Forschungslabors an Keramiken aus Oaxaca, von denen das Museum für Völkerkunde der Staatlichen Museen zu Berlin eine stattliche Sammlung besitzt, die unlängst publiziert wurde. Die Thermolumineszenzanalyse dieser Objekte ergab, daß ca. 30 %, und zwar die besonders schönen Stücke, gefälscht waren. Alle Fälschungen waren bereits im 19. Jahrhundert mit großen, dem Museum überlassenen Sammlungen nach Berlin gekommen. Untersuchungen an vergleichbaren Sammlungen zeigten, daß auch in anderen Museen der Anteil an Fälschungen von Keramiken aus Oaxaca ähnlich hoch ist wie in Berlin.

Afrika: Bis vor kurzem wurde afrikanische Keramik noch nicht in dem Maß gefälscht, wie etwa die süd- und mittelamerikanische Keramik. Seit kurzem ist aber ein deutlicher Anstieg von Fälschungen westafrikanischer Keramiken aus dem Bereich der Kulturen von Nok und Djenne zu beobachten, die mit dem steigenden Sammlerinteresse an Objekten dieser Kulturen zu erklären ist.

Kopien islamischer Gebetsnischen

Vom Museum für islamische Kunst der Staatlichen Museen zu Berlin wurde 1969 eine Gebetsnische aus glasierter Keramik erworben, die angeblich aus einer persischen Moschee der 1. Hälfte des 16. Jahrhunderts stammen sollte. Die Echtheit war von Fachleuten der islamischen Kunstgeschichte schon länger in Zweifel gezogen worden, da bekannt war, daß um 1920 in Isphahan Werkstätten arbeiteten, die farbig glasierte Fliesen für Restaurierungsarbeiten herstellten, wobei die Produktion offenbar auch größere architektonische Einheiten umfaßte. Weiter erschien verdächtig, daß etwa zur gleichen Zeit, als die Berliner Gebetsnische bekannt wurde, auch andere Museeen vergleichbare Einrichtungen erworben hatten. Die Thermolumineszenzanalyse einzelner Teile der Berliner Gebetsnische am Rathgen-Forschungslabor ergab dann auch, daß alle untersuchten Proben neu waren, was die Vermutung nahelegt, daß die Nische zum größten Teil aus diesem Jahrhundert stammt.

Ming-Porzellan

1641 sank vor der Dominikanischen Republik eine spanische Galleone, die Waren aus Ostasien, die über die Philippinen zur mexikanischen Pazifikküste und von dort zum Weitertransport an die Ostküste gebracht worden waren, nach Europa transportieren sollte. Das Schiff wurde kürzlich entdeckt und die Ladung konnte geborgen werden. Unter anderem fand sich Porzellan der Ming-Dynastie mit der Ch'eng Hua-Marke, das in westlichen Sammlungen kaum zu finden ist. Entsprechend häufig sind Fälschungen dieser Gruppe. Die Funde wurden mit Hilfe der energiedispersiven Röntgenfluoreszenzanalyse untersucht und die Mangan/Kobalt-, Rubidium/Strontium- und Zirkon/Niob-Verhältnisse errechnet (Mazo-Gray u. Alvarez 1992). Der Vergleich mit den Analysewerten moderner Fälschungen ergab deutliche Unterschiede, so daß auf diese Weise die Unterscheidung echter und falscher Objekte einer Keramikgruppe möglich ist, für die sich absolute Datierungsverfahren noch nicht einsetzen lassen.

Glas

Bei Gläsern gibt es Fälschungen und Nachahmungen, die den ganzen Zeitraum von den Anfängen der Glasherstellung in altägyptischer Zeit bis in die Gegenwart überdecken. Ansatzpunkte für naturwissenschaftliche Untersuchungen gibt es kaum, da erstens keine praktikablen Verfahren der absoluten Altersbestimmung zur Verfügung stehen, zweitens bei vielen Glasobjekten die Möglichkeiten der Probeentnahme eingeschränkt sind und drittens die Zusammensetzung der Gläser weit weniger typisch für die Herstellungszeit ist, als z. B. die Zusammensetzung der Metalle, so daß die Möglichkeiten der chemischen Analyse ohnehin eingeschränkt sind. Bei Gläsern helfen somit in erster Linie kunstgeschichtliche Argumente, und es gibt auch kaum ein überzeugendes Beispiel der Entlarvung einer nennenswerten Fälschung aus Glas mit naturwissenschaftlichen Methoden.

Gemälde

Das klassische Gebiet des Kunstfälschers ist die Nachahmung in dem Bereich der Malerei. Gerade hier bietet aber die Materialanalyse besonders gute Möglichkeiten der Echtheitsprüfung, da Gemälde dem Analytiker die unterschiedlichsten Ansatzmöglichkeiten bieten und gerade an der Schwierigkeit zu viele Dinge beachten zu müssen, scheitert der auf Verkauf und Profit bedachte Fälscher. Ein Fälscher, der auch die Naturwissenschaften bewußt täuschen will, kann jedoch mit erheblichem Aufwand die Entlarvung hinauszögern.

Der erste Ansatzpunkt für die Echtheitsprüfung von Gemälden ist die Untersuchung im ultravioletten und infraroten Licht, sowie die Röntgendurchstrahlung und die Techniken der Autoradiographie. Durch Röntgenaufnahmen wurden z. B. die Arbeiten des *van Gogh-Fälschers Wacker* entlarvt, da offensichtlich wurde, daß sich Wacker krampfhaft bemühte, die Maltechnik van Goghs zu imitieren. Autoradiographische Techniken waren es auch, die letzten Endes den Beweis lieferten, daß der *Mann mit dem Goldhelm* in der Gemäldegalerie der Staatlichen Museen zu Berlin nicht von Rembrandt, sondern von einem anderen Maler aus Rembrandts Umkreis stammte.

Als nächster Schritt kann der Bildträger geprüft werden. Bei Holztafeln kann das Alter recht genau mit Hilfe der Dendrochronologie oder der Radiokarbonmethode bestimmt werden und auch alte Leinwände weisen charakteristische Merkmale auf, die sie von neueren Erzeugnissen unterscheiden. Selbst wenn es dem Fälscher gelingt, etwa eine alte Holztafel aufzutreiben, so hat sich schon manche Fälschung dadurch verraten, daß Grundierungsmaterial in die Fraßgänge der Holzschädlinge eindrang, wodurch belegt ist, daß das Holz zur Zeit der Ausführung der Malerei bereits von Insekten befallen war, was bei originalen Malereien auf Holz kaum der Fall ist.

Weiter können die Pigmente analysiert werden, und es ist mehrfach vorgekommen, etwa bei *van Meegeren* oder dem geschickten Kopisten altdeutscher Malerei *Goller*, daß für die Nachahmungen alter Malerei die Pigmente verwendet wurden, die zur angeblichen Entstehungszeit üblich waren. Zwar gelingt es heute, gleichartige Pigmente zu bekommen wie die in früheren Zeiten verwendeten, aufgrund anderer Herstellungsmethoden weisen sie aber andere unschwer nachzuweisende Materialeigenschaften auf. Van Meegerens in der Art der altniederländischen Malerei geschaffenen Bilder verrieten sich durch moderne Verschnittmittel im Ultramarin und durch ein modern hergestelltes Bleiweiß, und auch bei

Gollers Arbeiten erwies sich das Bleiweiß als ein modernes Produkt.

Ebenso bietet das Bindemittel dem Analytiker Ansatzpunkte für die kritische Prüfung der Echtheit, da der Fälscher bestrebt sein muß, ein rasch trocknendes und rasch ein Craquelé entwickelndes Bindemittel zu verwenden. Van Meegeren gelang dies nur durch einen Kunstharzzusatz, der bei der Untersuchung des Bindemittels erkannt wurde.

Schließlich sind es gerade die Alterserscheinungen von Gemälden, deren Nachahmung Schwierigkeiten bereitet. Das Craquelé, das sich in langen Zeiträumen durch das Trocknen des Bindemittels entwickelt, hat so vielfältige Ausbildungsformen, daß die Spezialisten eine eigene Nomenklatur für die verschiedenen Rißarten entwickelt haben. Ein für einen bestimmten Gemäldetyp charakteristisches Craquelé zu erzeugen ist weder durch Rollen der Leinwand, noch durch Erwärmen im Backofen, noch durch bestimmte Bindemittel oder Firnismischungen möglich.

Nicht zur Routine der Echtheitsprüfung von Gemälden gehörend, aber doch die Breite der Prüfungsmöglichkeiten verdeutlichend, sind drei weitere Ansatzpunkte für Untersuchungen. Da durch Kernwaffenversuche der Gehalt der Luft an radioaktivem Kohlenstoff stark angestiegen ist, zeichnen sich zum Malen verwendbare Öle durch einen extrem hohen ^{14}C-Gehalt aus, so daß Radiokarbonanalysen des Bindemittels erkennen lassen, ob ein Gemälde mit einem vor oder nach 1960 hergestellten Bindemittel gemalt ist. Weniger aufwendig ist die Prüfung von Fingerabdrücken auf Gemälden. Da Maler das Trocknen der Farbe in der Regel mit der Fingerspitze prüften, sind auf vielen Gemälden die Fingerabdrücke der Maler vorhanden und als Echtheitsindiz einsetzbar. Eine weitere Möglichkeit ist die Analyse von Pinselhaaren, die in der Malschicht hängengeblieben sind. Hier würde sich ein Haar eines Kunststoffpinsels sofort verraten, aber auch bei Pinseln aus Tierhaaren kann die Art der Borsten Hinweise zur Zeit der Herstellung des Pinsels geben.

So scheiterten Gemäldefälscher letzten Endes an der zu großen Anzahl von zu beachtenden Materialmerkmalen, an der Schwierigkeit, unverdächtiges Material zu verwenden und an dem Problem, überzeugende Alterungsspuren erzeugen zu müssen. Aus diesen Gründen ist es kaum denkbar, daß heute Gemäldefälschungen, die vor dem 19. Jahrhundert entstanden sein sollen, unerkannt blieben. Schwieriger ist es, Fälschungen der modernen Malerei zu erkennen, da sich die für Originale verwendeten Materialien kaum von den heute verwendeten Werkstoffen der Malerei unterscheiden und charakteristische Alterungsmerkmale noch nicht ausgeprägt vorhanden sind. Hier bietet, wie es bei den van Gogh-Fälschungen gelang, am ehesten die maltechnische Untersuchung die Chance, eine Fälschung zu entlarven, da es nicht immer gelingt, die charakteristische Malweise eines Künstlers nachzuahmen.

Wandmalereien

Fälschungen von Wandmalereien sind relativ selten. Wohl kennt man einige Fälle von Verfälschungen, die so aufsehenerregend waren, daß sie in der Fälschungsliteratur immer wieder zitiert wurden, wie z. B. die Verfälschung der Wandmalereien in der *Lübecker Marienkirche* durch Malskat. Als die Kirche im März 1942 nach einem Bombenangriff ausbrannte, kamen unter dem abplatzenden Putz Reste mittelalterlicher Wandmalereien zum Vorschein, mit deren Freilegung und Restaurierung 1948 begonnen wurde. 1951 präsentierte der Restaurator

Malskat angeblich freigelegte Malereien, die sich durch eine unvorstellbar vollständige und gute Erhaltung auszeichneten, so daß sie als kunstgeschichtliche Sensation Aufsehen erregten. Später stellte sich jedoch heraus, daß von der originalen Malerei nur noch 3 % erhalten waren, die im Laufe der Restaurierung verloren gingen, und somit schließlich alle Malereien neu ausgeführt wurden.

Ungewöhnlich sind dagegen Fälschungen im eigentlichen Sinn in der Art der gefälschten etruskischen Wandmalereien, die 1970 auf dem Kunstmarkt auftauchten. Es handelte sich um Darstellungen der Taten des Herkules, die in der Art etruskischer Grabmalereien auf Terrakottaplatten ausgeführt waren. Die Platten erregten rasch den Verdacht des Karlsruher Archäologen J. Thimme, der Materialanalysen ausführen ließ. Die Untersuchungen (Fleming et al. 1971) ergaben, daß die Malereien mit modernen Farben ausgeführt waren, und schließlich lieferte die Thermolumineszenzanalyse der Terrakottaplatten, die ein rezentes Alter ergab, einen weiteren Beweis, daß hier Fälschungen vorlagen.

Holz

Bei Holzobjekten denkt man als erstes an die Verfahren der absoluten Altersbestimmung, also an die Dendrochronologie oder an die Radiokarbonmethode.

Die Dendrochronologie, die auf die Datierung von Nadelhölzern, Eichenholz und mit Einschränkungen auch von Buche beschränkt ist, hat ihre Stärken bei Holzskulpturen, bei Holztafeln von Gemälden und bei Musikinstrumenten. Auf allen drei Gebieten liegen bereits umfassende Erfahrungen mit der Echtheitsprüfung vor, so daß zuverlässige Ergebnisse erwartet werden können.

Bei Geigen gelang es nicht nur zu klären, ob es sich um ein kostbares Instrument der norditalienischen Meister des 17./18. Jahrhunderts oder um eine Nachahmung aus neuerer Zeit handelt, sondern man fand auch heraus, aus welchem Gebiet das Holz zur Herstellung der Fälschungen stammt, da die Jahresringfolgen für den Standort des Holzes typisch sind. Ebenso häufig, wie mit der Dendrochronologie Fälschungen von Streichinstrumenten im eigentlichen Sinn entdeckt wurden, gelang es, falsche Zuschreibungen zu korrigieren, die auch bei Museumsobjekten recht häufig sind. Im Berliner Musikinstrumentenmuseum gibt es z. B. eine Violine mit eingeklebtem Zettel, wonach das Instrument von F. G. Hopf aus dem Jahr 1777 stammt, während die dendrochronologische Untersuchung einen jüngsten Jahresring von 1854 nachweisen konnte (Klein 1986)

Bei der Untersuchung der Echtheit von Streichinstrumenten können noch andere Kriterien herangezogen werden. Ehe sich die Dendrochronologie vor 10 Jahren zu einem sehr zuverlässigen Verfahren der Echtheitsprüfung von solchen Instrumenten entwickelte, versuchte man durch Analysen des Lackes auf das Alter zu schließen.

Turiner Leichentuch Christi

Bei den textilen Objekten hat das *Turiner Leichentuch Christi* lange Zeit für heftige Diskussionen über die Echtheit gesorgt (Abb. 38). Das Tuch, dessen Existenz im Jahre 1353 zum ersten Mal erwähnt wurde, zeigt deutlich den Abdruck eines Körpers mit Wundmalen und Dornenkrone. Durch verbesserte photographische Techniken konnte dieser Abdruck immer deutlicher sichtbar und schließlich auch in dreidimensionaler Form dargestellt werden. 1979 erklärte sich die Kirche bereit, das Tuch in

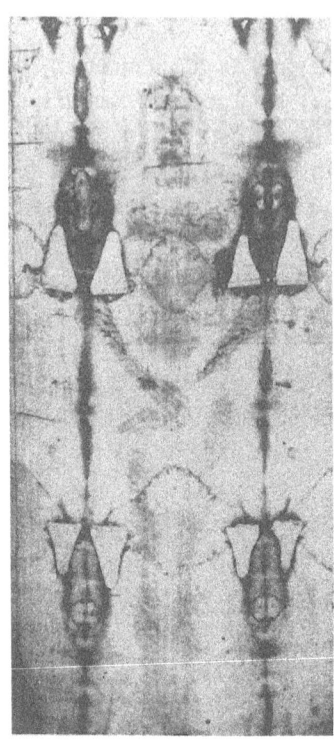

Abb. 38. Das angebliche Grabtuch Christi aus dem Dom von Turin.

Hinblick auf sein Alter, also seine Echtheit, untersuchen zu lassen. Eine Radiokarbondatierung konnte zu diesem Zeitpunkt noch nicht durchgeführt werden, da die erforderliche Probemenge, nämlich ein Stück Stoff von 10 × 10 cm Größe nicht geopfert werden konnte. Deshalb wurden im Rahmen des Shroud of Turin Research Project (STURP) alle anderen Hinweise auf das Entstehungsalter des Tuches und die Authentizität des Abdrucks gewertet. Aus Pollenanalysen konnte eine Herkunft aus dem Vorderen Orient abgeleitet werden, die Blutflecken erwiesen sich als menschliches Blut und der Abdruck selbst war weder durch anorganische noch durch organische Pigmente und auch nicht durch die

Einwirkung erhöhter Temperatur erzeugt, so daß eine Art übernatürlicher Strahlung als Ursache des Abdrucks angenommen wurde. Aus der Vielzahl von Argumenten wurde abgeleitet, daß es sich um das originale Leichentuch Christi handelte. 1981 waren dann die Voraussetzungen für eine Radiokarbondatierung gegeben, da inzwischen 7 Laboratorien in der Lage waren, die Beschleunigermassenspektrometrie zur Radiokarbonbestimmung einzusetzen, die mit Proben von wenigen Milligramm auskommt. Doch erst 1988 wurden die Proben entnommen, die dann 3 Laboratorien zur Analyse übergeben wurden und die übereinstimmend zu dem Befund kamen, daß das Tuch zwischen 1260 und 1380 n. Chr. also erst vor ca. 650 Jahren entstanden ist.

Auf dem Gebiet der Materialanalysen bei *Teppichen*, vor allem Erzeugnisse aus dem Bereich der islamischen Länder, hilft meist die Analyse der Farbstoffe weiter. Bei der Analyse kann es ein Problem bereiten, daß an Stelle der Naturfarben, also von Krapp oder Indigo, natur identische Ersatzstoffe verwendet wurden, so daß aufwendigere Prüfungen notwendig sind, um die Altersstellung eines Teppichs herauszufinden.

Papier

Objekte aus Papier sind seltener Gegenstand naturwissenschaftlicher Untersuchungen.

Bei der Gruppe der *frühen Tintenzeichnungen* gibt es Beispiele der Tintenuntersuchung mit Hilfe der Remissionsspektroskopie. Weiter bietet die Untersuchung der Wasserzeichen manchmal die Möglichkeit, echt und falsch zu unterscheiden. Zur Sichtbarmachung der Wasserzeichen wurde an der Bundesanstalt für Materialprüfung und Forschung vor einigen Jahren ein wenig aufwendiges und sehr genaues Verfahren, die Elektronenradiographie, entwickelt, die sich zur Erkennung von Fälschungen auf Papier ebenfalls sehr erfolgreich einsetzen läßt.

Mit Hilfe der Remissionsspektrographie im nahen Infrarot wurde eine Serie von gefälschten *Rembrandt-Zeichnungen* untersucht, die bereits gegen Ende des 18. Jahrhunderts in die Koenigliche Sammlung von Handzeichnungen gelangten (Burmester u. Renger 1986). Die Echtheit der Zeichnungen wurde bereits 1906 angezweifelt und auch in den folgenden Jahren sprachen sich eine Reihe von Kunsthistorikern gegen die Echtheit einer mehr oder minder großen Anzahl dieser Zeichnungen aus. Mit Hilfe der Remissionspektroskopie gelang es, Zeichenmittel verschiedener Art zu unterscheiden, wodurch originale Partien von späteren Zufügungen, etwa den fälscherisch aufgetragenen Signaturen, unterschieden werden konnten. Die Beurteilung der Zeichnungen wurde durch infrarotreflektographische Untersuchungen ergänzt, mit der es ebenfalls gelang, später zugefügte Teile der Zeichnungen zu erkennen. Schließlich zeichnete sich ab, daß es sich bei den untersuchten Rembrandt-Zeichnungen nicht um Fälschungen im eigentlichen Sinn handelt, sondern um Verfälschungen, bei denen originale Objekte durch Zufügungen verändert wurden. Die Materialanalyse gab auch Hinweise auf die Art der verwendeten Zeichenmittel. Die originalen Zeichnungen waren allem Anschein nach mit einer Eisengallustinte hergestellt, während die Ergänzungen mit einer rußhaltigen Tinte gezeichnet waren.

Diese Verfahren, die bei Tintenarbeiten Hinweise auf die Verwendung verschiedener Tinten geben, woraus sich in der Regel auf spätere Zufügungen schließen läßt, kann auch bei Notenwerken herangezogen werden, um spätere Überarbeitungen zu erkennen.

Ein Beispiel aus jüngster Zeit, das die naturwissenschaftlichen Möglichkeiten der Echtheitsprüfung auch bei Papier deutlich macht, ist die Untersuchung der angeblich von *Hitler stammenden Tagebücher* an der Bundesanstalt für Materialforschung und -prüfung (Werthmann et al. 1984). Dies war eine besonders schwierige Aufgabe, weil es darum ging, zwischen zwei sehr eng beisammenliegenden möglichen Herstellungsdaten – 1943 oder 1980 – zu unterscheiden. Dennoch gelang es, obwohl kaum Proben für die Untersuchungen entnommen werden durften, mit Hilfe von Materialanalysen nachzuweisen, daß es sich um Fälschungen handelte. Im Kunsthandel angeboten worden waren drei mit Heftschnur und Heftgaze gebundene Hefte mit einem festen schwarzen Deckel. Die Hefte waren mit einem Verschlußpapier mit Siegel und Siegelschnur geschlossen. Auf dem Verschlußpapier waren die Jahresangaben 1934, 1941 und 1943 angebracht. Die Untersuchung der Papiere im ultravioletten Licht ergab bei den Papieren der Hefte von 1941 und 1942 eine sehr starke Fluoreszenz, die auf optische Aufheller im Papier zurückzuführen war. Derartige Aufheller kamen erst nach 1945 in Gebrauch. Weiter wurden in den Einbandpappen der Hefte von 1934 und 1941 neben den üblichen Faserstoffen auch Laub- und Nadelholzhalbzellstoffe identifiziert. Derartige Materialien wurden ebenfalls erst nach 1945 in der Praxis der Papierherstellung eingesetzt. Nach Vorversuchen zur Herstellung der Halbzellstoffe wurde 1953 eine erste Produktionsanlage gebaut. Bei der Untersuchung der Heftfäden ergab sich, daß es sich um Perlonfäden des Typs Polyamid 6 handelte. Mit der Produktion von Polyamid-6-Fasern wurde 1943 begonnen. Da aber auch die Bindung des mit 1934 bezeichneten Heftes Polyamidfasern enthielt, war erwiesen, daß es zu dieser Zeit nicht hergestellt sein konnte. In der Heftgaze des mit 1941 bezeichneten Bandes wurden

Viskose- und Polyesterfasern auf der Basis von Polyethylenterephtalat nachgewiesen, die erst ab 1953 industriell produziert wurden. Diese Ergebnisse reichten aus, die angeblich von Hitler stammenden Tagebücher als Fälschungen zu entlarven, so daß man darauf verzichten konnte, auch die Papierinhaltsstoffe, die Leimungsmittel, die Farbstoffe, die Faserquerschnitte oder den Kristallinitätsgrad der Kunstfasern zu untersuchen, wozu größere Probemengen notwendig gewesen wären.

Auf dem Gebiet der modernen Graphik, die in beachtlichen Mengen gefälscht wird, haben sich die Naturwissenschaften noch nicht betätigt, obwohl systematische Untersuchungen an Originalen sicher die Möglichkeit bieten, die Nachahmungen davon zu unterscheiden. Elektronenradiographische Aufnahmen der Wasserzeichen, analytische Betrachtungen der Farbstoffe sowie Untersuchungen zur Drucktechnik können hier brauchbare Ansätze darstellen.

Wachsbüste einer Flora

Ein Objekt, dessen Echtheit lange umstritten war und das auch heute noch mit der falschen Bezeichnung in Berlin im Museum steht, ist die angeblich von *Leonardo da Vinci* stammende *Wachsbüste einer Flora* (Abb. 39). Schon kurz nach dem Kauf setzte ein heftiger Streit um die Echtheit ein, nachdem der englische Bildhauer Lucas behauptete, er hätte die Flora geschaffen und zum Beweis seiner Urheberschaft Tageszeitungen im Inneren der Büste eingeschlossen. Diese wurden tatsächlich gefunden, von den Verfechtern der Echtheit aber dadurch abgetan, daß man eine Restaurierung der Büste durch Lucas einräumte, der bei seinen Arbeiten die Zeitungen in den Innenraum der Büste legte. Von Anfang an waren die

Abb. 39. Fälschung einer Leonardo da Vinci zugeschriebenen Wachsbüste der Flora.

Naturwissenschaften an der Echtheitsfindung beteiligt, ohne daß sie zu einem schlüssigen Ergebnis kommen konnten. Die Wachsanalyse durch verschiedene Analytiker ergab zwar, daß das Wachs weitgehend aus Walrat besteht. Für die einen war dies ein Beweis gegen die Echtheit, da Walrat erst später in Gebrauch kam und zu Lucas' Zeiten ein übliches und billiges Material war, während die anderen Walrat als Beweis für die Echtheit sahen, da nur der geniale Leonardo auf die Idee kommen könnte, mit diesem Material, das zu seiner Zeit schon als spermaceti von Pharmazeuten zur Salbenherstellung verwendet wurde, zu experimentieren. Die Pigmentanalyse brachte wenig, da nur solche Pigmente verwendet wurden, die über längere Zeiträume unverändert in Gebrauch waren, also keine Alterszuordnung ermöglichten. Schließlich wurde eine Radiokarbonanalyse des Wachses ausgeführt, die ein Alter von ca. 250 Jahren ergab. Dies war für eine Entstehung zu Leonardos Zeit zu wenig, für eine Herstellung durch Lucas aber zuviel. Die Erklärung der Diskrepanz ergab sich aus einem bekannten Tiefsee-Effekt. In größeren Meerestiefen ist Wasser vorhanden, das vor langer Zeit Kohlenstoff aus der Atmosphäre aufgenommen hatte, ehe es in größere Meerestiefen gelangte, wo es zusammen mit den Nahrungsstoffen, die ebenfalls erhöhte Radiokarbongehalte aufwiesen, von den Walen aufgenommen und in ihren Körpern eingebaut wurde. Walrat mußte deshalb einen höheren Radiokarbongehalt und aus diesem Grund ein höheres Alter aufweisen, als gleichzeitig entstandene tierische Produkte an der Erdoberfläche. Dieses Argument reicht zusammen mit einer Reihe anderer Indizien aus, sicher zu sein, daß die Flora nicht zur Zeit der Renaissance entstanden ist, und es gibt keinen Grund, den Bericht von Lucas über die Urheberschaft dieser Büste anzuzweifeln.

Knochen

Um die Echtheitsprüfung von Knochen ist es in neuerer Zeit recht ruhig geworden. Die großen Fälschungsfälle, etwa der Streit um die Echtheit des Piltdown-Menschen liegen lange zurück und sind in der Literatur mehrfach abgehandelt worden.

Schwieriger ist es zu entscheiden, ob Knochenschnitzereien echt oder gefälscht sind, da nicht auszuschließen ist, daß der Fälscher archäologische Knochenfunde verwendete und sie mit Schnitzereien versah. Intensiver hat man sich mit den sog. Runenknochen auseinandergesetzt (Pieper et al. 1992). Bei der Untersuchung von Knochen mit eingeritzten Runen, die 1946 in das Rijksmuseum van Oudheden in Amsterdam gelangten, fiel auf, daß die Ritzzeichnungen trotz der langen Lagerung im Boden scharf und V-förmig ausgebildet waren, ohne daß eine Spur einer Abwitterung an den Kanten erkennbar geworden wäre. Endgültige Klärung brachte die Radiokarbondatierung der Knochen, die nachmittelalterliche Alterswerte ergab. Nachforschungen der Historiker führten schließlich zu dem Nachweis, daß die Runen aus einer von 1941–1943 in den Niederlanden vom Ableger einer »Studiengemeinschaft für Geistesurgeschichte Deutsches Ahnenerbe« herausgegebenen Zeitschrift »Hamer« entnommen waren. Lange Zeit galten auch die sog. »Weser-Runenknochen« als Fälschungen. Es handelt sich dabei um einen größeren Komplex von Knochen mit Bilddarstellungen und Runeninschriften, die 1927/28 vom Staatlichen Museum für Naturkunde und Vorgeschichte Oldenburg erworben worden waren. Die Runenknochen waren beim Ausbaggern der Fahrrinne der Weser aus dem Aufspülungsmaterial geborgen worden. Es gelang mit Hilfe der Lichtschnittmikroskopie, der Auflichtmikroskopie, der Emissionsspektralanalyse und der Aminosäureanalyse nachzuweisen (Pieper 1989), daß hier sicher echte Runenknochen aus der Zeit des 4.–6. Jahrhunderts n. Chr. mit Fälschungen vermischt wurden, wobei der Fälscher lediglich die Bilddarstellungen, nicht aber die für ihn in ihren Formen unverständlichen Runen kopierte.

Archäometrie-Laboratorien

Zur Zeit sind in Deutschland und Österreich folgende Archäometrie-Laboratorien wichtig:

Rathgen-Forschungslabor,
Schloßstr. 1a, 14059 Berlin
Deutsches Bergbaumuseum,
Am Bergbaumuseum 28, 44791 Bochum
Doerner-Institut, Barerstr. 29, 80799 München
Archäometrisches Labor, Institut für Urgeschichte,
Schloß, 72074 Tübingen
Institut für Silikatchemie und Archäometrie,
Am Salzgrieß 14/1, A 1013 Wien

Neben diesen Instituten gibt es noch eine relativ große Zahl von Einrichtungen an Hochschulen und Forschungsinstituten, die auf speziellen Gebieten arbeiten, z. B. mehrere Radiokarbonlabors, Institute für kernphysikalische Untersuchungen, sowie eine Reihe von Laboratorien, die sich mit der Konservierungsforschung befassen. Diese Laboratorien sind in einem Verzeichnis »Konservieren und Restaurieren in Deutschland« aufgeführt und beschrieben, das von

Inter Nationes, Kennedyallee 91–103, 53175 Bonn im Jahre 1993 herausgegeben wurde und somit noch relativ aktuell ist.

Literatur

Bibliographien

The subject index to technical studies in the field of fine arts. 1932–1942. By Usilton MB. Tamara Press, Pittsburgh 1964

Abstracts of technical studies in art and archaeology. 1943–1952. By Gettens JR, Usilton BM. Freer Gallery Occasional Papers, Bd 2, 1955

IIC Abstracts. International Institute for Conservation London. 1955-1965

Art and Archaeology Technical Abstracts (AATA). International Institute for Conservation, London

Bleck RD (1966,1968,1971) Bibliographie der archäologisch-chemischen Literatur.3 Bd. Weimar

Forbes RJ (1940–1963) Bibliographia Antiqua. Leiden

Oleson JP (1986) Bronze age, greek and roman technology. New York, London

Fachzeitschriften

Ancient TL. TL Laboratory, Durham, England

Der Anschnitt. Vereinigung der Freunde von Kunst und Kultur im Bergbau e.V., Bochum

Arbeitsblätter für Restauratoren. Arbeitsgemeinschaft der Restauratoren, Freiburg

Archaeomaterials, Burnham

Archaeometry. Research Laboratory for Archaeology and the History of Art, Oxford
Archaeo-Physika. Landschaftsverband Rheinland, Bonn
Berliner Beiträge zur Archäometrie. Rathgen-Forschungslabor, Berlin
British Museum Occasional Papers. British Museum Research Laboratory, London
Geoarchaeology. Department of Anthropology, University of Pittsburgh
Journal of Field Archaeology. Boston University, Boston
Maltechnik-Restauro. Callwey-Verlag, München
MASCA - Journal. University of Pennsylvania, Philadelphia
National Gallery Technical Bulletin. National Gallery, London
PACT. Council of Europe, Straßburg
Restauratorenblätter. Wien
Revue d' Archéometrie. Univerité de Renens, Rennes
Science for Conservation. Tokyo National Research Institute, Tokio
Studies for Conservation. International Institute for Conservation, London
Wiener Beiträge zur Naturwissenschaft in der Kunst. Lehrkanzel für Technische Chemie, Wien
Zeitschrift für Kunsttechnologie und Konservierung. Worms

Fachbücher

Aitken MJ (1974) Physics and archaeology. 2nd ed. Oxford
Allibone et al.(eds) (1970) The impact of natural sciences on archaeology. London
Beck CW (ed) (1974) Archaeological Chemistry. Advances in Chemistry Series 138. Washington
Berger R (ed) (1970) Scientific methods in medieval archaeology. Berkeley, Los Angeles
Biek L (1963) Archaeology and the microscope. The scientific examination of archaeological evidence. New York
Bowman S (1991) Science and the past. London
Brothwell D, Higgs E (1971) Science in archaeology. 2nd ed. London
Carter GF (ed) (1978) Archaeological Chemistry II. Advances in Chemistry Series 171. Washington
Forbes RJ (1964/66) Studies in ancient technology. 7 vols. Leiden

Goffer Z (1980) Archaeological Chemistry. New York
Henderson J (1989) Scientific analysis in archaeology. Oxford
Keisch B (1972) Secrets of the past: nuclear energy applications in art and archaeology. Oak Ridge
Lambert JB (ed) (1984) Archaeological Chemistry III. Advances in Chemistry Series 205. Washington
Levey M (ed) (1967) Archaeological Chemistry. Philadelphia
Mommsen H (1986) Archäometrie. Stuttgart
Parkes PA (1986) Current scientific techniques in archaeology. London, Sidney
Riederer J (1973) Kunst und Chemie. Staatliche Museen Preußischer Kulturbesitz Berlin
Riederer J (1987) Archäologie und Chemie. Staatliche Museen Preußischer Kulturbesitz Berlin
Riederer J, von Rohr A (1973) Kunst unter Mikroskop und Sonde. Staatliche Museen Preußischer Kulturbesitz Berlin
Rottländer RCA (1983) Einführung in die naturwissenschaftlichen Methoden der Archäologie. Tübingen
Singer C, Holmyard EJ, Hall AR (eds) (1954/60) A history of technology. 7 vols. Oxford
Tite MS (1972) Methods in physical examination in archaeology. London
Young WJ (ed) (1965/71) Application of science in examination of works of art. 2 vols. Boston

Veröffentlichungen zu Tagungen über Materialanalysen an Kunstwerken

Application of nuclear methods in the field of works of art. Rom,Venedig 24. Mai 1973
Scientific methodologies applied to works of art. Florenz 2.-5.5.1984
Science and archaeology. Glasgow Sept. 1987
Materials issues in art and archaeology. Reno, 6.-8.4.1988
Materials issues in art and archaeology II. San Francisco 17.-21.4.1990
Role of chemistry in archaeology. Hyderabad 15.-18.11.1991
3rd International conference on non-destructive testing, microanalytical methods and environment evaluation for study and conservation of works of art. Viterbo 4.-8.10.1992

Metalle

Allgemeine Fachbücher zur Geschichte der Metalle
Aitchison L (1960) A history of metals. London
Caley ER (1964) Analysis of ancient metals. Oxford, London
Forbes RJ (1950) Metallurgy in antiquity. Leiden
Healy JF (1978) Mining and metallurgy in the greek and roman world. London
Marechal JR (1962) Zur Frühgeschichte der Metallurgie. Lammersdorf/ Aachen
Maddin R (ed) (1986) The beginning of the use of metals and alloys. MIT Press, Cambridge, London
Moesta H (1993) Erze und Metalle – ihre Kulturgeschuichte im Experiment. Berlin, Heidelberg, New York
Muhly JD (1973) Copper and tin. New Haven
Otto H, Witter W (1952) Handbuch der ältesten vorgeschichtlichen Metallurgie in Europa. Leipzig
Rossing A (1901) Geschichte der Metalle. Berlin
Steuer H, Zimmermann U (1993) Montanarchäologie in Europa. Sigmaringen
Stölzel K (1982) Gießerei über Jahrtausende. Leipzig
Tylecote RF (1962) Metallurgy in archaeology. London
Tylecote RF(1976) A history of metallurgy. London
Wübbenhorst H (1984) 5000 Jahre Gießen von Metallen. Düsseldorf
Zippe FXM (1967) Geschichte der Metalle. Wien 1857, Reprint Wiesbaden 1967

Gold
Cesareo R, von Hase FW (1976) Analisi di ori etruschi del VII. sec.A.C. con un strumento portatile che impiega la tecnica della fluorescenza X eccitata da radioisotopi. Applications of nuclei methods in the field of fine arts:259–256
Hartmann A (1970) Prähistorische Goldfunde aus Europa. Berlin
Hartmann A (1976) Ergebnisse spektralanalytischer Untersuchungen an keltischen Goldmünzen aus Hessen und Süddeutschland. Germania 54:102–134
Hartmann A (1982) Prähistorische Goldfunde aus Europa II. Berlin
Hartmann A (1975) Zur Erkennung von Fälschungen antiken Goldschmucks. Archäologischer Anzeiger 2: 300–304

Kraay CM (1958) The composition of electrum coinage. Archaeometry 1(1):21–23

Kratz A (1972) Goldschmiedetechnische Untersuchung von Goldarbeiten im Besitz der Skulpturenabteilung der Staatlichen Museen Preußischer Kulturbesitz Berlin (Frühchristlich-Byzantinische Sammlung). Aachener Kunstblätter 43:156–189

Lucas A, Harries JR (1962) Ancient egyptian materials and industries. London

Meeks ND, Craddock PT (1991) The detection of cadmium in gold/silver alloys and its alleged occurrence in ancient gold solders. Archaeometry 33(1):95–107

Nestler G, Formigli E (1993) Etruskische Granulation. Siena

Oddy WA (1977) Gilding and tinning in anglo-saxon England. Aspects of early metallurgy:129–134

Oddy WA (1980) The gold contents of fatimid coins reconsidered. Royal Numismatic Society, Special Publication 13:99–118

Oddy WA, Schweizer F (1972) A comparative analysis of some gold coins. Royal Numismatic Society, Special Publication 8:171–182

Painter KS (1977) Gold and Silver in the roman world. Aspects of early metallurgy:135-155

Paszthory E (1989) Electricity generation or magic. The analysis of an unusual group of finds from Mesopotamia.MASCA Research Papers 6:31–38

Reimers P, Bodenstedt F (1976) Zerstörungsfreie Bestimmung der Legierungsbestandteile altgriechischer Goldmünzen. Appications of nucleid methods in field of fine arts:69–75

Reimers P, Kowalski H (1972) War Friedrich II. von Hohenstauffen ein Falschmünzer? BAM-Information 2:36–38

Riederer J (1982) Bibliographie zu Material und Technologie kulturgeschichtlicher Goldobjekte. Berliner Beiträge zur Archäometrie 7:287–342

Rosenberg M (1972) Geschichte der Goldschmiedekunst auf technischer Grundlage. Osnabrück (Reprint)

Schweizer F, Friedmann M (1972) Comparison of methods of analysis of silver and gold in gold coins. Archaeometry 14:103–107

Scott DA, Doehne E (1990) Soldering with gold alloys in ancient South America: examination of two small gold studs from Ecuador. Archaeometry 32 (2):183–190

Wolters G (1983) Zur Geschichte der Lötung von Edelmetallen. Zeitschrift für Archäometrie 1 (2):48–64

Wooley CL (1934) Ur ecavation, vol 2. The Royal Cemetery

Silber

Cope LH (1972) The metallurgical analyis of roman imperial coinage. Royal Numismatic Society Special Publication 8:3–47

Gale NH (1979) Lead isotopes and archaic greek silver coins. Archaeo-Physika 10:194–208

Gordus AA (1972) Neutron activation analysis of coins and coin streaks.Royal Numismatic Society Special Publication 8:127–148

Ippel A (1937) Guß- und Treibarbeit in Silber. Berlin

Kraay CM, Emeleus VM (1962) The composition of greek silver coins: analysis by neutron activation. Oxford

Meyers P, van Zelst L, Saire EV (1974) Major and trace elements in Sassanian silver. Archaeological Chemistry. Advances of Chemistry Series 138:22–33

Miashira J, Meyers P (1974) Ancient egyptian silver: a review. Recent Advances in Science and technology of Materials 3:29–46

Müller O, Gentner W (1979) On the composition and silver sources of Aeginetan coins from the Asyut Hoard. Archaeo-Physika 10:176–193

Riederer J (1980) Bibliographie zu Material und Technologie kulturgeschichtlicher Silberobjekte. Berliner Beiträge zur Archäometrie 5:229– 240

Riederer J (1975) Metallurgische Untersuchung ostgotischen Trachtzubehörs. In: Bierbrauer V: Die ostgotischen Grab- und Schatzfunde in Italien. Spoleto:231– 238

Schweizer F, Meyers P (1978) Authenticity of ancient silver objects: a new approach. MASCA Journal 1(1):9

Kupfer und Kupferlegierungen

Bönsch C, Riederer J (1977) Metallanalysen südamerikanischer Geräte und Werkzeuge aus Kupfer und Bronze. Berliner Beiträge zur Archäometrie 2:41–49

Caley ER (1973) Chemical composition of ancient copper objects of South America. Applications of Science in Examination of Works of Art, pp 53–61

Craddock PT, Pichler B, Riederer J (1987/88) Naturwissenschaftliche Untersuchungen an der Bronzestatue »Der Jüngling vom Magdalensberg«. Wiener Berichte über Naturwissenschaften in der Kunst 4(5):262–259

Craddock PT (1976) The composition of copper alloys used by the Greek, Etruscan and Roman civilisations 1. The Greeks before the archaic period. J Archaeol Science 3(2):93–113

Craddock PT (1977) The composition of copper alloys used by the Greek, Etruscan and Roman civilisations 2. The archaic, classical and hellenistic greeks. J Archaeol Science 4(2):103–123

Craddock PT (1978) Europe's earliest brasses. MASCA Journal 1(1):4–5

Craddock PT, Hughes MJ (eds) (1985) Furnaces and smelting technology in antiquity. British Museum Occasional Papers 48

Drescher H (1959) Ausbesserungen an vorgeschichtlichen Bronzen. Jahresschrift für mitteldeutsche Vorgeschichte 43:214–219

Driehaus J (1972) Fälschungen ur- und frühgeschichtlicher Metallgegenstände. Informationsblätter zu Nachbarwissenschaften der Ur- und Frühgeschichte 3, Metallurgie 3,1–3,9

Gettens R (1969) The Freer Chinese Bronzes vol II. Technological Studies. Washington

Glinsman LA, Hayek LC (1993) A multibariate analysis of renaissance portrait medals: an expanded nomenclature for defining alloy composition. Archaeometry 35(1):49–67

Hammer P (1993) Metall und Münze. Stuttgart

Healy JF (1978) Aspects of Greek and Roman life. Mining and metallurgy in the greek and roman world. London

Janovic B (1980) The origins of copper mining in Europe. Scientific American 242(5):152–167

Junghans S, Sangmeister E, Schröder M (1968) Kupfer und Bronze in der frühen Metallzeit Europas. Berlin 1968

Kalithrakas-Kontos N, Katsanos AA, Aravantinos A, Oeconomides M, Touratsoglou I (1993) Study of ancient greek copper coins from Nikopolis (Epirus) and Thessaloniki (Macedonia). Archaeometry 35(2):265–278

Lietzmann KD, Schlegel J, Hensel A (1983) Metallformung. Geschichte und Technik. Leipzig

Lönnqvist K (1992) A metallurgical and chemical analysis of the procuratorial coinage of roman Judaea. Berliner Beiträge zur Archäometrie 11:13–34

Meyers P, Holmes LL (1980) Elemental composition of chinese bronzes: an interim report. 20. International Symp on Archaeometry, Paris

Moesta H, Schnau-Roth G (1984) Mößbauer-Studien zu bronzezeitlichen Kupferhütten-Prozessen. Berliner Beiträge zur Archäometrie 9:95–112

Mutz A (1972) Die Kunst des Metalldrehens bei den Römern. Basel, Stuttgart

Otto H (1957) Die chemische Untersuchung von gefälschten Bronzen aus mitteldeutschen Museen. Wissenschaftliche Zeitschrift Martin Luther Univ Halle-Wittenberg; Gesch-Sprachw VII/1:203–230

Otto H, Witter W (1952) Handbuch der ältesten vorgeschichtlichen Metallurgie in Mitteleuropa. Leipzig 1952

Pittioni R (1959) Zweck und Ziel spektralanalytischer Untersuchungen für die Urgeschichte des Kupferbergwesens. Archaeol Austr 26:67–95

Pittioni R (1964) Ergebnisse und Probleme des urzeitlichen Metallhandels. Öster Akademie der Wissenschaften, Phil Hist Kl 224, 5. Abh: 1–31

Riederer J (1972) Metallanalysen von Geschützbronzen. Waffen- und Kostümkunde 14:49–56

Riederer J (1974) Metallanalysen römischer Sesterzen. Jahrbuch für Numismatik und Geldgeschichte 24:73–98

Riederer J (1975) Die Untersuchung von Sinter und Patina zur Echtheitsprüfung antiker Bodenfunde. Archäologischer Anzeiger:295–299

Riederer J (1977) Die Erkennung von Fälschungen kunst- und kulturgeschichtlicher Objekte aus Kupfer, Bronze und Messing durch naturwissenschaftliche Untersuchungen. Berliner Beiträge zur Archäometrie 2:85–95

Riederer J (1977) Die Zusammensetzung der Bronzegeschütze des Heeresgeschichtlichen Museums im Wiener Arsenal. Berliner Beiträge zur Archäometrie 2:27–40

Riederer J (1977) Metallanalysen chinesischer Spiegel. Berliner Beiträge zur Archäometrie 2:6–16

Riederer J (1978) Die naturwissenschaftliche Untersuchung der Bronzen des Ägyptischen Museums Stiftung Preußischer Kulturbesitz in Berlin. Berliner Beiträge zur Archäometrie 3:5–42

Riederer J (1980) Metallanalysen sardischer Bronzen. In: Thimme J (Hrsg) Kunst Sardiniens. Karlsruhe

Riederer J (1980) Metallanalysen von Statuetten der Wurzelbauer-Werkstatt in Nürnberg. Berliner Beiträge zur Archäometrie 5:43–58

Riederer J (1982) Die naturwissenschaftliche Untersuchung der Bronzen der Staatlichen Sammlung Ägyptischer Kunst in München. Berliner Beiträge zur Archäometrie 7:5–34

Riederer J (1982) Bibliographie zu Material und Technologie kulturgeschichtlicher Kupferlegierungen. Berliner Beiträge zur Archäometrie 7: 287–342

Riederer J (1982) Die Zusammensetzung deutscher Renaissance-Statuetten aus Kupferlegierungen. Zeitschrift Deut Ver Kunstwissensch 36 (1,4):42–48

Riederer J (1982) Metallanalysen Nürnberger Statuetten aus der Zeit der Labenwolf-Werkstatt. Berliner Beiträge zur Archäometrie 7:175–202

Riederer J (1983) Metallanalysen an Erzeugnissen der Vischer-Werkstatt. Berliner Beiträge zur Archäometrie 8:88–99

Riederer J (1984) Metallanalysen römischer Bronzen. 6. Tagung über antike Bronzen, Berlin 1980

Riederer J (1985) Die Metallanalyse des Braunschweiger Löwen. In: Spies G (Hrsg) Der Braunschweiger Löwe. Braunschweig

Riederer J (1987) Die chemische Analyse der etruskischen Spiegel. Corpus Speculorum Etruscorum, Bundesrepublik Deutschland 1:75–80

Riederer J (1988) Metallanalyse der etruskischen Spiegel. Corpus Speculorum Etruscorum, Bundesrepublik Deutschland 2:80–82

Riederer J (1988) Metallanalysen von gotischen Mörsern aus Norddeutschland. Berliner Beiträge zur Archäometrie 10:81–84

Riederer J (1989) Die Metallanalyse der Kultstatuetten. In: Essen GW (Hrsg) Tsering Tashi Thingo: Die Götter des Himalaya, Bd 2, pp 292–296. München

Riederer J (1990) Die chemische Analyse der etruskischen Spiegel. Corpus Speculorum Etruscorum, Bundesrepublik Deutschland 3:53–54

Riederer J (1991) Die Analyse der Metallfunde des urnenfelderzeitlichen Depots von Crévic, Lothringen. Acta Praehistorica et Archaeologica 23:83–84

Riederer J (1991) Die Bestimmung der Herkunft von Teilen von Messingleuchtern des 16.Jahrhunderts aus einem Schiffsfund. Mitteilungen des Vereins für Geschichte der Stadt Nürnberg 78:265–267

Riederer J (1991) The chemical analysis of 13th century coins from Sri Lanka. South Asian Studies 7:119–120

Riederer J (1991) The relation between the composition of North Indian Statuettes of copper alloys and the region and date of origin. Proc of the 1st Intern Coll on the Role of Chemistry in Archaeology, Hyderabad 1991:95–102

Riederer J (1991) The scientific examination of forgeries of Mesopotamian bronze heads. In: Mohen JP, Eluere C (eds) Découverte du Métal. Paris

Riederer J (1992) Die Metallanalysen der iranischen Kupfer- und Bronzeobjekte des Museums Altenessen. In: Hopp D, Schaaf H,Völcker-Jansen W (Hrsg) Iranische Metallfunde im Museum Altenessen. Saarbrücker Beiträge zur Altertumskunde 57: 69–77

Riederer J (1992) Die Metallanalysen der Bronzeobjekte des Hortfundes von Lengyeltoti. Acta Praehistorica et Archaeologica 24:295–300

Riederer J (1992) Metallanalysen von Luristan-Waffen. Berliner Beiträge zur Archäometrie 11:5–12

Riederer J (1992) Zur historischen Entwicklung der Kenntnis von Korrosionsprodukten auf kulturgeschichtlichen Objekten aus Kupferlegierungen. Berliner Beiträge zur Archäometrie 11:93–111

Riederer J (1993) Die Metallanalysen der Volksbronzen. In: Mallebrein C (Hrsg) Die anderen Götter. Volks- und Stammesbronzen aus Indien. Ethnologia NF 17:509–514

Riederer J (1993) Die Metallanalyse von Funden aus Silber und Kupferlegierungen. In: Künzl E (Hrsg) Die Alamannenbeute aus dem Rhein bei Neupotz. Mainz

Riederer J (1993) Metallanalysen römischer Fibeln aus Kempten. Campodunumforschungen V. Materialhefte zur Bayerischen Vorgeschichte A 63:45–52

Riederer J, Briese E (1972) Metallanalysen römischer Gebrauchsgegenstände. Jahrbuch des Römisch-Germanischen Zentralmuseum Mainz 19:83–88

Rothenberg B (1990) The ancient metallurgy of copper.London

Schwabe R, Slusallek K, Goedicke C, Krupp M (1983) Die hasmonäischen Münzen - Metallanalyse und Versuch einer archäologischen Zuordnung. Berliner Beiträge zur Archäometrie 8:19–88

Scott DA (1986) Gold and silver alloy coatings over copper: an examination of some artefacts from Ecuador and Colombia. Archaeometry 28(1):33–50

Steuer H, Zimmermann U (Hrsg) (1993) Montanarchäologie in Europa.Sigmaringen
Werner O (1970) Metallurgische Untersuchung der Benin-Bronzen des Museums für Völkerkunde Berlin. Baessler-Archiv NF XVIII:71–153
Werner O (1972) Über die Zusammensetzung von Goldgewichten aus Ghana und anderen westafrikanischen Messinglegierungen.baessler-Archiv NF XX:367–443
Werner O (1972) Metallurgische und spektralanalytische Untersuchungen an indischen Bronzen.Brill, Leiden
Werner O (1977) Analysen mittelalterlicher Bronzen und Messinge. Archäologie und Naturwissenschaften 1 (1977) Berliner Beiträge zur Archäometrie 7 (1982) 35 - 174
Werner O (1980) Zusammensetzungen neuzeitlicher Nachgüsse und Fälschungen mittelalterlicher Messinge und Bronzen.berliner Beiträge zur Archäometrie 5:11–36
Witter W (1938) Die Ausbeutung der mitteldeutschen Erzlagerstätten in der frühen Metallzeit. Mannusbücherei Bd 60. Leipzig

Eisen

Betz G, Frohberg MG (1980) Metallurgischer Befund der Rennfeuerschlacken aus Berlin-Lübars. Berliner Beiträge zur Archäometrie 5:59–62
Brockner W, Körfer S, Heinbruch G (1992) Archäometrische Untersuchungen an Eisen- und Kupferschlacken der Harzregion: Analytik, Mineralbestand und Mößbauerspektren. Berliner Beiträge zur Archäometrie 11:47–66
Coghlan HH (1977) Notes on prehistoric iron in the Old World. Occas Papers on Technology, Pitt River Museum, Oxford
Haefner H (Hrsg) (1981) Frühes Eisen in Europa.Schaffhausen
Johannsen O (1924) Geschichte des Eisens. Düsseldorf
Knox R (1987) On distinguishing meteoritic from man-made nikkel iron in ancient artifacts. MASCA Journal 4(4)178–184
Leroux R, Moesta H (1988) Zur Altersbestimmung metallurgischer Schlacken mit Hilfe der Thermolumineszenz. Berliner Beiträge zur Archäometrie 10:97–106
Naumann FK (1971) Metallkundliche Untersuchungen an drei wikingerzeitlichen Zieheisen aus Haithabu. Ausgrabungen in Haithabu 5:84–99

Piaskowski J (1992) Technical studies on high nickel irons, with special reference to the indonesian kris. Archaeomaterials 6(1):35–52

Pleiner R (1965) Die Eisenverhüttung in der »Germania Magna« zur römischen Kaiserzeit. Bericht der Römisch-Germanischen Kommission 45:11–86

Riedel E (1983) Bibliographie zu Material und Technologie kulturgeschichtlicher Eisenobjekte. Berliner Beiträge zur Archäometrie 8:337–365

Sperl G (1980) Über die Typologie urzeitlicher, frühgeschichtlicher und mittelalterlicher Eisenhüttenschlacken. Wien

Thomsen R (1971) Metallographische Untersuchung an drei wikingerzeitlichen Eisenäxten aus Haithabu. Ausgrabungen in Haithabu 5:30–57

Blei

Brill RH, Wampler JM (1967) Isotope studies of ancient lead. Amer J Archaeol 71:63–67

Drescher H (1978) Untersuchungen und Versuche zum Blei- und Zinnguß in Formen aus Stein, Lehm, Holz, Geweih und Metall. Frühmittelalterliche Studien 12:84–115

Grögler N, Geiss J, Grünefelder M, Houtermans FG (1966) Isotopenuntersuchungen zur Bestimmung der Herkunft römischer Bleirohre und Bleibarren. Zeitschrift Naturforsch 21(7):1167–1172

Keisch B (1967) Discriminating radioactivity measurements of lead: new tool for authentication. Curator 11(1):41–52

Keisch D (1968) Dating works of art through their natural radioactivity: improvements and applications. Science 160:413–415

Krysko WW (1979) Blei in Geschichte und Kunst. Stuttgart

Löhberg K (1980) Beitrag zur Fertigung von Bleirohren in römischer Zeit. Berliner Beiträge zur Archäometrie 5:63–68

Nriagu JO (1983) Lead an lead poisoning in antiquity. New York

Riedel E (1984) Bibliographie zu Material und Technologie kulturgeschichtlicher Objekte aus Blei und Zinn. Berliner Beiträge zur Archäometrie 9

Sayre EV, Yener KA, Joel EC, Barnes IL (1992) Statistical evaluation of the presently accumulated lead isotope data from Anatolia and surrounding regions. Archaeometry 34(1):73–106

Sperl G (1990) Zur Urgeschichte des Bleies. Zeitschrift für Metallkunde 81(11):799–801

Wyttenbach A, Schubiger PA (1974/75) Eine Untersuchung des Spurenelementgehaltes von römischen Bleiproben. Jahrbuch der Schweizer Gesellschaft für Ur- und Frühgeschichte 58:162–166

Zinn

Craddock PT (1984) Tin and tin solder in Sumer: preliminary comments. MASCA Journal 3(1)7–9

Hughes MJ (1976) The analysis of roman tin and pewter ingots. Aspects of Early Metallurgy:41–50

Zink

Craddock PT (1987/88) The early history of zinc and brass. Wiener Berichte über Naturwissenschaft in der Kunst 4(5):225–245

Aluminium

Joliet H (Hrsg) (1988/89) Aluminium, die ersten 100 Jahre. Düsseldorf

Weizel FLJ (1986) Chinesische Grabfunde wecken Zweifel: wie alt ist Aluminium wirklich? Aluminium 62(12):888–892

Stein

Goedicke H (1964) Some remarks on stone quarrying in the Egyptian Middle Kingdom (2060–1786 BC) J Amer Res Center Egypt 3:43–50

Harrell JA (1989) An inventory of ancient Egyptian quarries. Newsletter Amer Res Center Egypt 146:1–7

Harrell JA (1992) Ancient egyptian limestone quarries: a petrological study. Archaeometry 34(2):195–211

Heizer RF, Stross F, Hester TR, Albee A, Perlman J, Asaro F, Bowman H (1973) The colossi of Memnon revisited. Science 182:1219–1225

Klemm R (1986) Steine und Steinbrüche der Ägypter. Geowissenschaften in unserer Zeit 1:11–18

Scholz (1968) Mineralogisch-petrographische Untersuchungen an Steinwerkzeugen des Neolithikums von Thüringen. Ausgrabungen und Funde 13(6):286–294

Schwartz-Mackensen G, Schneider W (1983) Fernbeziehungen im Frühneolithikum – Rohstoffversorgung am Beispiel des Aktinolith-Hornblendeschiefers. Archäol Mitt Nordwestdeutschland Beiheft 1:165–176

Marmor

Barbin V, Ramseyer K, Decrouez D, Burns SJ, Chamay J, Maier JL (1992) Cathodoluminescence of white marbles: an overview. Archaeometry 34(2):175–184

Cordischi D, Monna D, Segre AL (1983) ESR analysis of marble samples from mediterranean quarries of archaeological interest. Archaeometry 25:68–76

Craig H, Craig V (1972) Greek marbles. Determination of provenance by isotopic analysis. Science 176(4033):401–403

Herz N (1992) Provenance determination of neolithic to classical mediterranean marbles by stable isotopes. Archaeometry 34:185–194

Herz N, Mose DG, Wenner DB (1982) 87Sr/86Sr ratios: a possible discriminant for classical marble provenance. Geol Soc Am Abstracts with Programs 14:514

Moens L, Roos P, de Rudder J, de Paepe P, van Hende J, Waelkens M (1988) A multi-method approach to the identification of white marbles used in antique artefacts. In: Herz N, Waelkens J (Hrsg) Classical marble: geochemistry, technology, trade. Dordrecht

Riederer J (1976) Fälschungen von Marmoridolen und Gefäßen der Kykladenkultur. In: Thimme J (Hrsg) Kunst der Kykladen. Karlsruhe

Riederer J (1990) Isotope analysis of greek, roman an renaissance marble heads from the Antiquarium at Munich. In: Historical and Scientific Perspectives on Ancient Sculpture. Malibu

Riederer J, Hoefs J (1981) Die bestimmung der herkunft der marmore von Büsten der Münchener Residenz. Naturwissenschaften 76:446–451

Rybach L, Nissen HU (1965) Neutron activation of Mn and Na traces in marbles worked by the ancient Greeks. Internat Atomic Energy Agency: Radiochemical Methods of Analysis 1:105–117

Thimme J, Riederer J (1969) Sinteruntersuchungen an Marmorobjekten. Archäologischer Anzeiger 1:89–105

Granit

Williams-Thorpe O, Thorpe RS (1993) Magnetic susceptibility used in non-destructive provenancing of roman granite columns. Archaeometry 35(2):185–196

Obsidian

Bennett RB, D'Auria JM (1974) Application of energy dispersive X-ray fluorescence spectroscopy to determining the provenience of obsidian.

Evans C, Meggers B (1960) A new dating method using obsidian, part II: An archaeological evaluation of the method. Amer Antiqu 25:523–537

Friedmann I, Smith RL (1960) A new dating method using obsidian, part I: The development of the method. Amer Antiqu 25:476–493

Gale NH (1981) Mediterranean obsidian source characterization by strontium isotope analysis. Archaeometry 23(1):41–51

Gratuze B, Barrandon JN, Al Isa K (1993) Non-destructive analysis of obsidian artefacts using nuclear techniques: investigation of provenance of Near Eastern artefacts. Archaeometry 35(1):11–21

Internat J Appl Radiat Isot 25(8):361–371

Stevenson CM, Carpenter J, Scheets BE (1989) Obsidian dating: recent advances in experimental determination and application of hydration rates. Archaeometry 31(2):193–206

Feuerstein

Binsteiner A (1990) Die Feuersteinlagerstätten Südbayerns und ihre vorgeschichtliche Nutzung. Der Anschnitt 42(5,6):162–168

Garrison EG, Rowlett RM, Cowan DL, Holroyd LV (1981) ESR dating of ancient flints. Nature 290:44–45

Robins GV, Seeley NJ, McNeil DAC, Symons MRC (1978) Identification of ancient heat treatment in flint artefacts by ESR spectroscopy. Nature 276:703–704

Sonstige Gesteine

Bartenstein H, Fletcher BN (1987) Thed stone of Stonehenge – an ancient observation on their geological and archaeological history. Z Deut geol Ges 138:23–32

Bradley R, Meredith P, Smith J, Edmonds M (1992) Rock physics and the neolithic axe trade in Great Britain. Archaeometry 34(2):223-234

Grimm WD (1990) Bildatlas wichtiger Denkmalgesteine der Bundesrepublik Deutschland. München
Holmes L, Little CT, Sayre EV (1986) Elemental characterization of medieval limestone sculpture from Parisian and Burgundian Sources. J Field Archaeol 13: 419–438
Kars EAK, Kars H, McDonnell RD (1992) Greenstone axes from eastern central Sweden: a technological petrological approach. Archaeometry 34(2):213–222
Klemm DD, Klemm R, Steclaci L (1984) Die pharaonischen Steinbrüche des silifizierten Sandsteins Ägyptens und die Herkunft der Memnons-Kolosse. Mitt Deut Archäol Inst Kairo 40:207
Klemm R, Klemm D (1979) Herkunftsbestimmung altägyptischen Steinmaterials. Studien zur altägyptischen Kultur 7:103–140
Riederer J (1988) Der Beitrag der Geowissenschaften zur kulturgeschichtlichen Forschung. Die Geowissenschaften 6(2):7–52
Stross FH, Hay RL, Asaro F, Bowman HR, Michel HV (1988) Sources of the quarzite of some ancient Egyptian sculptures. Archaeometry 30:109–119

Mörtel und Stuck
Bleck RD, Henning E (1968) Mörteluntersuchungen an mittelalterlichen Bauwerken in Thüringen. Ein Beitrag zur mittelalterlichen Baugeschichte. Ausgrabungen und Funde 13(5):229–235
Henning E, Bleck RD (1969) Untersuchungen an altem Mörtel. Bauzeitung 23(7): 378–379
Koller M (1979) Stuck und Stuckfassung: Zu ihrer historischen Technologie und Restaurierung. Maltechnik-Restauro 85(3):157–180
Vierl P (1987) Putz und Stuck. München
Zouridakis N, Saliege JF, Person A, Fillipakis SE (1987) Radiocarbon dating of mortars from ancient Greek palaces. Archaeometry 29(1):60–68

Edelsteine, Halbedelsteine
Bimson M, La Niece S, Leese M (1982) The characterization of mounted garnets. Archaeometry 24:51–58
Riederer J (1986) Die mineralogische Bestimmung der Gemmen des ägyptischen Museums. In: Philipp H (Hrsg) Mira et Magica. Gemmen im Ägyptischen Museum der Staatlichen Museen Preußischer Kulturbesitz Berlin-Charlottenburg. Mainz

Ruppert H (1983) Geochemische Untersuchungen an Türkis und Sodalith aus Lagerstätten und präkolumbianischen Kulturen der Kordilleren. Berliner Beiträge zur Archäometrie 8:101–210

Tosi M (1974) Gedanken über den Lasursteinhandel des 3. Jahrtausends v.u.Z. im iranischen Raum. Acta Antiqu Acad Scient Hung 22:33–43

Keramik

Abrahamsen N (1992) Evidence for church orientation by magnetic compass in twelfth-century Denmark. Archaeometry 34(2)293–304

Aitken MJ (1985) Thermoluminescence dating. Academic Press, London

Aitken MJ, Moorey PRS, Ucko PJ (1971) The authenticity of vessels and figurines in the Hacilar style. Archaeometry 13(2):89–141

Anders GJPA, Jörg CJA, Stern WB, Anders-Bucher N (1992) On some physical characteristics of chinese and european red wares. Archaeometry 34(1):43–52

Bimson M (1956) The technique of greek black and terra sigillata red. Antiquaries J 36:200–204

Binns CF, Fraser AD (1929) Genesis of the greek black glaze. Amer J Archaeol 33:1–9

Börker C (1983) Neutronenaktivierungsanalytische Untersuchungen an gestempelten griechischen Amphorenhenkeln: Archäologischer Hintergrund. Berliner Beiträge zur Archäometrie 8:251–260

Farnworth M, Simmons I (1963) Colouring agents for greek glazes. Amer J Archaeol 67:389

Fleming SJ (1970) Thermoluminescent authenticity testing of a pontic amphora. Archaometry 12:129–131

Fleming SJ (1973) Thermoluminescent authenticity study and dating of Renaissance terracottas. Archaeometry 15:31–52

Fleming SJ (1979) Thermoluminescence techniques in archaeology. Oxford

Fleming SJ, Jucker H, Riederer J (1971) Etruscan wall paintings on terracotta: a study in authenticity. Archaeometry 13:143–167

Fleming SJ, Moss HM, Joseph A (1970) Thermoluminescent authenticity testing of some »Six dynasty« figures. Archaeometry 12:57–65

Freestone I, Johns C, Potter T (1982) Current research in ceramics: Thin section studies. British Museum Occasional Papers 32

Garrison EG, McGimsey CR III, Zinke OH (1978) Alpha-recoil tracks in archaeology and ceramic dating. Archaeometry 20:39–46

Gebhard R, Ihra W, Wagner FE, Wagner U, Bischof H, Riederer J, Wippern AM (1988) Mössbauer and neutron activation analysis study of ceramic finds from Canapote, Columbia. Proc 26th Intern Symp on Archaeometry, pp 196–203. Toronto

Godfrey-Smith DI, Huntley DJ, Chen WH (1988) Optical dating studies of quartz and feldspat sediments extracts. Quatern Science Reviews 7:373–380

Goedicke C, Slusallek K, Kubelik M (1985) Thermolumineszenz-datierungen in der Architekturgeschichte: dargestellt anhand von Villen in Veneto. Berliner Beiträge zur Archäometrie 6:185

Hampe R, Winter J (1965) Bei Töpfern und Zieglern in Kreta, Messenien und Zypern. Mainz

Hedges REM (1976) Preislamic glazes in Mesopotamia-Nippur. Archaeometry 18:209–213

Hofmann U (1962) Die chemischen Grundlagen der antiken Vasenmalerei. Angewandte Chemie 74:397–442

Hofmann U (1966) Die Chemie der antiken Keramik. Naturwissenschaften 53:218–223

Huang PB, Walter RM (1967) Fossil alpha-particle recoil tracks: a new method for age determination. Science 155:1105–1106

Magetti M (1982) Phase analysis and its significance for technology and origin. In: Olin J, Franklin AD (eds): Archaeological Ceramics. Washington

Magetti M, Küpfer T (1978) Composition of the Terra Sigillata from La Peniche (Vidy/Lausanne, Switzerland). Archaeometry 20:183–188

Maniatis Y, Aloupi E, Stalios AD (1993) New evidence for the nature of attic black glass. Archaeometry 35(1):23–34

Mazo-Gray V, Alvarez M (1992) X-ray fluorescence characterization of Ming-dynasty porcelain rescued from a Spanish shipwrack. Archaeometry 34(1):37–42

Miller DE, Loubser JHN, Markell AB (1993) Electron spin resonance thermometry applied to quartz cobbles from Vergelegen slave lodge, Somerset West, South Africa. Archaeometry 35(1):1–9

Noble JV (1960) The technique of attic vase painting. Amer J Archaeol 64:307–313

Noble JV (1965) The technique of painted Attic pottery. Watson-Guptil Publications, New York

Noble JV (1969) The technique of egyptian faience. Amer J Archaeol 73(4):435– 439

Price PB, Walker RM (1963) Fossil tracks of charged particles in mica and the age of minerals. J Geophysics Res 68:4847–4862

Rhodes EJ, Stokes S, Spooner NA, Aitken MJ (1990) Optical dating of sediments: initial quartz results from Oxford. Archaeometry 32:19–32

Riedel E, Prick D, Wickramasinghe N, Riederer J (1992) Mößbauer-Untersuchung antiker ägyptischer Keramik. Berliner Beiträge zur Archäometrie 11:113–122

Riederer J (1981) Zum gegenwärtigen Stand der naturwissenschaftlichen Untersuchung antiker Keramik. Studien zur altägyptischen Keramik, pp 193–220. Mainz

Riederer J (1985) The microscopic analysis of egyptian pottery from the Old Kingdom. Akten des 4. Intern Ägyptologenkongresses München

Riederer J (1992) Materialanalysen an Siegburger Steinzeug. In: Hähnel E (Hrsg) Siegburger Steinzeug, Köln

Riederer J (1992) The microscopic analysis of calcite tempered pottery from Minshat Abu Omar. Cahiers de la Ceramique Egyptienne 3:113–122

Riederer J, Rother A (1990) Materialanalysen an Steinzeug von Pingsdorf und Siegburg. Keramische Zeitschrift 42(8):565–566

Roberts JR (1963) Determination of the firing temperature of ancient ceramics by measurement of thermal expansion. Archaeometry 6:21–25

Rother A (1992) Ergebnisse der chemischen Analyse von Steinzeug aus dem Rheinland. Berliner Beiträge zur Archäometrie 11:123–136

Shanghai Institute of Ceramics (ed) (1982) Scientific and technological insights on ancient chinese pottery and porcelain.

Shaplin PD (1978) Thermoluminescence and style in the authentication of ceramic sculpture from Oaxaca, Mexico. Archaeometry 20:47–54

Shepard AO (1965) Ceramics for the archaeologist. Washington
Slusallek K, Burmester A, Börker C (1983) Neutronenaktivierungsanalytische Untersuchungen an gestempelten griechischen Amphorenstempeln: Erste Ergebnisse. Berliner Beiträge zur Archäometrie 8:261–276
Smith BW, Rhodes EJ, Stokes S, Spooner NA, Aitken MJ (1990) Optical dating of sediments: initial quartz results from Oxford. Archaeometry 32:19–31
Tite MS (1969) Determination of the firing temperature of ancient ceramics by measurement of thermal expansion. Nature 222 (5188):81
Tite MS, Bimson M (1991) A technological study of english porcelains. Archaeometry 33(1):3–27
Wagner U, Brandis SV, Marticorena B, Salazar R, Schwabe R, Riederer J, Wagner FE (1986) Mössbauer studies of ceramics from the Inca period. Proc 25th Intern Symp on Archaeometry, Athens 1986:159–168
Wagner U, Wagner FE, Riederer J (1982) Moessbauer refiring study of ancient ceramics from the region of Berlin. Radiochem Radioana Letters 51(4):244–256
Warashina T, Higashimura T, Maeda Y (1981) Determination of the firing temperature of ancient pottery by means of ESR-Spectrometry. British Museum Occasional Papers 19:117–28
Weiß G (1980) Die historische Entwicklung der Glasurrezepte: Berliner Beiträge zur Archäometrie 5:97–104
Wheeler GCWS (1988) Optically stimulated phosphorescence and optically transferred TL as a tool for dating. Quaternary Science Reviews 7:407–410
Winter A (1959) Die Technik des griechischen Töpfers und ihre Grundlagen. Techn Beitr Archäol 1:1–45
Winter A (1978) Die antike Glanztonkeramik. Mainz
Wolfram D, Rolniak TM (1978) Alpha-recoil track dating: problems and prospects. Archaeo-Physika 10:512–521

Glas

Arias C, Bigazzi G, Bonadonna FP, Cipolloni M, Hadler JC, Lattes CMG, Radi G (1984) Fission track dating in archaeology, a useful application. Scientific methodologies applied to works of art:154–159. Florenz

Bezborodow MA (1975) Chemie und Technologie der antiken und mittelalterlichen Gläser. Mainz

Brill RH, Hood HP (1961) A new method for dating ancient glass. Nature 189:12–14

Brun N, Pernot M (1992) The opaque red glass of Celtic enamels fom continental Europe. Archaeometry 34(2):235–252

Caley ER (1962) Analyses of ancient glasses 1790–1937. New York

Henderson J (1985) The raw materials of early glass production. Oxford J Archaeol 4:267–291

Lanford WA (1977) Glass hydration: a method for dating glass objects. Science 196:975

Mirti P, Casoli A, Appolonia L (1993) Scientific analysis of roman glass from Augusta Praetoria. Archaeometry 35(2):225–240

Müller P, Schvoerer M (1990) Les verrres anciens, la question de la databilité par thermoluminescence. Archaeometry 32(2):205–210

Müller P, Schvoerer M (1993) Factors affecting the viability of thermoluminescence dating of glass. Archaeometry 35(2):299–304

Newton RG (1966) Some problems in the dating of ancient glass by counting the layers in the weathering crust. Glass Technology 7:22–25

Newton RG (1971) The enigma of the layered crusts on some weathered glasses, a chronological account in the investigations. Archaeometry 13:1–9

Newton RG (1978) Colouring agents used by medieval glass makers. Glass Technology 19:59–60

Riedel E (1992) Bibliographie zu Material, Herstellungstechnik und Konservierung von Glas. Berliner Beiträge zur Archäometrie 11:237–274

Sanderson DCW, Warren SE, Hunter JR (1983) The TL properties of archaeological glass. PACT 9:287–298

Sayre EV, Smith RW (1961) Compositional categories of ancient glass. Science 133:1824–1826

Sellner C, Oel HJ, Camara B (1979) Untersuchung alter Gläser (Waldgläser auf Zusammenhang von Zusammensetzung, Farbe und Schmelzatmosphäre mit der Elektronenspektroskopie und der Elektronenspinresonanz (ESR). Glastechnische Berichte 52:225–264

Email
Landgrebe B (1983) Technik und Geschichte der Emailmalerei. Maltechnik Restauro 89(3):187–203

Mosaik

Marchese B, Garzillo V (1984) An investigation of the mosaics in the Cathedral of Salerno. Part II, Characterisation of some mosaic tesserae. Studies in Conservation 29(1):10–16

Puchinger L, Weber J, Kurzweil H, Dolezel P, Schreiner M (1985/86) Naturwissenschaftliche Untersuchungen an den Palastmosaiken. Wiener Berichte über Naturwissenschaft in der Kunst 2(3):142–163

Malerei

Pigmente

Arnold DE, Bohor BF (1975) Attapulgite and Maya Blue. Archaeology 28:23–29

Augusti S (1967) I colori pompeiani. Rom

Baer NS, Joel A, Feller RL, Indictor N (1985) Indian Yellow. In: Feller RL (ed) Artists' Pigments, pp 17–36. Washington

Bayer G, Wiedemann HG (1976) Ägyptisch Blau, ein synthetisches Farbpigment des Altertums, wissenschaftlich betrachtet. Sandoz Bulletin 40:20–39

Brachert F, Brachert T (1980) Zinnober. Maltechnik Restauro 86(3):145–154

Cornman M (1985) Cobalt Yellow (Aureolin). In: Feller RL (ed) Artists' Pigments, pp 37–46. Washington

Doerner M (1985) Malmaterial und seine Verwendung im Bilde. 16. Aufl. Stuttgart

Feller RL (1985) Artists' Pigments. Washington

Feller RL (1985) Barium sulfate – natural and synthetic. In: Feller RL (ed) Artists' Pigments, pp 47–64. Washington

Fiedler I, Bayard M (1985) Cadmium yellows, oranges and reds. In: Feller RL (ed) Artists' Pigments, pp 65–108. Washington

Gettens RJ (1962) Maya blue: an unsolved problem in ancient pigments. American Antiquity 27:557–564

Gettens RJ, Stout GL (1966) Painting Materials. A short encyclopedia. New York
Gettens RJ, Feller RL, Chase WT (1972) Vermilion and Cinnabar. Studies in Conservation 17(2):45–69
Gettens RJ, Fitzhugh EW, Feller RL (1974) Calcium carbonate whites. Studies in Conservation 19:157–184
Grissom CA (1985) Green Earth. In: Feller RL (ed) Artists' Pigments:141–169. Washington
Harley RD (1982) Artists' Pigments c.1600-1835. A study of english documentary sources. 2 ed. London
Jacobi R (1941) Über den in der Malerei verwendeten Farbstoff der alten Meister. Angewandte Chemie 54:28–29
Keijzer M de (1985) Apropos Titanweiß. Restauro 95(3):214–217
Kittel H (1960) Pigmente. Stuttgart
Kühn H (1961) Safran und dessen Nachweis durch Infrarotspektrographie in Malerei und Kunsthandwerk.Leitz Mitteilungen für Wissenschaft und Technik II/1:24–28
Kühn H (1967) Blei-Zinn-Gelb und seine Verwendung in der Malerei. Farbe und Lack 73(10):938–948
Kühn H (1967) Bleiweiß und seine Verwendung in der Malerei. Farbe und Lack 73:99–105, 209–213
Kühn H (1974) Böcklins Farbmaterial. Maltechnik Restauro 80(4):206–209
Kühn H (1977) Untersuchungen zu den Pigmenten und Malgründen Rembrandts, durchgeführt an den Gemälden der Staatlichen Kunstsammlungen Dresden. Maltechnik Restauro 83(4):223–234
Kühn H (1985) Zinc white. In: Feller RL (ed) Artists' Pigments, pp 169–186. Washington
Kühn H, Curran M (1985) Chrome yellow and other chromate pigments. In: Feller RL (ed) Artists' Pigments, pp 187–218. Washington
Kurella A, Strauß I (1983) Lapislazuli und natürliches Ultramarin. Maltechnik Restauro 89(1):34–54
Laurenze C, Riederer J (1982) Die Herstellung von Neapelgelb. Berliner Beiträge zur Archäometrie 7:209–216
Littmann ER (1982) Maya blue – further perspectives and the possible use of indigo as a colorant. American Antiquity 47:404–408
Marten E, Eveno M (1992) Contribution to the study of green copper pigments in easel painting. Proc 3rd Intern Conf on Non Destructive Testing, pp 779–792. Viterbo

Plahter A (1984) The Crucifix from Hemse: Analyses of the painting technique. Maltechnik Restauro 90(1):35–44
Ramer B (1979) The technology, examination and conservation of the Fayum Portraits in the Petrie Museum. Studies in Conservation 24(1):1–13
Reindell I, Riederer J (1978) Infrarotspektralanalytische Untersuchungen von Farberden aus persischen Ausgrabungen. Berliner Beiträge zur Archäometrie 3:123–134
Richter EL, Härlin H (1974) The pigments of the swiss nineteenth-century painter Arnold Böcklin. Studies in Conservation 19(2):76–83
Riedel E (1988) Bibliographie über die Pigmente der Malerei. Berliner Beiträge zur Archäometrie 10:11731–1192
Riederer J (1968) Die Smalte. Deutsche Farbenzeitschrift 9:386–395
Riederer J (1969) Infrarotspektrographische Untersucnung der gelben und roten Eisenoxidpigmente. Deutsche Farbenzeitschrift 12:569–577
Roosen-Runge H (1967) Farbgebung und Technik frühmittelalterlicher Buchmalerei. 2 Bd. München
Schaaff R, Riederer J (1992) Die Herstellung und Verarbeitung von Schweinfurter Grün. Berliner Beiträge zur Archäometrie 11:197–206
Schweppe H, Roosen-Runge H (1985) Carmine. In: Feller RL (ed) Artists' Pigments, pp 255–284. Washington
Siesmeyer B, Giebelhausen A, Zanbelli J, Riederer J (1975) Beitrag zur Anwendung der Infrarotspektroskopie für Untersuchungen von Farberden kulturhistorischer Objekte im Vergleich mit rezenten europäischen Lagerstätten. Zeitschrift Analytische Chemie 277:193–196
Stoll AM (1981) Gelbe Pflanzenlacke, Schüttgelb und Saffran. Maltechnik Restauro 87(2)73–110
Strauß I (1984) Übersicht über synthetisch organische Künstlerpigmente und Möglichkeiten ihrer Identifizierung. Maltechnik Restauro 90(4):29–44
Tayle AA, Paschinger H, Richard H, Infante G (1990) Maya blue: its presence in cuban colonial wall paintings. Studies in Conservation 35:156–159
Townsend JH (1993) The materials of J.M.W. Turner: pigments. Studies in Conservation 38(4):231–254
Wagner H (1928) Die Körperfarben. Stuttgart

Wainwright INM, Taylor JM, Harley RD (1985) Lead antimoniate yellow. In: Feller RL (ed) Artists' Pigments, pp 219–254. Washington
Wallert A (1984) Orpiment and Realgar. Maltechnik Restauro 90(4):45–57
Wallert A (1991) Wie man im Mittelalter Blaupigmente herstellte. Restauro 97(1):13–17
Weber KH (1984) Die Sixtinische Madonna. Maltechnik Restauro 90(4):9–28
Wehlte K (1967) Werkstoffe und Techniken der Malerei. Ravensburg
West Fitzhugh E (1985) Red led and minium. In: Feller RL (ed) Artists' Pigments, pp 109–140. Washington
Westhoff H (1983) Holzskulpturen des 14. Jahrhunderts und ihre Fassung. Maltechnik Restauro 89(1):9–22
Zerr G, Rübenkamp R (1922) Handbuch der Farbenfabrikation. Berlin

Bindemittel
Bosshard E, Mühlethaler B (1989) Bindemittel in der Staffeleimalerei des 19.Jahrhunderts. Zeitschrift für Kunsttechnologie und Konservierung 3:41–99
Matteini M, Moles A, Masala A, Parrini V (1984) Examination through pyrolysis gas chromatography of binders used in painting. Scientific methodologies applied to works of art, pp 41–44. Florenz
Mills JS (1966) The gas-chromatography examination of paint media. Part I. Fatty acid composition and identification of dried oil film. Studies in Conservation 11:92–106
Rogers WG de (1976) An improved pyrolytic technique for the quantitative characterization of the media of works of art. In: Bromelle N, Smith P (eds) Conservation and restoration of pictorial art, pp 93–100. London
White R (1984) The characterisation of proteinaceous binders in art objects. National Gallery Technical Bulletin 8:5–14

Gemäldeuntersuchung
Aulmann H (1958) Gemäldeuntersuchungen mit Röntgen-, Ultraviolett- und Infrarotstrahlen. Basel
Breek R, Froentjes W (1975) Application of pyrolysis gas chromatography on some of van Meegeren's faked Vermeers and Pieter de Hooghs. Studies in Conservation 20:183–189

Hours-Miedan M (1957) A la découverte de la peinture par les méthodes physiques. Paris
Lux F, Braunstein L (1966) Aktivierungsanalytische Gemäldeuntersuchungen. Zeitschrift Analytische Chemie 221:235-254
Muether HE, Balazs NL, Voelkle W, Cotter MJN (1980) Neutron autoradiography and the Spanish forger. MASCA Journal 1(4):112–113
Nicolaus K (1979) Gemälde, untersucht-entdeckt-erforscht. Braunschweig
Rorimer JJ (1931) Ultraviolet rays and their use in the examination of works of art. New York
Schramm HP, Hering B (1989) Historische Malmaterialien und Möglichkeiten ihrer Identifizierung. Berlin

Maltechnik
Brachert T (1977) Die beiden Felsgrottenmadonnen Leonardo da Vincis. Maltechnik Restauro 83(1):9–24
Filedt Kok JP (1978) Underdrawing and other technical aspects in the painting of Lucas van Leyden. Lucas van Leyden Studies
Koller M (1976) Fassung und Faßmaler an Barockaltären. Maltechnik Restauro 82(3):157:172
von Sonnenburg H (1974) Beobachtungen zur Arbeitsweise Tintorettos. Maltechnik-Restauro 80:133–43
Sonnenburg H von (1976) Maltechnische Gesichtspunkte zur Rembrandt-Forschung.
Maltechnik-Restauro 82:9–24
Sonnenburg H von (1979) Rubens' Bildaufbau und Technik. I. Bildträger, Grundierung und Vorskizzierung. Maltechnik Restauro 85(2):77–100
Sonnenburg H von (1979) Rubens' Bildaufbau und Technik II. Farbe und Auftragtechnik. Maltechnik Restauro 85(3):181–203
Sonnenburg H von (1980) Zur Maltechnik Murillos. Maltechnik Restauro 86(3):159- -179
Sonnenburg H von, Preußer F (1976) El Grecos »Entkleidung Christi« in der Alten Pinakothek. Maltechnik Restauro 82:141–182

Wandmalereien
Cameron MAS, Jones RE, Philippakis SE (1977) Analyses of fresco samples from Knossos. The Annual of the British School of Archaeology at Athens 72:1–184

Fleming SJ, Jucker H, Riederer J (1971) Etruscan wall-paintings on terracotta; a study in authenticity. Archaeometry 13:143–167

Gettens RJ (1955) Identification of pigments on fragments of mural paintings from Bonampak, Chiapas, Mexiko. In: Ruppert K, Thompson JES, Proskouriakoff T (eds) Bonampak, Chiapas, Mexico. Washington

Giovanoli R (1969) Provincial roman wall painting investigated by electron microscopy. Archaeometry 11:53–60

Kühn H (1985) Naturwissenschaftliche Untersuchung von Leonardos »Abendmahl« in Santa maria della Grazie in Mailand. Maltechnik Restauro 91(4):24–51

Mairinger F (1992) Naturwissenschaftliche Untersuchungen an Wandmalereien. Zeitschrift für Kunsttechnologie und Restaurierung 6(1):81–94

Paramasivan S (1939) The mural paintings in the cave temple at Sittanavasal – an investigation into the method. Techn Stud in the Field of the Fine Arts 8:82–89

Riederer J (1977) Technik und Farbstoffe der frühmittelalterlichen Wandmalerei Ostturkistans. Beiträge zur Indienforschung:353–423

Riederer J (1991) Analysen der Pigmente der römischen Wandmalereien von Echzell. In: Schleiermacher M (Hrsg) Die römischen Wand- und Deckenmalereien aus dem Limeskastell Echzell. Saalburg-Jahrbuch 46:119–120

Yamasaki K, Emoto Y (1975) Technical studies on the painting of the newly found tomb Takamatsuzuka in Central Japan. Bull Inst Roy Patr Artist 15:420–428

Buchmalerei

Riederer J (1981) Pigmentuntersuchungen bei Buchmalereien. Restaurator 5 (1,2) 151–155

Miniaturmalerei

Chizzola C (1985/86) Maltechnik und Restaurierung von Portraitminiaturen auf Elfenbein. Restauratorenblätter 8:71–88

Mascek C (1977) Die Technologie der Miniaturmalerei auf Elfenbein. Maltechnik Restauro 83(2):90–96

Holz

Bailie MGL (1982) Tree ring dating and archaeology. London, Canberra

Bauch J, Eckstein D, Brauner G (1978) Dendrochronologische Untersuchungen an Eichenholztafeln von Rubens-Gemälden. Jahrbuch Berliner Museen 20:308-312

Baumeister M (1988) Die Fluoreszenzmikroskopie als Untersuchungsmethode für historische Möbeloberflächen. Restauro 94:100-107

Berger R, Suess HE (1979) Radiocarbon dating. Berkeley, Los Angeles

Brachert T (1978/79) Historische Klarlacke und Möbelpolituren, Teil I-V. Maltechnik Restauro 84(1):56-65; 84(2):120-125; 84(3)185-193; 84(4):263-274; 85(2):132-134

Cook ER, Kairiukstis LA (1992) Methods of dendrochronology. Dordrecht, Boston, London

Eckstein D, Bauch J (1974) Dendrochronologie und Kunstgeschichte - dargestellt an Gemälden holländischer und altdeutscher Malerei. Mitt Deut Dendrol Ges 67: 234-243

Fletcher J (1977) Dendrochronology in Europe. Oxford

Grosser D (1974) Holzanatomische Untersuchungsverfahren an kunstgeschichtlichen, kulturgeschichtlichen und archäologischen Objekten. Maltechnik-Restauro 80:68-86

Grosser D, Graessle E (1976) Die in der Tafelmalerei und Bildschnitzerei verwendeten Holzarten und ihre Bestimmung nach mikroskopischen Merkmalen. Teil II. Europäische Laubhölzer. Maltechnik-Restauro 82:40-54, 232-252

Hellwig F (1978) Die röntgenographische Untersuchung von Musikinstrumenten. Maltechnik Restauro 84(2):103-115

Hollstein E (1980) Mitteleuropäische Eichenchronologie. Mainz

Klein P (1981) Dendrochronologische Untersuchungen an Eichenholztafeln von Rogier van der Weyden. Berliner Jahrbuch 23:113-123

Klein P (1982) Grundlagen der Dendrochronologie und ihre Anwendung für kunstgeschichtliche Fragestellungen. Berliner Beiträge zur Archäometrie 7:253-271

Klein P (1985) Dendrochronologische Untersuchungen an Gemäldetafeln und Musikinstrumenten. Dendrochronologia 3:25-44

Klein P, Mehringer H, Bauch J (1986) Dendrochronological and wood biological investigations on string instruments. Holzforschung 40(4):197–203

Kommert R, Pecina P (1985) Die Anwendung der Infrarotspektroskopie zur Untersuchung von Holzfunden – Möglichkeiten und Beispiele. Zeitschrift für Archäologie 19:115–126

Meiggs R (1982) Trees and timber in the ancient mediterranean world. Oxford

Oakley KP (1932) Wood used by the ancient Egyptians. Analyst 57:159–159

Pape HW (1978) Ein großer Rollschreibtisch von David Roentgen im Germanischen Nationalmuseum. Maltechnik Restauro 84(1):28–44

Reimers P, Riederer J, Goebbels J, Ketschau A (1986) Dendrochronology by means of X-ray computed tomography (CT). Proc 25th Internat Sympos on Archaeometry, Athen, pp 121–125

Schweingruber FH (1976) Prähistorisches Holz. Die Bedeutung von Holzfunden aus Mitteleuropa für die Lösung archäologischer und vegetationskundlicher Probleme. Academia Helvetica 2:5–100

Stürmer M (1979) Die Roentgen-Manufaktur: Markt, Technik und Innovation im 18. Jahrhundert. Maltechnik Restauro 85(4):237–249

Stürmer M (1978) Furniere und Farben der Ebenisten im 18. Jahrhundert. Maltechnik Restauro 84(1):9–27

Stürmer M, Werwein E (1986) Schatullen und Kästchen von Abraham und David Röntgen. Maltechnik Restauro 92(4):24–37

Vuilleumier R (1978) Historische Holzbeizen. Maltechnik Restauro 84(3):150–170

Textilien

Abraham DH, Edelstein SM (1967) A new method for the analysis of ancient dyed textiles. In: Levey M (ed) Archaeological Chemistry, pp 15–27. Philadelphia

Farke H (1991) Textilfunde aus dem 6. und 7. Jahrhundert in Thüringen. Restauro 97(1):26–30

Gonella L (1984) Scientific investigation of the shroud of Turin. Problems, results, and methodological lessons. Scientific methodologies applied to works of art. Florenz

Hall ET (1989) The Turin shroud: an editorial postscript. Archaeometry 31(1): 92–95

Hendriks U (1989) Materialanalysen an koptischen Textilien aus dem spätantiken Ägypten. Deutsches Textilforum 4:43

Hendriks U, Strelow R, Zalles-Flossbach C (1992) Materialanalytische Betrachtung altperuanischer Textilien aus der Sammlung des Völkerkundemuseums Berlin-Dahlem. Berliner Beiträge zur Archäometrie 11:217–236

Hofmann R (19..) Färbepflanzen und Färbedrogen. Restauratorenblätter 13:39–63

Jorgensen LB (1990) Textiltechnologie: Gewebereste aus der Steinzeit, der Eisenzeit und dem Mittelalter. Restauro 96(4):278–281

Jumper EJ, Adler AD, Jackson JP, Pellicori SF, Heler JH, Druzik J (1984) A comprehensive examination of various stains and images of the Shroud of Turin. Archaeol Chem III, Advances in Chemistry Series 205:447–476

Lengett WF (1944) Ancient and medieval dyes. New York

Rabe JG, Bischof M, Fischer CH (1990) Natürliche und synthetische Farbstoffe in Teppichen und Flachgeweben. Restauro 96(3):189–195

Roth L, Kormann K, Schweppe H (1992) Färbepflanzen, Pflanzenfarben. Landsberg

Schweppe H (1975) Nachweis von Farbstoffen auf alten Textilien. Zeitschrift Analytische Chemie 276:291–296

Schweppe H (1992) Handbuch der Naturfarbstoffe. Landsberg

Stoll M, Fengel D (1988) Chemical and structural studies on ancient egyptian linen. Berliner Beiträge zur Archäometrie 10:151–172

Wechsler B (1984) Mikroskopische Untersuchungen von Haaren und Textilien von Moorleichen. Berliner Beiträge zur Archäometrie 9:113–138

Whiting MC (1981) Die Farbstoffe in frühen Orientteppichen. Chemie in unserer Zeit 15(6):179–189

Zitzmann C (1991) Seidendamaste mit Spitzenbandmuster aus Potsdam-Sanssouci. Restauro 96(5):322–327

Papyrus, Pergament, Papier

Barrandon JN, Irigoin J (1979) Papiers de Hollande et papier d'Angoumois de 1650 à 1810. Leur differentiation au moyen de l'analyse par activation neutronique. Archaeometry 21:101–106

Basile C, Brandone A, Reggiani A, Mari CM, Montagna M (1984) Chemical characterization of egyptian papyri. Scientific methodologies applied to works of art. Florenz

Burmester A, Renger K (1986) Neue Ansätze zur technischen Erforschung von Handzeichnungen: Untersuchungen der »Münchner Rembrandt-Fälschungen« im Nahen Infrarot. Maltechnik Restauro 92(3):9–34

Griebenow W, Werthmann B, Treu D, Horn K, Krause S (1983) Zur Identifizierung von Tinten auf alten Handschriften. Maltechnik Restauro 89(3):208–212

Karayannis MI, Vassilaki-Grimani M, Grimanis AP (1976) Determination of trace elements in old Venetian paper samples by neutron activation analysis. Applications of Nuclear Methods in the Field of Works of Art:151–162

Wasgestian F, Quarg G (1986) Analyse einer römischen Tinte aus St.Severin in Köln. Kölner Jahrbuch für Vor- und Frühgeschichte 18:179–184

Werthmann B, Schiller W, Griebenow W (1984) Naturwissenschaftliche Aspekte der Echtheitsprüfung der sogenannten »Hitler-Tagebücher«. Maltechnik Restauro 90(4):65–7

Wiedemann HG, Müller UG, Bayer G (1977) Old egyptian papyrus investigated by thermoanalytical methods. 5th Intern Conference on Therm Anal:373–375

Winter J (1975) Preliminary investigations on chinese ink in far eastern paintings. Archaeological Chemistry 138:207–225

Leder

Bravo GA, Trupka J (1970) 100 000 Jahre Leder. Basel, Stuttgart

Cahine C (1975) Identification des cuirs et parchemins anciens à l'aide du microscope. 4th Meeting, Zagreb, pp 1–6

Levey M (1957) Chemistry of tanning in ancient Mesopotamia. J Chem Education 34:142–143

Wachs

Kühn H (1960) Detection and identification of waxes, including punic wax, by infrared spectroscopy. Studies in Conservation 5:71–80
Kühn H, Büll R (1968) Wachs als Beschreib- und Siegelstoff. Hoechster Beiträge zur Kenntnis der Wachse, Bd 1
Pinkus G (1920) Das Wachs der Flora-Büste. Chemiker-Zeitung 32:277–284
Rathgen F (1910) Über die Untersuchung des Wachses der Florabüste. Chemiker-Zeitung 34:305–306
Rottländer R (1988) Untersuchungen zur Echtheitsfrage der Flora-Büste. Berliner Beiträge zur Archäometrie 10:139–150
White R (1978) The application of gas chromatography to the identification of waxes. Studies in Conservation 23:57–68

Harze

Beck CW, Gerving M, Wilbur E (1967) The proveniance of archaeological amber artifacts. Art and Archaeology Technical Abstracts Suppl 6(2), 3
Kölsch HU (1987) Der Einsatz von Kunststoffen in der Kunst des 19.Jahrhunderts. In: Althöfer A (Hrsg) Das 19. Jahrhundert und die Restaurierung. München
Mills JS, White R (1988) Natural resins of art and archaeology, their sources, chemistry and identification. Studies in Conservation 22:12–31
Müller-Straten C (1988) Die Anfänge des Kunststoffes 1839–1925. Restauro 94: 30–37
Riederer J (1987) Kunststoffe im 19.Jahrhundert. In: Althöfer A (Hrsg) Das 19. Jahrhundert und die Restaurierung. München
Rottländer RCA (1974) Die Chemie des Bernsteins. Chemie in unserer Zeit 8(3):78–83
Rottländer RCA (1984/85) Noch einmal: Neue Beiträge zur Kenntnis des Bernsteins. Acta Praehist et Archaeol 16(17):223–236
Sandermann W (1965) Untersuchung vorgeschichtlicher »Gräberharze« und Kitte. Technische Beiträge zur Archäologie 2:58–73

Sauter F (1967) Chemische Untersuchung von »Harzüberzügen« auf hallstattzeitlicher Keramik. Archaeol Austraca 41:25–36

Shedrinsky AM, Wampler TP, Baer NS (1987/88) The identification of dammar, mastic, sandarac and copals by pyrolysis gas chromatography. Wiener Berichte Naturwissenschaft in der Kunst 4(5):12–25

Siewert R (1984) Untersuchung von Bernsteinobjekten aus dem Museum für Völkerkunde der Staatlichen Museen zu Berlin. Berliner Beiträge zur Archäometrie 9:139–146

Specht W (1977) Spurenkundliche Befunde an archäologischen Untersuchungsproben als Forschungs- und Interpretationshilfen.Berliner Beiträge zur Archäometrie 2:73–84

Ostasiatischer Lack

Burmester A (1983) Far eastern lacquers: classification by pyrolysis mass spectrometry. Archaeometry 25:45–58

Burmester A, Brand I (1982) Beitrag zur Archäometrie organischer Materialien - ostasiatischer Lack. Berliner Beiträge zur Archäometrie 7:217–252

Kenjo T (1978) Studies on the analysis of lacquer. Part II. Infrared spectroscopy of lacquer films. Scientific Papers on Japanese Antiques and Art Crafts 23:32

Lambert JB, Frye JS, Carriveau GW (1991) The structure of oriental lacquer by solid state nuclear magnetic resonance spectroscopy. Archaeometry 33(1):87–93

Riederer J (1978) Die Gewinung von Urushi und die Herstellung von Lackarbeiten in Japan. Berliner Beiträge zur Archäometrie 3:135–142

Bituminöse Materialien

Bussel GD, Pollard AM, Baird DC (1982) The characterization of Early Bronze Age jet and jet-like material by X-ray fluorescence. Wilts Archaeol Mag 76:27–32

Hayek EWH, Krenmayr P, Lohninger H, Jordis U, Moche W, Sauter F (1990) Identification of archaeological and recent

wood tar pitches using gas chromatography/mass spectrometry and pattern recognition. Anal Chem 62:2038–2043
Hunter FJ, McDonnell JG, Pollard AM, Morris CR, Rowlands CC (1993) The scientific identification of archaeological jet-like artefacts. Archaeometry 35:69–89
Lange W (1983) Die Untersuchung eines mittelalterlichen Holzteers aus dem Fund der Bremer Kogge. Berliner Beiträge zur Archäometrie 8:289–298
Rajewski Z (1970) Pech und Teer bei den Slawen. Zeitschrift für Archäologie 4:46–53
Sales KD, Oduwole AD, Convert J, Robins GV (1987) Identification of jet and related black materials with ESR spectroscopy. Archaeometry 29:103–109
Schoknecht U, Schwarze E (1967) Hinweise zur Pechbereitung in frühslawischer Zeit. Ausgrabungen und Funde 12:205–210
Speilmann PE (1932) To what an extent did the ancient egyptians employ bitumen for embalming. J Egypt Archaeol 12:177–180

Schildpatt

Nett HW (1993) Beitrag zum Werkstoff Schildpatt. Restauro 99(2):99–105
Vuilleumier R (1979) Schildpatt – Verarbeitungstechniken und Imitationen. Maltechnik Restauro 85(1):40–47

Elfenbein

Baer NS, Majewski LJ (1970/71) Ivory and related materials in art and archaeology: an annotated bibliography. Art and Archaeology Technical Abstracts 8(2),3
Baer NS, Jochsberger T, Indictor N (1978) Chemical investigations of ancient Near Eastern archaeological ivory artefacts. Fluorine and nitrogene composition. Archaeol Chemistry, Advances of Chemistry 171:150–171
Newesely H (1977) Biogene Materialien als Objekte archäometrischen Interesses. Archäologie und Naturwissenschaften 1:81–84

Newesely H (1980) A propos du vieillissement de l'ivoire. 20. Intern Symp d' Archeometrie, Paris

Rao S, Subbaiah KV (1983) Indian ivory. J Archeaol Chemistry 1:1–10

Vuilleumier R (1980) Werkstoffe der Kunstschreinerei: Elfenbein, Knochen, Horn, Perlmutter, Fischbein und Fischhaut. Maltechnik Restauro 86(2):106–123

Anthropologische Untersuchungen

Knochen

Brätter P, Geßner H, Herrmann B, Lausch J, Rösick U (1980) Zur Identifizierung menschlicher Knochen durch neutronenaktivierungsanalytisch bestimmte Spurenelementverteilungsmuster. Berliner Beiträge zur Archäometrie 5:187–196

Gillard RD, Pollard AM, Sutton PA, Whittaker DK (1990) An improved method for age at death determination from the measurement of D-aspartic acid in dental collagen. Archaeometry 32(1):61–70

Grün R, Stringer CB (1990) Electron spin resonance dating and the evolution of modern humans. Archaeometry 33(2):153–200

Grupe G (1986) Rekonstruktion bevölkerungsbiologischer Parameter aus dem Elementgehalt bodengelagerter Knochen. Mitt Berliner Ges Anthropologie, Ethnologie und Urgeschichte 7:39–44

Harmon RS, Glazek J, Nowak K (1980) Thorium-230/Uranium-236 dating of Travertine from Bilzingsleben archaeological site. Nature 284(5752):132–135

Henning GJ, Bangert U, Herr W, Freundlich J (1980) Uranium series dating of calcite formation in caves: determination via 230Th/ 234U, 14C, T1 and ESR. Rèvue d Archeometrie 4:91–100

Ikeya M (1978) Electron spin resonance as a method of dating. Archaeometry 20(2):159–170

Jarcho S (1964) Lead in the bones of prehistoric lead glaze potters. Amer Antiqu 30:94–96

Lambert JB, Szpunar CB, Buikstra JE (1979) Chemical analysis of excavated human bone from Middle and Lowland woodland sites. Archaeometry 21(2):115–130

Lambert JB, Weydert-Homeyer JM (1993) The fundamental relationship between ancient diet and the inorganic constituents of bone as derived from feeding experiments. Archaeometry 35(2):279–294

Latham AG, Schwarcz HP (1992) The Petralonia hominid site: Uranium series re-analysis of 'layer 10' calcute and associated palaeomagnetic analyses. Archaeometry 34(1):135–140

Leitner-Wild, Steffan I (1993) Uranium-series dating of fossil bones from alpine caves. Archaeometry 35(1):137–146

Masters PM, Bada LJ (1978) Amino acid racemization dating of bone and shell. Archaeological Chermistry. Advances in Chemistry Series 171:117–138

Newesely H, Herrmann B (1980) Ab- und Umbauvorgänge der biologischen Hartgewebe (Knochen, Zähne) unter langer Liegezeit. Berliner Beiträge zur Archäometrie 5:175–186

Pieper P (1989) Die Weser-Runenknochen. Neue Untersuchungen zur Problematik. Original oder Fälschung. Oldenburg

Pieper P, Maarleveld TJ, Jull T (1992) Ideology and forgery: The Deventer Bones. Forensic Science International 54:93–101

Powell EN, King JA, Boyles S (1991) Dating time-since-death of oyster shells by the rate of decomposition of the organic matrix. Archaeometry 33(1):51–68

Schwarcz HP, Grün R, Latham AG, Mania D, Brunnacker K (1988) The Bilzingsleben archaeological site: new dating evidence. Archaeometry 30(1):5–17

Shackleton NJ (1973) Oxygen isotope analysis as a means of determining seasons of occupation of prehistoric midden sites. Archaeometry 15:133–144

Tauber H (1986) Analysis of stable isotopes in prehistoric populations. Mitt Berliner Ges Anthropologie, Ethnologie und Urgeschichte 7:31–38

Waldron HA, Machie A, Townshend A (1976) The lead content of some romano-british bones. Archaeometry 18:221–227

Wesen G, Ruddy FH, Gustafson CE, Irwin H (1978) Trace element analysis in the characterization of human bone. Archaeological Chemistry, Advances in Chemistry Series 171:99–108

Whittaker DK, Stack MV (1984) The lead, cadmium and zinc content of some Romano-British teeth. Archaeometry 26:37–42 van Wijngaarden-Bakker L (1986) Trace elements in prehistoric environment and food chains. Mitt Berliner Ges Anthropologie, Ethnologie und Urgeschichte 7:25–29

Mumien
Bach A, Diez C, Klinger G (1980) Physikalisch-chemische Untersuchungen zur Struktur und Zusammensetzung des Zahnsteins ur- und frühgeschichtlicher Bevölkerungen. Ausgrabungen und Funde 25(5):223–226
Baessler A (1906) Peruanische Mumien. Untersuchungen mit X-Strahlen. Reimer, Berlin
Brahin JL, Fleming SJ (1982) Children's health problems: some guidelines for their occurrence in ancient Egypt. MASCA Journal 2(3):75–81
Cockburn A, Cockburn E (1980) Mummies, Disease and ancient cultures. New York
Grimm H (1982) Frakturen und Frakturheilung in der Ur- und Frühgeschichte. Beiträge zur Orthopädie und Traumatologie 29(2):61–70
Harries JF, Wecks KR (1973) X-raying the pharaos. London
Hart GV, Kvas I, Soots M, Badaway G (1980) Blood groop testing of ancient material. MASCA Journal 1(5):141–145
Herrmann B (1980) Radiologische Untersuchungen südamerikanischer Mumien. Berliner Beiträge zur Archäometrie 5:167–174
Pahl WM (1989) Viertausend Jahre danach. Radiologische Diagnostik in der ägyptischen Mumienforschung. Aus Forschung und Medizin 2:37–52
Steinbock RT (1976) Palaeopathological diagnosis and interpretation. Springfield
Tapp E (1979) The Manchester Mummy Project. Manchester

Kosmetische Produkte

Bossert H (1955) Zur Geschichte der Seife. Forschungen und Fortschritte 29:208–213
Endt DW von (1977) Amino-acid analysis of the contents of a vial excavated at Axum, Ethiopia. J Archeol Science 4:367–376
Fischer X (1892) Die chemische Zusammensetzung altägyptischer Augenschminken. Archiv Pharm 230:9

Franz L (1950) Antike Augensalben. Österr Apotheker-Zeitung 4
Reutter L (1913) Analyse des perfumes égyptiens. Ann Serv Antiqu Egypt 13:48–49
Reutter L (1915) Analyse einer römischen Pomade. Schweiz Apotheker-Zeitung 53 (1915) 130 - 132
Stokar WV (1941) Von römischen Augenärzten. Germania 25:23–30

Nahrungsmittel

Condamin J, Formenti F, Metais MO, Michel M, Blond P (1976) The application of gas chromatography to the tracing of oil in ancient amphorae. Archaeometry 18:195–201
Evans J, Car MD (1986) Opium in the Mycenaean period. 25th Sym on Archaeometry, Athens
Evershed RP, Heron C, Charters S, Goad LJ (1992) The survival of food residues: a new method of analysis, interpretation and application. Proc Brit Academy 77:187–208
Leek FF (1973) Further studies concerning ancient egyptian bread. J Egypt Archeol 59:199–204
Riederer J (1988) Antike Nahrungsmittel im Labor der Archäologen. Lebensmittel- und Biotechnologie 1:11–151
Rottländer RCA, Schlichtherle H (1979) Gefäßinhalte. Eine kurz kommentierte Bibliographie. Archaeo-Physika 10:61–70
Rottländer RCA (1979) Food identification from samples from archaeological sites. Archaeo-Physika 10:260–267

2., überarb. u. erg. Aufl. 1993. X, 257 S. 31 Abb.
DM 29,80; öS 232.50; sFr 33.00. ISBN 3-540-54768-1 ▶

Werner Metzig
Martin Schuster

Lernen zu Lernen

Lernstrategien wirkungsvoll einsetzen

2. Aufl. 1992. IX, 226 S.
73 Abb. DM 29,80; öS 32.50;
sFr 33.00. IBN 3-540-55313-4
▼

Jan Reetze

Medien-welten

Schein und Wirklichkeit
in Bild und Ton

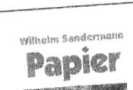

Wilhelm Sandermann

Papier

Eine spannende
Kulturgeschichte

◀ 1993. VII, 263 S. 13 Abb.,
davon 8 in Farbe.
DM 29,80; öS 232,50;
sFr.33,- ISBN 3-540-56538-8

Peter Borsch
Hermann-Josef Wagner

Energie und Umwelt-belastung

Horst Malberg

Bauern-regeln

Aus meteorologischer
Sicht

1993. VIII, 236 S. 48 Abb., davon
6 in Farbe. 14 Tab.
DM 29,80; öS 232,50; sFr. 33,-
ISBN 3-540-56666-X ▼

Angela Meder

Gorillas

Ökologie und Verhalten

▲ 1992. X, 174 S. 47 Abb.
DM 29,80; öS 232.50;
sFr 33.00.
ISBN 3-540-55623-0

▲ 2., erw. Aufl. 1993. X, 200 S.
33 Abb., 21 historische
Vignetten DM 29,80;
öS 232.50; sFr 33.00.
ISBN 3-540-56240-0

Preisänderungen vorbehalten

Tm.BA3.11.002

◀ 1993. XV, 257 S. 73 Abb., davon 12 in Farbe. 2 Tab.
DM 29,80; öS 232,50; sFr. 33,- ISBN 3-540-56664-3

◀ 2. Aufl. 1992. IX, 268 S. 20 Abb.
DM 29,80; öS 232.50; sFr. 33.00
ISBN 3-540-55435-1

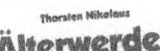

Mit Beiträgen von G. Brettschneider, A. Gaisser,
G. Harms, B. Hiller, K.-D. Humbert, G. Kautzmann,
V. Mertens, M. Preszly, M. Rolf, H. Schüssler und S. Wilcke
1993. XX, 410 S. 23 Abb. DM 34,80;
öS 271.50; sFr 38.50 ISBN 3-540-56959-6

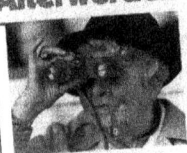

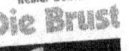

1993. XI, 151 S. 18 Abb. ▶
DM 29,80; öS 232.50; sFr 3.00
ISBN 3-540-56168-4

▲ 1993. VII, 175 S. 70 Abb.
1 Tab. DM 29,80;
öS 232.50; sFr 33.00
ISBN 3-540-56242-7

▲ 2. Aufl. 1993. XIV, 294 S.
DM 34,80; öS 271,50; sFr. 38,50
ISBN 3-540-56498-5

Springer

Preisänderungen
vorbehalten

Tm.BA3.11.002

Springer-Verlag und Umwelt

Als internationaler wissenschaftlicher Verlag sind wir uns unserer besonderen Verpflichtung der Umwelt gegenüber bewußt und beziehen umweltorientierte Grundsätze in Unternehmensentscheidungen mit ein.

Von unseren Geschäftspartnern (Druckereien, Papierfabriken, Verpackungsherstellern usw.) verlangen wir, daß sie sowohl beim Herstellungsprozeß selbst als auch beim Einsatz der zur Verwendung kommenden Materialien ökologische Gesichtspunkte berücksichtigen.

Das für dieses Buch verwendete Papier ist aus chlorfrei bzw. chlorarm hergestelltem Zellstoff gefertigt und im pH-Wert neutral.

GPSR Compliance
The European Union's (EU) General Product Safety Regulation (GPSR) is a set of rules that requires consumer products to be safe and our obligations to ensure this.

If you have any concerns about our products, you can contact us on

ProductSafety@springernature.com

In case Publisher is established outside the EU, the EU authorized representative is:

Springer Nature Customer Service Center GmbH
Europaplatz 3
69115 Heidelberg, Germany

www.ingramcontent.com/pod-product-compliance
Lightning Source LLC
LaVergne TN
LVHW010253260326
834688LV00044B/1262